AF255295

Meccanica Razionale

C. BURALI-FORTI e T. BOGGIO

MECCANICA
RAZIONALE

TORINO-GENOVA

S. LATTES & C. - Editori

Librai della Real Casa

1921

PROPRIETÀ LETTERARIA

Torino, 1921 - Tipografia L. RATTERO - Via Vasco, angolo Via G. Verdi

PREFAZIONE

Non presentiamo ai lettori un trattato completo di *Meccanica razionale*; diamo soltanto quelle nozioni generali che sono *fondamento necessario* della *Meccanica applicata*.

È appunto per questo suo carattere di *preparazione diretta alla parte pratica*, che il nostro volume contiene, talvolta di meno e talvolta di più, di quello che contengono i due principali e pregevoli trattati, d'indole didattica come il nostro, che abbiamo oggi in Italia: la *Meccanica razionale* del Prof. R. MARCOLONGO *) che, insieme ad una notevole serie di applicazioni ed esercizi, ha note bibliografiche e storiche della massima importanza; le *Lezioni di Meccanica razionale* del Prof. P. BURGATTI **), pure ricche di applicazioni,

---

*) Manuali Hoepli, in due volumi; 2ª ediz. del 1918; 3ª ediz. in corso di stampa.

**) N. Zanichelli, Bologna; 2ª ediz. del 1918.

con problemi ed esercizi in volume a parte *),
e che terminano con un notevole *Discorso sullo
sviluppo storico della Meccanica*. Sono pure pregevoli, ma con carattere prevalentemente teorico, i
trattati del Prof. G. A. Maggi **).

Lo spazio limitato del quale abbiamo potuto
disporre, non ci ha consentito di dare, a parte,
una serie di esercizi; abbiamo soltanto esposte
nel testo le principali applicazioni. Per gli esercizi, consigliamo i lettori di consultare le due
prime opere sopra indicate.

Come *mezzo d'esposizione* ci serviamo del *Calcolo
vettoriale* ***), in ciò preceduti dagli autori citati.

La parte meccanica generale viene da noi trat-
tata, ed anche ordinata, in modo alquanto diverso

---

*) *Problemi ed esercizi di Meccanica razionale* (N. Zanichelli, Bologna; 1ª ediz. del 1921).

**) Cfr., ad es., *Dinamica fisica*, E. Spoerri, Pisa, a. 1912;
Dinamica dei sistemi (id., a. 1917).

***) « La generalità di questo calcolo che parla e scrive
una lingua comune a tutti i rami della fisica-matematica;
la sua chiara e spesso eloquente concisione; la sua spe-
ditezza nel tradurre le idee in formule e le formule in
idee; la sua singolare proprietà di tener congiunte l'in-
tuizione e la logica, la sintesi e l'analisi; fànno di esso
uno strumento scientifico e didattico di primissimo ordine » [cfr. P. Burgatti, l. c., pag. VIII].

dall'usuale. I mezzi vettoriali, da noi usati, che non possono differire da quelli contenuti nelle opere sopra citate, ricevono, peraltro, una maggiore estensione, avendoli noi applicati, sistematicamente, anche ai *moti finiti* ed *istantanei*. Sarà, del resto, opportuno, indicare brevemente quali sono le principali differenze meccaniche, o vettoriali, tra il nostro volume e gli altri congeneri.

Premesse le nozioni fondamentali, ed elementari, del calcolo *vettoriale, baricentrico* ed *omografico* [cfr. Intr. I e II], diamo discreto sviluppo alle *isomerie vettoriali* con invariante terzo positivo $(+1)$, che chiamiamo *rotori* [cfr. Intr. III]; questi dànno le *rotazioni d'un vettore intorno ad un altro*, insieme a formule *semplicissime*, e *puramente geometriche*, per la loro *composizione* *). Otteniamo i *moti finiti* dei *corpi rigidi* [cfr. Cap. II] appunto per mezzo dei *rotori*; da questi moti finiti deduciamo, sotto forma chiara e semplice, i *moti*

-----

*) I trattati ed i corsi di Meccanica razionale si sviluppano, oggi, da *tutti*, facendo uso dei vettori; e *tutti* ritengono necessario premettere, come introduzione, almeno la parte fondamentale dell'algoritmo vettoriale. Tale *introduzione* diverrà inutile quando nei corsi di Geometria analitica, e di analitico-proiettiva, si farà uso dei vettori.

istantanei [cfr. Cap. III]; nell'un caso e nell'altro, risulta ben evidente il *carattere puramente geometrico* di questi moti e della loro *composizione*.

Dei *moti relativi* [cfr. Cap. IV] ne diamo soltanto un cenno: perchè, realizzando un'idea generale più volte espressa, e parzialmente applicata in precedenti nostri lavori, trattiamo tutta la meccanica **non facendo uso di moti relativi** *). Così, ad es., trattiamo gli *ingranaggi piani*, nonchè il moto generale, piano oppur no, di *rotolamento*, senza fare uso, contrariamente a quanto si fà di solito, dei moti relativi.

In che cosa consista, e come si applichi, il *Modello meccanico*, è spiegato nella breve introdu-

---

*) È naturale che i moti relativi, dovuti esclusivamente all'introduzione degli assi coordinati fissi e mobili, spariscano con lo sparire di questi; ed è pure naturale che bastino i vettori che, come *enti assoluti*, non hanno bisogno di elementi di riferimento (assi) per trattare le proprietà meccaniche, che *sono tutte di natura assoluta*. Nello stesso modo, aboliti gli assi, non vi è più bisogno di considerare *invarianti, covarianti, ...*, enti dovuti esclusivamente all'introduzione di arbitrari elementi di riferimento, che nulla hanno a che fare con gli enti assoluti che si studiano. Analogamente dovrebbe sparire l'algoritmo delle *proporzioni* che è una piccola parte, e di forma ormai troppo complessa, del *calcolo algebrico*.

zione al Cap. VI. Richiamiamo l'attenzione dei lettori su questa parte che dà una *sintesi* dei *concetti* e dei *principii meccanici* che servono di *basè* allo studio delle varie applicazioni. Che la *sintesi* **preceda** *l'analisi* è contrario all'uso comune; ma tale *precedenza* permette di semplificare, notevolmente, lo sviluppo dei particolari fatti meccanici e dà, inoltre, al lettore, il modo di avere sempre presente il *quadro generale dei principii fondamentali* della Meccanica. E qui sono opportuni alcuni schiarimenti.

Un sistema F di forze [cfr. Cap. VI, n. 6, *a*)] *deve* essere sempre considerato *insieme* al *sistema materiale S* a cui esso è *applicato*, altrimenti verrebbero a mancare i *punti d'applicazione* delle forze di F; invece S può considerarsi anche indipendentemente da un qualsiasi sistema di forze ad esso applicato. Nel *modello*, ed in tutte le applicazioni generali e particolari, si considera l'*azione* [cfr. Cap. VI, n. 6, *c*)] di F su S, senza dare, perchè impossibile farlo, *definizione generica* di tale *azione*.

Stabiliamo quand'è che S è *in **equilibrio** sotto l'**azione** di F*, e ciò mediante il *principio dei lavori virtuali* [cfr. Cap. VI, n. 7], informandoci così alle idee e ai punti di vista sviluppati in modo così fecondo e sistematico dal nostro Lagrange, e dei quali si trovano già dei vaghi accenni nelle opere di Aristotele.

Indi stabiliamo quando è che S è *in **moto in virtù dell'azione** di F su S*, e ciò mediante il principio di D'Alembert [cfr. Cap. VI, n. 9, *a*)]: e precisamente, quando *per mezzo di tale principio, nel quale compariscono S ed F, si possono ottenere i punti di S come funzioni del tempo, una volta date le condizioni iniziali del moto.* Per la considerazione, o concezione, del *moto di S in virtù dell'azione di F su S*, non vi è bisogno, come si fà ordinariamente, di far distinzione tra *forze direttamente applicate, esterne, interne, vincolari, ecc.*; basta considerare soltanto il sistema F capace di dare, *con la sua azione*, un moto ad S, moto che potrà essere determinato anche da altri sistemi di forze diversi tra loro; ad es., una volta che S è in moto, lo è anche in virtù della ***sola azione*** *del sistema delle* ***forze d'inerzia***. Questa concezione, specialmente per il moto, dipendente dall'***azione*** di F su S, assai diversa dall'ordinaria, dà una maggiore generalità, semplicità e chiarezza.

In base al carattere di *preparazione diretta*

alla *parte pratica* della Meccanica, di questo nostro
volume, abbiamo dato discreto sviluppo al calcolo
dei *centri di massa* (o *baricentri*) e dei *momenti
d'inerzia* [cfr. Cap. VII]. L'ordinario *ellissoide di
inerzia*, risulta dalla considerazione dell'*omografia
d'inerzia* rispetto ad un punto, così opportunamente introdotta da R. MARCOLONGO. È appunto
questa *omografia*, più che l'*ellissoide* (o l'*ellisse*
per i sistemi piani), che comparisce nella parte
pratica del calcolo; ed è per questa ragione che,
in luogo di calcolare i *momenti d'inerzia* di speciali e fondamentali sistemi rispetto a *particolari
assi*, abbiamo calcolato [cfr. Cap. VII, n. 6] le *omografie d'inerzia*, le quali, poi, dànno i *momenti*
rispetto a *qualsiasi asse*, senza che vi sia bisogno
di rifare, per il nuovo asse, i calcoli già fatti
per il primo *).

---

*) In un prossimo volume di *Complementi di Mecca-
nica razionale*, daremo alcuni teoremi sulle *omografie*,
momenti ed *assi principali d'inerzia*, mediante i quali si
possono risparmiare molti calcoli; bastino, per ora, i procedimenti *generali* ed *uniformi* indicati nel testo. Nei
predetti *Complementi*, daremo anche importanti teoremi
di *Statica* e *Dinamica* (in particolare, gli interessanti complementi al principio di HAMILTON, dovuti al Prof. LEVI-
CIVITA), insieme a numerose applicazioni.

Pure degna di nota ci sembra la trattazione da noi fatta del moto d'un punto libero in un mezzo resistente, e dei moti pendolari, perchè, con procedimenti assai semplici, abbiamo ottenuto risultati di grande generalità.

Per tutto il resto, non abbiamo osservazioni speciali da fare. Il lettore vedrà da se stesso le modificazioni da noi apportate alle ordinarie trattazioni.

Ringraziamo l'Editore, Signor S. LATTES, per aver pubblicato, in momenti così difficili, il nostro volume. Ci auguriamo che il nostro lavoro possa riuscire di qualche utilità a coloro che intraprendono lo studio della Meccanica.

Torino, marzo 1921.

C. BURALI-FORTI (R. Accademia Militare, Torino).

T. BOGGIO (R. Università, Torino).

INDICE

INTRODUZIONE

I. **Vettori.**

II. **Omografie vettoriali.**

III. Isomerie vettoriali e Rotori.

Parte Prima. ***CINEMATICA***

CAP. I. Moto di un punto.

Parte Seconda. *STATICA E DINAMICA*

Cap. VI. **Modello meccanico.**

                                        **

Cap. VII. **Centri di massa e momenti d'inerzia.**

Cap. VIII. **Statica dei corpi rigidi.**

Cap. IX. **Curve funicolari.**

Cap. X. **Dinamica dei sistemi materiali.**

Cap. XI. **Applicazioni varie.**

INDICE DELLE FIGURE

		0	1	2	3	4	5	6	7	8	9
DECINE	0		27	34	35	54	61	64	73	81	97
	1	99	102	110	116	117	119	120	121	122	218
	2	219	221	241	243	245	246	249	251	254	

UNITÀ — PAGINA

ESEMPIO. La Fig. 25 è a pag. 246.

ERRATA-CORRIGE 

PAG.	LINEA	ERRORE	CORREZIONE
29	5ª dal basso	,	(sopprimere virgola)
50	12ª " "	$r_0 \cos \alpha t,\ (v_0 \operatorname{sen} \alpha t)/\alpha$	$r_0,\ v_0/\alpha$
60	4ª dall'alto	$P ==$	$P =$
61	7ª " "	$\lambda = +(B-A)$	$\lambda = (B-A)+$
102	1ª " "	**Savar**	**Savary**
119	Fig. 15	T	Γ
132	11ª dall'alto	matematica	meccanica
162	5ª dal basso	Watt	watt
186	10ª dall'alto	**enerzia**	**inerzia**
200	3ª dal basso	**punto**	**punto,**
210	7ª " "	,	(sopprimere virgola)
219	3ª " "	*viceversa*	*e viceversa*

INTRODUZIONE

I. Vettori.

Ammettiamo nota la teoria completa, elementare, dei *vettori* e delle *formazioni geometriche di prima specie* (baricentri) *); indichiamo, brevemente, per comodo del lettore, le proprietà principali.

1. Vettori eguali; vettore nullo; caratteristiche di un vettore.

Se A, B sono punti, la notazione $B - A$, che si legge « B meno A », indica il « vettore da A a B ». Si ha:

$$B - A = D - C,$$

---

*) C. Burali-Forti e R. Marcolongo. *Elementi di Calcolo vettoriale* (Bologna, Zanichelli; 1ª edizione; 2ª edizione, in corso di stampa). — *Corso di Matematica per gli Istituti tecnici* (Napoli, F. Perrella, vol. II, Geometria).

C. Burali-Forti. *Geometria metrico-proiettiva* (Torino, Bocca, 1904). — *Geometria analitico-proiettiva* (Torino, G. B. Petrini, 1912).

L. Berzolari. *Geometria analitica*, vol. I, 2ª ediz. (Manuali Hœpli, 1920).

G. Vivanti. *Lezioni di Analisi infinitesimale*, 2ª edizione (Lattes, Torino, 1920).

Per le applicazioni differenziali, vedasi:

T. Boggio. *Calcolo differenziale* (Collezione Lattes, 1921).

solamente quando:

« punto medio tra A e D » $=$ « punto medio tra B e C ».

Il vettore $A - A = B - B = \ldots$, chiamasi *vettore nullo* e si indica col simbolo 0 (zero).

Se u è un vettore, esistono infinite coppie A, B di punti, tali che $u = B - A$. Peraltro, qualunque sia tale coppia, restano invariate: la *distanza* di A da B, che chiamasi *grandezza* del vettore u; se $u \neq 0$, la *direzione* della retta AB e il *verso* da A a B, che chiamansi *direzione* e *verso* di u. In particolare, fissata un'*unità lineare* di misura (che sarà *sempre* sottintesa), si chiama « modulo di u », e scriveremo mod u, la misura con quella unità della distanza di A da B.

Il solo vettore avente modulo nullo (cioè grandezza nulla) è il vettore nullo. Due vettori non nulli sono eguali solamente quando hanno a comune il modulo, la direzione e il verso. Vale a dire *grandezza* (o *modulo*), *direzione* e *verso* sono gli *elementi caratteristici* di un vettore; che può, quindi, essere *rappresentato*, geometricamente, mediante una *freccia*.

2. Somma; prodotto per un numero; espressioni lineari; angolo di due vettori.

a) Se A è un punto e u è un vettore, la *somma* di A con u, cioè $A + u$, è il punto B, tale che $u = B - A$.

Il punto $A + u$ è univocamente determinato da A ed u, e si ottiene dando ad A la *traslazione* della quale il vettore u individua la *grandezza*, la *direzione* e il *verso*.

Si ha identicamente, come in Algebra:

$$A + (B - A) = B.$$

b) La somma della successione di vettori $u_1, u_2, \ldots,$ u_n è, qualunque sia il punto A, il vettore:

$$u_1 + u_2 + \ldots + u_n = (A + u_1 + u_2 + \ldots + u_n) - A.$$

Costruiti, successivamente [cfr. *a)*], i punti:

$$A_1 = A + u_1, \quad A_2 = A_1 + u_2, \quad \ldots, \quad A_n = A_{n-1} + u_n$$

si ha identicamente:

$$u_1 + u_2 + \ldots + u_n = A_n - A$$

il che indica la costruzione generale della somma di un numero finito di vettori.

Si ha identicamente, come in Algebra:

$$(B - A) + (A - C) = B - C,$$
$$(B - A) + (A - C) + (C - D) = B - D, \quad \text{ecc.}$$

c) Se m è numero reale e u è vettore, il prodotto, mu, di u per m, è quel vettore tale che: il suo modulo è il prodotto del mod u per il valore assoluto, o modulo, di m, mod m; se m ed u non sono nulli, ha la stessa direzione di u (è *parallelo* ad u) ed ha lo stesso verso o verso contrario, secondochè m è positivo o negativo.

d) Per la somma, e prodotto per un numero, dei vettori, vale l'ordinario algoritmo algebrico, potendosi, come in Algebra, introdurre il segno *meno*, e la divisione per m, in luogo del prodotto per $1/m$. Ad esempio:

$$u + v = v + u, \quad u + (v + w) = (u + v) + w,$$
$$m(u + v) = mu + mv, \quad (m + n)u = mu + nu,$$
$$mu = 0 \quad \text{solamente quando} \quad m = 0, \quad \text{ovvero} \quad u = 0.$$

Si noti, in particolare, che il vettore, non nullo, $-u$ ha a comune con u modulo e direzione, ma ha verso contrario a quello di u.

e) Se u è vettore non nullo, i vettori paralleli ad u sono tutti della forma:

$$a = xu,$$

variando x nel campo dei numeri reali.

Se u, v sono vettori non paralleli, i vettori che insieme ad u e v sono paralleli ad uno stesso piano, sono tutti della forma:

$$a = xu + yv,$$

variando x, y nel campo dei numeri reali.

Se u, v, w sono vettori non paralleli ad uno stesso piano, per qualsiasi vettore a si ha, ed in un sol modo:

$$a = xu + yv + zw.$$

Ne segue, essendo A, B, C, D punti non complanari, che:

$$A + x(B-A), \quad A + x(B-A) + y(C-A),$$
$$A + x(B-A) + y(C-A) + z(D-A),$$

sono, rispettivamente, punti della *retta AB*, del *piano ABC*, dello *spazio* generico, comunque varino x, y, z nel campo dei numeri reali.

f) Se u, v sono vettori non nulli, indichiamo con:

$$\operatorname{ang}(u, v)$$

la misura, col radiante, dell'angolo convesso (o nullo, o piatto) BAC, essendo A punto arbitrario e i punti B, C, tali che $B = A + u$, $C = A + v$.

Scriveremo, brevemente, $\cos(u, v)$, $\operatorname{sen}(u, v)$, ... in luogo di $\cos \operatorname{ang}(u, v)$, $\operatorname{sen} \operatorname{ang}(u, v)$, ...

3. Prodotto interno (o scalare) e esterno (o vettoriale); quadrato di un vettore; sistema unitario-ortogonale-destro.

a) Se u, v sono vettori, si chiama *prodotto interno* di u per v, e si indica con la notazione $u \times v$, che si legge « u interno v », e *prodotto esterno* di u per v, cioè $u \wedge v$, che si legge « u vettore v », rispettivamente, il numero e il vettore tali che:

$$u \times v = \operatorname{mod} u \cdot \operatorname{mod} v \cdot \cos(u, v),$$

$u \wedge v = $ « quel vettore, il cui modulo è

$$\operatorname{mod} u \cdot \operatorname{mod} v \cdot \operatorname{sen}(u, v),$$

e, se non è nullo, è *normale* ad u e v, e la sua direzione è tale che, disposto l'*indice* e il *medio* della *mano sinistra* secondo u e v, si può disporre il *pollice* secondo $u \wedge v$ ».

Le proprietà fondamentali, oltre quelle espresse dalle precedenti definizioni, sono queste:

$$u \times v = 0, \quad \text{condizione di } \textit{perpendicolarità},$$
$$u \wedge v = 0, \qquad \text{\textbardbl} \qquad \text{\textbardbl} \ \ \textit{parallelismo},$$
$$m(u \times v) = (mu) \times v = u \times (mv),$$
$$m(u \wedge v) = (mu) \wedge v = u \wedge (mv),$$
$$u \times (v + w) = u \times v + u \times w,$$
$$u \wedge (v + w) = u \wedge v + u \wedge w,$$
$$u \times v = v \times u, \quad u \wedge v = -v \wedge u.$$

In particolare, per il prodotto interno, giova tener *ben* presente che: se a è vettore unitario, A, B sono punti, A', B' sono le proiezioni ortogonali di A e B su di una qualsiasi retta parallela ad a, allora:

$$B' - A' = (B - A) \times a \cdot a,$$

cioè $(B - A) \times a$ è la grandezza della *proiezione ortogonale* del vettore $B - A$ sul vettore a. Il prodotto interno quindi dà, in Geometria, le *proiezioni*. Come vedremo, in Meccanica, dà il *lavoro*.

b) Come in Algebra, si può porre:

$$u^2 = u \times u \quad \text{da cui} \quad u^2 = (\operatorname{mod} u)^2,$$

e, pure come in Algebra, si ha:

$$(u \pm v)^2 = u^2 + v^2 \pm 2u \times v,$$
$$(u + v) \times (u - v) = u^2 - v^2.$$

c) Se i, j sono *vettori unitari* (di modulo 1) ortogonali ($i \times j = 0$), allora posto $k = i \wedge j$, anche k è unitario; inoltre esso è normale tanto ad i quanto ad j. Si hanno le formule notevoli, per il sistema *unitario-ortogonale-destro* i, j, k:

$$i^2 = j^2 = k^2 = 1,$$
$$j \times k = 0, \quad k \times i = 0, \quad i \times j = 0,$$
$$i = j \wedge k, \quad j = k \wedge i, \quad k = i \wedge j.$$

Qualunque sia il vettore u, si ha identicamente:

$$u = u \times i \cdot i + u \times j \cdot j + u \times k \cdot k.$$

4. Doppio prodotto esterno (o vettoriale); prodotto misto.

a) Per il doppio prodotto vettoriale, si hanno le formule notevoli:

$$u \wedge (v \wedge w) = u \times w . v - u \times v . w,$$

$$(u \wedge v) \wedge w = u \times w . v - v \times w . u.$$

b) Scriviamo, brevemente, $u \wedge v \times w$, $u \times v \wedge w$ al posto, rispettivamente, di $(u \wedge v) \times w$, $u \times (v \wedge w)$. Si ha:

$$u \wedge v \times w = u \times v \wedge w,$$

$$u \wedge v \times w = - u \wedge w \times v = - w \wedge v \times u = \quad \text{ecc.}$$

$u \wedge v \times w = 0$ solo quando u, v, w sono paralleli ad uno stesso piano, cioè sono *complanari*.

c) Da *a*) e *b*) si hanno ancora le formule notevoli:

$$(a \wedge b) \wedge (c \wedge d) = a \times c \wedge d . b - b \times c \wedge d . a =$$
$$= a \wedge b \times d . c - a \wedge b \times c . d,$$

$$(a \wedge b) \times (c \wedge d) = a \times c . b \times d - a \times d . b \times c.$$

d) Se, essendo i, j, k il sistema considerato in *c*) del n. 3, si pone:

$$u = x_1 i + y_1 j + z_1 k, \quad v = x_2 i + y_2 j + z_2 k,$$
$$w = x_3 i + y_3 j + z_3 k,$$

si ha, in modo ovvio:

$$u \times v = x_1 x_2 + y_1 y_2 + z_1 z_2 ,$$

$$u \wedge v = \begin{vmatrix} y_1 & z_1 \\ y_2 & z_2 \end{vmatrix} i + \begin{vmatrix} z_1 & x_1 \\ z_2 & x_2 \end{vmatrix} j + \begin{vmatrix} x_1 & y_1 \\ x_2 & y_2 \end{vmatrix} k ,$$

$$u \wedge v \times w = \begin{vmatrix} x_1 & y_1 & z_1 \\ x_2 & y_2 & z_2 \\ x_3 & y_3 & z_3 \end{vmatrix} .$$

5. Formazioni geometriche di prima specie.

Le formazioni geometriche di prima specie, sono del tipo generico:

$$S = \Sigma m_i A_i ,$$

ove m_i è successione (finita) di *numeri reali* e A_i è una successione di *punti*.

Si ha $\Sigma m_i A_i = \Sigma n_j B_j$, solamente quando, per O punto arbitrario:

$$\Sigma m_i (A_i - O) = \Sigma n_j (B_j - O) ;$$

ed inoltre $\Sigma m_i A_i$ è nulla quando $\Sigma m_i (A_i - O) = 0$ per O pure arbitrario.

La *somma* e il *prodotto per un numero reale* delle forme di prima specie, godono dell'ordinario algoritmo algebrico; tale algoritmo, già esteso ai *vettori*, viene così esteso anche ai *punti*.

Ricordiamo che solo quando $m = \Sigma m_i$, massa di S, è nullo, si ha che S è un *vettore*. Per $m \neq 0$ esiste un punto G, ed uno solo, « baricentro di S », ovvero « baricentro dei punti A_i con le masse m_i », tale che:

$$mG = \Sigma m_i A_i, \quad \text{cioè tale che} \quad \Sigma m_i (A_i - G) = 0.$$

Se $S = m_1 A_1 + m_2 A_2$ e $m = m_1 + m_2 \neq 0$, allora G sta sulla retta $A_1 A_2$, divide il segmento $A_1 A_2$ in parti proporzionali ai numeri m_2, m_1 ed è interno o esterno al segmento, secondochè $m_1 m_2 > 0$ ovvero $m_1 m_2 < 0$.

6. Derivate; differenziali; formule di Frenet.

a) Di un *punto*, o *vettore*, $P = f(t)$, $\boldsymbol{u} = f(t)$, funzione della variabile numerica t, se ne definisce la derivata come per le funzioni numeriche:

$$\frac{dP}{dt} = P' = \lim_{h \to 0} \frac{f(t+h) - f(t)}{h},$$

$$\frac{d\boldsymbol{u}}{dt} = \boldsymbol{u}' = \lim_{h \to 0} \frac{f(t+h) - f(t)}{h};$$

e analogamente per le derivate *seconde*, ...

La derivata di un punto o di un vettore è, se esiste, un vettore, perchè $[f(t+h) - f(t)]/h$ è vettore.

Se $f(t)$ è punto o vettore, vale la formula di Taylor, sotto questa forma:

$$f(t+h) = f(t) + hf'(t) + \frac{h^2}{2!} f''(t) + \ldots + \frac{h^n}{n!} [f^n(t) + \varepsilon]$$

$$\text{con} \quad \lim_{h \to 0} \varepsilon = 0.$$

Per un punto, o vettore, funzione di due o più variabili numeriche, si possono considerare le *derivate parziali* come in Analisi.

b) Per i differenziali di P ed u, funzioni di t soltanto, si ha:

$$dP = P' \, . \, dt, \quad du = u' \, . \, dt.$$

Per u, v, m funzioni di t, si ha:

$$d(mu) = m \, . \, du + dm \, . \, u, \quad d(u \times v) = u \times dv + du \times v,$$
$$du^2 = 2u \times du \quad \text{(e quindi, per } u^2 = \text{cost.}, \; u \times du = 0),$$
$$d(u \wedge v) = u \wedge dv + (du) \wedge v = u \wedge dv - v \wedge du.$$

Se poi, ad es., P è funzione delle variabili x, y, z, ..., si ha:

$$dP = \frac{\partial P}{\partial x} \, dx + \frac{\partial P}{\partial y} \, dy + \frac{\partial P}{\partial z} \, dz + \dots$$

e analogamente per u.

c) Se P è punto funzione della variabile numerica t, allora P descrive, col variare di t, una *linea*. Se $P' \neq 0$, per il valore t, allora la *tangente* in P alla linea è parallela a P'. Se $P' \wedge P'' \neq 0$, per il valore t, allora il *piano osculatore* alla linea in P è parallelo a P' ed a P''.

Per l'elemento, ds, dell'arco s della linea, si ha:

$$ds = \operatorname{mod} dP.$$

Si definiscono i vettori t, n, b, ponendo:

$$t = dP / ds, \quad n = (dt / ds) / \operatorname{mod}(dt / ds), \quad b = t \wedge n,$$

e risulta che t, n, b, è terna *unitario-ortogonale-destra*, le cui direzioni sono quelle della *tangente, normale principale, binormale* in P.

Si definisce la *flessione*, $1/\rho$, e la *torsione*, $1/\tau$, della linea in P, ponendo:

$$\frac{1}{\rho} = \frac{dt}{ds} \times n, \quad \frac{1}{\tau} = \frac{db}{ds} \times n,$$

e risultano subito le formule (di Frenet):

$$\frac{dt}{ds} = \frac{1}{\rho}\, n, \quad \frac{dn}{ds} = -\frac{1}{\rho}\, t - \frac{1}{\tau}\, b, \quad \frac{db}{ds} = \frac{1}{\tau}\, n,$$

le quali, ponendo

$$f = \frac{1}{\rho}\, b - \frac{1}{\tau}\, t,$$

si scrivono sotto la forma:

$$\frac{dt}{ds} = f \wedge t, \quad \frac{dn}{ds} = f \wedge n, \quad \frac{db}{ds} = f \wedge b.$$

d) Indicando con gli apici le derivate rispetto a t, e posto:

$$v = \operatorname{mod} P', \quad \text{cioè} \quad v = ds/dt,$$

si ha subito:

$$P' = vt,$$
$$P'' = v't + \frac{v^2}{\rho}\, n.$$

La costruzione del punto $C = P + \rho n$ si fa così. Le parallele condotte da $P + P'$ e $P + P''$ alla normale e alla tangente in P si incontrino in M; la perpendicolare condotta da $P + P'$ alla retta PM taglia la normale principale nel punto C, che dicesi *centro di curvatura* in P.

Calcolata ancora la P''', mediante le formule di Frenet, si ha subito:

$$\frac{1}{\rho} = \frac{\mathrm{mod}\,(P' \wedge P'')}{(\mathrm{mod}\,P')^3} \; , \quad \frac{1}{\tau} = -\frac{P' \wedge P'' \times P'''}{(P' \wedge P'')^2} \; .$$

e) Se la linea descritta da P è piana e i è il rotore di un retto [cfr. Intr. III, n. 6], allora si ha sempre $1/\tau = 0$, e si può stabilire il segno di ρ, in modo che:

$$\frac{dt}{ds} = \frac{1}{\rho}\, i\, t,$$

per il punto C, avendosi allora:

$$C = P + \rho\, i\, t.$$

7. Gradiente d'un numero funzione d'un punto.

Il numero u sia funzione del punto P. Il gradiente di u rispetto a P, che si scrive $\mathrm{grad}_P u$, o semplicemente, $\mathrm{grad}\, u$, è il vettore tale che:

$$du = \mathrm{grad}_P u \times dP,$$

qualunque sia il differenziale dP di P ed il suo corrispondente du di u.

Se P varia in un piano, si porrà, come ulteriore condizione, che $\mathrm{grad}\, u$ sia parallelo a quel piano.

Per $u = \mathrm{cost.}$, il vettore $\mathrm{grad}\, u$ è normale al luogo nel quale varia il punto P.

Se O è un punto fisso, ovvero è il piede della perpendicolare condotta dal punto P (che varia comunque purchè diverso da O) su di una retta o un piano fisso, allora, essendo

$$r = \mathrm{mod}\,(P - O), \quad \text{si ha} \quad \mathrm{grad}\,r = (P - O)/r,$$

perchè differenziando la condizione $r^2 = (P - O)^2$, si ha:

$$r\,dr = (P - O) \times (dP - dO) = (P - O) \times dP,$$

e quindi $dr = [(P - O)/r] \times dP$.

Si ha, per f funzione di u, v, ...:

$$\mathrm{grad}\,f = \frac{\partial f}{\partial u}\,\mathrm{grad}\,u + \frac{\partial f}{\partial v}\,\mathrm{grad}\,v + \cdots$$

Se $P = O + x\boldsymbol{i} + y\boldsymbol{j} + z\boldsymbol{k}$, essendo $\boldsymbol{i}, \boldsymbol{j}, \boldsymbol{k}$ la solita terna arbitraria, ecc., si ha:

$$\mathrm{grad}\,u = \frac{\partial u}{\partial x}\,\boldsymbol{i} + \frac{\partial u}{\partial y}\,\boldsymbol{j} + \frac{\partial u}{\partial z}\,\boldsymbol{k}.$$

II. Omografie vettoriali.

Frequentemente si presentano in Meccanica delle omografie, ed è opportuno che se ne conosca completamente l'algoritmo, per poter trattare in modo rapido e semplice le più complesse questioni. Noi, occupandoci soltanto della parte elementare, fondamentale, della Meccanica, possiamo limitarci ad alcuni cenni relativi all'algoritmo delle omografie, rimandando il lettore ai trattati speciali *), dando soltanto un maggiore svi-

---

*) C. Burali-Forti et R. Marcolongo. **Analyse vectorielle générale**; tome I: *Transformations linéaires* (Lattes; Torino, a. 1912).

luppo alle *isomerie*, e in particolare, ai *rotori* [cfr. III di questa Introduzione], che servono di base allo studio del moto di corpo rigido.

1. Generalità.

a) Chiamasi *omografia vettoriale*, o semplicemente, *omografia*, ogni operatore (a sinistra) α tra *vettori* e *vettori* (αu è un vettore, qualunque sia il vettore u), che è *lineare*, cioè tale che:

$$(1) \qquad \alpha(u + v) = \alpha u + \alpha v, \quad \alpha(mu) = m(\alpha u)$$

qualunque siano i vettori u, v e il numero reale m.

I numeri reali sono omografie (omotetie vettoriali); in particolare lo 0 (zero) è la *omografia nulla*, cioè quella α, tale che $\alpha u = 0$ qualunque sia il vettore u.

b) Una omografia α è individuata quando di tre vettori non complanari u, v, w, ne sono noti i vettori $u_1 = \alpha u$, $v_1 = \alpha v$, $w_1 = \alpha w$ corrispondenti. Ciò si esprime ponendo:

$$\alpha = \begin{pmatrix} u_1, & v_1, & w_1 \\ u, & v, & w \end{pmatrix}.$$

Se anche u_1, v_1, w_1 non sono complanari, allora si può considerare la inversa di α, la α^{-1}:

$$\alpha^{-1} = \begin{pmatrix} u, & v, & w \\ u_1, & v_1, & w_1 \end{pmatrix}$$

e si ha, come in Algebra, che da:

$$\alpha x = y \quad \text{segue} \quad x = \alpha^{-1} y.$$

c) Se α, β sono omografie, chiamasi *somma di* α *con* β, e *prodotto di* α *per* β, che si indicano, rispettivamente, con $\alpha + \beta$, $\beta\alpha$, la omografia tale che:

$$(2) \qquad (\alpha + \beta)\,u = \alpha u + \beta u, \quad (\beta\alpha)\,u = \beta\,(\alpha u).$$

Se α, β, γ sono omografie, si ha facilmente:

$$\alpha + \beta = \beta + \alpha, \quad \alpha + (\beta + \gamma) = (\alpha + \beta) + \gamma,$$
$$\alpha\,(\beta + \gamma) = \alpha\beta + \alpha\gamma,$$
$$\alpha\,(\beta\gamma) = (\alpha\beta)\,\gamma,$$
$$(\alpha\beta)^{-1} = \beta^{-1}\alpha^{-1} \quad \text{per } \alpha \text{ e } \beta \text{ invertibili.}$$

In generale $\alpha\beta$ è diverso da $\beta\alpha$.
Si porrà, come in Algebra:

$$\alpha^2 = \alpha\alpha, \quad \alpha^3 = \alpha\alpha^2, \quad \dots$$

Le omografie formano un sistema lineare.

d) Una direzione dicesi *unita* rispetto alla omografia α, quando essendo u un vettore parallelo a quella direzione, αu è un multiplo di u.

2. Omografie particolari.

a) **Omografie proprie e degeneri.** Chiamasi *propria*, ogni omografia che trasforma vettori non complanari in vettori pure non complanari; *impropria*, o *degenere*, quando esistono almeno tre vettori non complanari che sono da essa trasformati in vettori complanari.

b) **Numeri reali (omotetie vettoriali).** Abbiamo già osservato che ogni numero reale è una omografia; per essa ogni direzione è unita. Ogni numero reale non nullo, è omografia propria.

c) **Omografie assiali.** Qualunque sia il vettore a, il simbolo composto $a \wedge$ applicato ad un vettore arbitrario u, produce il vettore $a \wedge u$ e sodisfa alle (1); dunque $a \wedge$ è una omografia.

Si chiamano *omografie assiali*, le omografie della forma $a \wedge$. Esse costituiscono un sistema lineare e sono tutte degeneri.

d) **Diadi.** Se a, b sono vettori, col simbolo $\mathrm{H}(a, b)$ indicheremo quella omografia, funzione di a e di b, tale che:

$$(3) \qquad \mathrm{H}(a, b)\,u = a \times u \,.\, b$$

qualunque sia il vettore u.

Le omografie $\mathrm{H}(a, b)$ chiamansi *diadi*. Esse sono tutte degeneri e *non* formano un sistema lineare.

Si hanno le formule notevoli:

$$(3') \qquad \begin{cases} \mathrm{H}(a, b) + \mathrm{H}(a, c) = \mathrm{H}(a, b + c), \\ \mathrm{H}(a, b) + \mathrm{H}(c, b) = \mathrm{H}(a + c, b), \\ \mathrm{H}(i, i) + \mathrm{H}(j, j) + \mathrm{H}(k, k) = 1, \\ (a \wedge)(b \wedge) = \mathrm{H}(a, b) - a \times b, \\ (a \wedge)^2 = \mathrm{H}(a, a) - a^2, \end{cases}$$

essendo a, b, c, d vettori qualunque, ed i, j, k terna unitario-ortogonale-destra.

e) **Dilatazioni.** Chiameremo dilatazione ogni omografia α, tale che:

$$(4) \qquad u \times \alpha v = v \times \alpha u$$

qualunque siano i vettori u, v.

Si può dimostrare che se α è una dilatazione, si ha:

$$(5) \qquad \alpha = \begin{pmatrix} m\,i, & n\,j, & p\,k \\ i, & j, & k \end{pmatrix},$$

ove i, j, k è terna unitario-ortogonale-destra, ed m, n, p sono numeri reali.

Una dilatazione ammette, dunque, almeno tre direzioni unite due a due ortogonali.

Se α è una omografia e O è un punto fisso, tutti i punti P, per i quali:

$$(6) \qquad (P - O) \times \alpha\,(P - O) = \text{cost.},$$

stanno in una *quadrica* (indicatrice di α).

Ha luogo questa proprietà notevole:

La normale in P alla quadrica indicatrice della dilatazione α, è parallela al vettore $\alpha(P - O)$.

Infatti. Sia dP uno spostamento di P nel piano tangente in P alla quadrica; dalle (6), (4), si ha:

$$dP \times \alpha\,(P - O) + (P - O) \times \alpha\,dP = 2\,dP \times \alpha\,(P - O) = 0, \text{ c. d. d.}$$

Gli assi della quadrica, indicatrice della dilatazione α, sono le parallele condotte dal centro O della quadrica alle direzioni unite di α.

Infatti. Se P è l'estremo di un asse, la normale in P è la retta OP, cioè $\alpha(P - O)$ deve essere parallelo a $P - O$.

3. Invarianti d'una omografia (operatori I_1, I_2, I_3).
Si chiamano *invarianti*, *primo*, *secondo*, *terzo* della

omografia α, e si indicano con $I_1\alpha$, $I_2\alpha$, $I_3\alpha$, i numeri reali, tali che:

$$(7) \quad \begin{cases} u \wedge v \times w \,.\, I_1\alpha = v \wedge w \times \alpha u + w \wedge u \times \alpha v + \\ \qquad\qquad\qquad\qquad\qquad\qquad + u \wedge v \times \alpha w, \\ u \wedge v \times w \,.\, I_2\alpha = \alpha v \wedge \alpha w \times u + \alpha w \wedge \alpha u \times v + \\ \qquad\qquad\qquad\qquad\qquad\qquad + \alpha u \wedge \alpha v \times w, \\ u \wedge v \times w \,.\, I_3\alpha = \alpha u \wedge \alpha v \times \alpha w \end{cases}$$

qualunque siano i vettori u, v, w.

Tali numeri sono univocamente determinati da α, e per la solita terna ortogonale, ecc., i, j, k, si ha:

$$(7') \quad \begin{cases} I_1\alpha = i \times \alpha i + j \times \alpha j + k \times \alpha k, \\ I_2\alpha = i \times \alpha j \wedge \alpha k + j \times \alpha k \wedge \alpha i + k \times \alpha i \wedge \alpha j, \\ I_3\alpha = \alpha i \times \alpha j \wedge \alpha k. \end{cases}$$

L'operatore (tra omografie e numeri) I_1 è lineare:

$$(8) \qquad I_1(\alpha + \beta) = I_1\alpha + I_1\beta, \quad I_1(m\alpha) = m(I_1\alpha);$$

non così I_2 e I_3.

L'operatore I_3 è distributivo, rispetto al prodotto:

$$(9) \qquad\qquad\qquad I_3(\beta\alpha) = I_3\beta \,.\, I_3\alpha.$$

Si ha che α è degenere solamente quando $I_3\alpha = 0$.

4. Vettore di una omografia (operatore V).

Chiamasi vettore di una omografia α, e si indica con $V\alpha$, quel vettore tale che:

$$(10) \qquad 2V\alpha \times u \wedge v = v \times \alpha u - u \times \alpha v$$

qualunque siano i vettori u, v.

Tale vettore è univocamente determinato da α e si ha, essendo u, v, w vettori non complanari:

$$(11) \quad 2V\alpha = \frac{1}{u \wedge v \times w} [(v \wedge w) \wedge \alpha u + (w \wedge u) \wedge \alpha v + $$
$$+ (u \wedge v) \wedge \alpha w] =$$
$$= \frac{1}{u \wedge v \times w} [(w \times \alpha v - v \times \alpha w) u + \ldots + \ldots]$$

e per la terna ortogonale, ecc.:

$$(11') \qquad 2V\alpha = i \wedge \alpha i + j \wedge \alpha j + k \wedge \alpha k .$$

Soltanto le *dilatazioni* hanno vettore nullo [confrontare (4), (10)].

L'operatore V è *lineare*, cioè:

$$(12) \quad V(\alpha + \beta) = V\alpha + V\beta , \quad V(m\alpha) = m(V\alpha) .$$

Interessa considerare il vettore di una omografia assiale e di una diade:

$$(13) \qquad V(a \wedge) = a , \quad 2VH(a, b) = a \wedge b$$

come facilmente si ricava dalla (10).

5. Dilatazione e coniugata di una omografia (operatori D, K).

Si chiamano *dilatazione* e *coniugata* di una omografia α, e s'indicano con $D\alpha$ e $K\alpha$, le omografie definite ponendo:

$$(14) \quad D\alpha = \alpha - (V\alpha) \wedge , \quad K\alpha = \alpha - 2(V\alpha) \wedge .$$

a) La $D\alpha$ è una *dilatazione* [cfr. n. 2, *e)*], perchè operando nella (14) con V, si ha $VD\alpha = V\alpha - V\alpha = 0$. Ciò giustifica il nome dato a $D\alpha$.

b) Dalle (14) si ha ovviamente:

$$(15) \qquad \alpha = D\alpha + (V\alpha)\wedge, \quad K\alpha = D\alpha - (V\alpha)\wedge$$

che scompongono α e $K\alpha$ nella somma di una *dilatazione* con una *assiale*. Tale scomposizione può farsi in un sol modo.

c) Gli operatori D, K sono lineari e permutabili.

d) Per l'operatore K si hanno le seguenti notevoli proprietà:

$$(16) \qquad u \times \alpha v = v \times K\alpha u, \quad \text{teorema di commutazione,}$$

$$(17) \qquad K(\beta\alpha) = K\alpha \,.\, K\beta,$$

$$(18) \qquad K\alpha^{-1} = (K\alpha)^{-1}, \quad \text{per } \alpha \text{ invertibile,}$$

$$(19) \qquad K K \alpha = \alpha,$$

$$(20) \qquad K(a\wedge) = -\, a \wedge,$$

$$(21) \qquad KH(a, b) = H(b, a), \quad \text{ecc.}$$

Le dimostrazioni sono le seguenti:

$$u \times \alpha v = u \times (D\alpha + V\alpha\wedge)v = u \times D\alpha v + u \times V\alpha \wedge v =$$
$$= v \times D\alpha u - v \times V\alpha \wedge u = v \times (D\alpha - V\alpha\wedge)u =$$
$$= v \times K\alpha u;$$

$$u \times (\beta\alpha)v = v \times K(\beta\alpha)u;$$

$$u \times (\beta\alpha)v = u \times \beta(\alpha v) = \alpha v \times K\beta u = v \times K\alpha \,.\, K\beta u; \quad \text{ecc.}$$

III. Isomerie vettoriali e Rotori.

1. Isomerie in generale.

Chiameremo *isomeria (vettoriale)* ogni *omografia (vettoriale)* α, che conserva il *modulo* del vettore, non importa quale, cui si applica; cioè tale che, qualunque sia il vettore u:

$$(1) \qquad (\alpha u)^2 = u^2.$$

Risulta ovviamente dalla (1) che: *una isomeria è sempre omografia propria (non degenere, invertibile)*, ed inoltre che: *tra i numeri reali (omotetie vettoriali), soltanto $+1$ e -1 sono isomerie.*

In luogo della (1) può porsi la condizione, valevole per u, v vettori arbitrari:

$$(1') \qquad \alpha u \times \alpha v = u \times v,$$

cioè, per la (1), $\mathrm{ang}(\alpha u, \alpha v) = \mathrm{ang}(u, v)$.

Infatti. Se nella (1') si pone u al posto di v si ottiene la (1), cioè, dalla (1') si deduce la (1). Dalla (1) si ha:

$$[\alpha(u+v)]^2 = (u+v)^2 = u^2 + v^2 + 2u \times v,$$

ed inoltre:

$$[\alpha(u+v)]^2 = (\alpha u + \alpha v)^2 = (\alpha u)^2 + (\alpha v)^2 + 2\alpha u \times \alpha v =$$
$$= u^2 + v^2 + 2\alpha u \times \alpha v,$$

e quindi $u \times v = \alpha u \times \alpha v$, cioè dalla (1) si deduce la (1').

Come interessante *proprietà caratteristica* delle isomerie, si ha la seguente: *Una omografia α è una isomeria, solamente quando, il prodotto di α e della sua coniugata (o viceversa), è l'identità, ovvero, il che equivale, la coniugata di α coincide con la inversa di α*:

$$(2) \qquad K\alpha \cdot \alpha = 1, \quad \alpha \cdot K\alpha = 1, \quad K\alpha = \alpha^{-1}.$$

Infatti. Dal teorema di commutazione, dalla definizione di inversa e per l'arbitrarietà dei vettori u, v, risulta che la condizione (1') è, ordinatamente, *equivalente* alle condizioni seguenti:

$$u \times K\alpha.\,\alpha v = u \times v, \quad u \times (K\alpha.\,\alpha - 1)v = 0, \quad (K\alpha.\,\alpha - 1)v = 0,$$
$$K\alpha.\,\alpha = 1, \quad K\alpha = \alpha^{-1}, \quad \alpha.\,K\alpha = 1.$$

Tra le molte proprietà delle isomerie generali ci limitiamo a considerare le seguenti.

(3) Se α, β sono isomerie, anche α^{-1}, $\alpha\beta$, $\beta\alpha$ sono isomerie.

Infatti dalle (2), si ha:

$$\alpha^{-1} = K\alpha, \quad K\alpha^{-1} = KK\alpha = \alpha = (\alpha^{-1})^{-1},$$
$$K(\alpha\beta) = K\beta.\,K\alpha = \beta^{-1}\alpha^{-1} = (\alpha\beta)^{-1},$$

(4) Se α è isomeria, allora $I_3\alpha = \pm 1$.

Infatti dalla prima delle (2), si ha:

$$1 = I_3(K\alpha.\,\alpha) = I_3 K\alpha.\,I_3\alpha = (I_3\alpha)^2.$$

(5) Se α è isomeria funzione della variabile numerica t, esiste un vettore Ω, ed uno solo, funzione di t, tale che:

$$d\alpha/dt = \Omega \wedge \alpha;$$

inoltre se $I_3\alpha = +1$, allora:

$$d K\alpha/dt = -(K\alpha\Omega) \wedge K\alpha.$$

Infatti. Indicando con gli apici le derivate rispetto a t e derivando la seconda delle (2), si ha:

$$\alpha'.\,K\alpha + \alpha.\,K\alpha' = 0, \quad \alpha'.\,K\alpha + K(\alpha'.\,K\alpha) = 0,$$

il che prova che $\alpha'.\,K\alpha$ è *omografia assiale*, cioè esiste almeno un vettore Ω, funzione di t, tale che $\alpha'.\,K\alpha = \Omega \wedge$, operando a destra con α, e ricordando la prima delle (2), si ottiene la prima delle (5).

Operàndo con K nei due membri di $\alpha'.\mathrm{K}\alpha = \Omega\wedge$, si ha $\alpha.\mathrm{K}\alpha' = -\Omega\wedge$, e quindi, per x vettore arbitrario, $\alpha.\mathrm{K}\alpha'x = -\Omega\wedge x$; operando a sinistra con $\mathrm{K}\alpha$, si ha [cfr. la (2) e la (7) del n. 2] $\mathrm{K}\alpha'x = -(\mathrm{K}\alpha\Omega)\wedge\mathrm{K}\alpha x$ che dimostra la seconda delle (5).

Il vettore Ω è *unico*, perchè se Ω, Ω_1 sono tali che $\alpha' = \Omega\wedge\alpha$, $\alpha' = \Omega_1\wedge\alpha$, allora, per u vettore arbitrario, si ha $\Omega\wedge\alpha u = \Omega_1\wedge\alpha u$, onde $(\Omega-\Omega_1)\wedge\alpha u = 0$; ma, essendo α invertibile, anche αu è vettore arbitrario, e quindi $\Omega = \Omega_1$.

2. Generalità sui Rotori.

A noi interessa, in modo particolare, considerare le *isomerie ad invariante terzo* $+1$ [cfr. (4)], che, brevemente, chiameremo *Rotori.*

Per il *rotore* generico α, abbiamo le importanti proprietà seguenti:

a) Qualunque siano i vettori u, v, w, si ha:

$$(6)\qquad u\wedge v\times w = \alpha u\wedge\alpha v\times\alpha w.$$

Ciò risulta subito dall'ultima delle (7) del n. 3 di Intr. II, perchè $\mathrm{I}_3\alpha = 1$.

b) Qualunque siano i punti A, B e i vettori u, v, w, il tetraedro (proprio o degenere) di vertici A, $A+u$, $A+v$, $A+w$ è sovrapponibile al tetraedro di vertici B, $B+\alpha u$, $B+\alpha v$, $B+\alpha w$.

Ciò risulta subito dalle (1), (1') e dalla (6).

b') In particolare, se i, j, k è terna vettoriale unitaria-ortogonale-destra, anche αi, αj, αk è terna unitaria-ortogonale-destra.

Risulta immediatamente da *b)*.

c) Qualunque siano i vettori u, v, si ha:

$$(7) \qquad \alpha\,(u \wedge v) = \alpha u \wedge \alpha v.$$

Risulta da *b*), considerando i vettori u, v, $u \wedge v$ ed i corrispondenti, rispetto ad α, cioè αu, αv, $\alpha\,(u \wedge v)$.

c') Il vettore di α, cioè $V\alpha$, ha, rispetto ad α, se stesso per corrispondente, cioè:

$$(8) \qquad \alpha V\alpha = V\alpha.$$

Infatti. Se i, j, k è la solita terna ortogonale, ecc., è noto che:

$$2V\alpha = i \wedge \alpha i + j \wedge \alpha j + k \wedge \alpha k\,;$$

operando con α nei due membri e tenendo conto della (7), si ha:

$$2\alpha\,V\alpha = \alpha i \wedge \alpha\,(\alpha i) + \alpha j \wedge \alpha\,(\alpha j) + \alpha k \wedge \alpha\,(\alpha k)\,;$$

ma anche αi, αj, αk è terna ortogonale, ecc. [cfr. *b'*)], e quindi $2\alpha\,V\alpha = 2\,V\alpha$, cioè vale la (8).

d) Se α non è l'identità ($\alpha \neq 1$), allora esiste una sola direzione tale che, qualunque sia il vettore u parallelo a tale direzione, si ha:

$$(9) \qquad \alpha u = u, \quad \text{e anche} \quad \alpha^{-1} u = K\alpha u = u.$$

Infatti. Se la direzione considerata esiste, è unica; perchè se u, v sono vettori non nulli sodisfacenti alla (9), allora, per la (7), $\alpha\,(u \wedge v) = u \wedge v$, e quindi, se u, v non sono paralleli, si ha $\alpha u = u$, $\alpha v = v$, $\alpha\,(u \wedge v) = u \wedge v$, cioè $\alpha = 1$, contrariamente alla ipotesi. Se $V\alpha \neq 0$, la (8) prova che la direzione di Vα è la direzione considerata; quindi esiste ed è unica. Se V$\alpha = 0$, allora α è una dilatazione, e si ha:

$$\alpha = \begin{pmatrix} mi, & nj, & pk \\ i, & j, & k \end{pmatrix}$$

con $m^2 = n^2 = p^2 = 1$, perchè $(\alpha i)^2 = (mi)^2 = m^2 i^2 = i^2$, ecc. Ma $I_3 \alpha = mnp = 1$, e quindi dei numeri m, n, p uno solo vale $+1$ e gli altri due valgono -1, cioè vi è una sola direzione per la quale vale la (9).

d') È ovvio che se $\alpha = 1$, allora per qualunque vettore u vale la (9).

e) Dato, ad arbitrio, il rotore α e fissato un vettore unitario u sodisfacente alla (9), si ha la formula, immediata conseguenza delle (1') e (9):

$$(9') \qquad u \times a = u \times \alpha a,$$

qualunque sia il vettore a; perciò i vettori a, ed αa formano angoli eguali con u.

Inoltre resta determinato uno, ed un solo, numero φ_0 dell'intervallo $0 \, |\!\!-\!\!- 2\pi$, funzione di α e del verso di u soltanto, tale che: qualunque sia il vettore x normale ad u, si ha:

$$(10) \quad \alpha x = \cos\varphi_0 . x + \text{sen}\,\varphi_0 . u \wedge x, \quad (\text{per } u \times x = 0).$$

Risulta, stando per x non nullo l'ipotesi fatta, che: αx, che ha lo stesso modulo di x, è pure normale ad u; l'ang $(x, \alpha x)$ vale φ_0, ovvero $2\pi - \varphi_0$, secondochè $\varphi_0 \lessgtr \pi$, ovvero $\varphi_0 > \pi$; una persona con i piedi nel punto arbitrario O, con la testa in $O + u$ e che guarda il punto $O + x$, ha il punto $O + \alpha x$ alla sua *destra* per φ_0

nell'intervallo $0 \frown \pi$, alla sua *sinistra* per φ_0 nell'intervallo $\pi \frown 2\pi$; *davanti* o *dietro* (sulla retta Ox) per $\varphi_0 = 0$, ovvero $\varphi_0 = \pi$. In altri termini: un punto che percorrendo la circonferenza di centro O che passa per $O + x$ e $O + \alpha x$, vada da $O + x$ ad $O + \alpha x$, compiendo un cammino lungo $\varphi_0 . \bmod x$, si muoverà da sinistra a destra, cioè nel verso orario, rispetto all'osservatore sopra considerato.

Infatti. La (9') prova che se x è normale ad u, anche αx è normale ad u. I due vettori x, $u \wedge x$, di egual modulo, sono normali ad u; αx è complanare con essi ed è noto che esiste un solo numero φ_0 dell'intervallo $0 \frown 2\pi$, tale che valga la (10). Ma, posto $\varphi = \mathrm{ang}(x, \alpha x)$, si ha $\varphi_0 = \varphi$, ovvero $\varphi_0 = 2\pi - \varphi$, secondochè $\varphi_0 \lessgtr \pi$, ovvero $\varphi_0 > \pi$, perchè il punto $O + u \wedge x$ è situato alla destra dell'osservatore considerato, vale a dire φ dipende anche dal verso di u, poichè cambiando u in $-u$, si deve cambiare φ, o $2\pi - \varphi$, in $2\pi - \varphi$, o φ. Resta da dimostrare che φ, e quindi anche φ_0, è funzione di α ed è indipendente da x. Se y è vettore normale ad u e $\bmod y = \bmod x$, allora si ha [cfr. (1')] $\mathrm{ang}(x, y) = \mathrm{ang}(\alpha x, \alpha y)$, e quindi, poichè x, y, αx, αy sono tutti normali ad u, anche $\mathrm{ang}(x, \alpha x) = \mathrm{ang}(y, \alpha y)$, cioè φ è indipendente da x.

f) Avendo α, u, φ_0 il significato stabilito in *e*), si ha:

$$(11) \quad \alpha = \cos\varphi_0 + (1 - \cos\varphi_0)\, \mathrm{H}(u, u) + \mathrm{sen}\,\varphi_0 . u \wedge,$$

vale a dire: qualunque sia il vettore x, si ha:

$$(11') \quad \alpha x = \cos\varphi_0 . x + (1 - \cos\varphi_0)\, u \times x . u + \mathrm{sen}\,\varphi_0 . u \wedge x.$$

Infatti. Si ha identicamente:

$$(a) \qquad\qquad x = u \times x . u + (x - u \times x . u),$$

ove $u \times x \cdot u$, ed $x - u \times x \cdot u$ sono, rispettivamente, la componente *parallela* e *normale* di x rispetto ad u. Applicando α ai due membri della (a) e tenendo conto delle (9), (10), si ha:

$$\alpha x = u \times x \cdot u + \cos\varphi_0 \cdot (x - u \times x \cdot u) + \mathrm{sen}\,\varphi_0 \cdot u \wedge (x - u \times x \cdot u)$$

$$= u \times x \cdot u + \cos\varphi_0 \cdot x - \cos\varphi_0 \cdot u \times x \cdot u + \mathrm{sen}\,\varphi_0 \cdot u \wedge x =$$

$$= \cos\varphi_0 \cdot x + (1 - \cos\varphi_0) u \times x \cdot u + \mathrm{sen}\,\varphi_0 \cdot u \wedge x =$$

$$= [\cos\varphi_0 + (1 - \cos\varphi_0) H(u, u) + \mathrm{sen}\,\varphi_0 \cdot u \wedge] x,$$

che dimostrano le $(11')$ ed (11).

g) Stando per α, u, φ_0, x le ipotesi f), interessa esaminare quale relazione geometrica vi è tra i vettori $u, x, \alpha x$ ed il numero φ_0.

Essendo O punto arbitrario, si ponga:

$$M = O + u \times x \cdot u,$$
$$A = O + x, \quad B = O + \alpha x.$$

Dalla $(9')$ risulta:

$$M = O + u \times \alpha x \cdot u,$$

vale a dire M è la proiezione ortogonale, sulla retta Ou, tanto di A quanto di B. Siccome i vettori x, αx, hanno egual modulo [cfr. (1)], ne segue che esiste una circonferenza di centro M che passa per A e B (il cui piano è normale ad u). Inoltre, essendo:

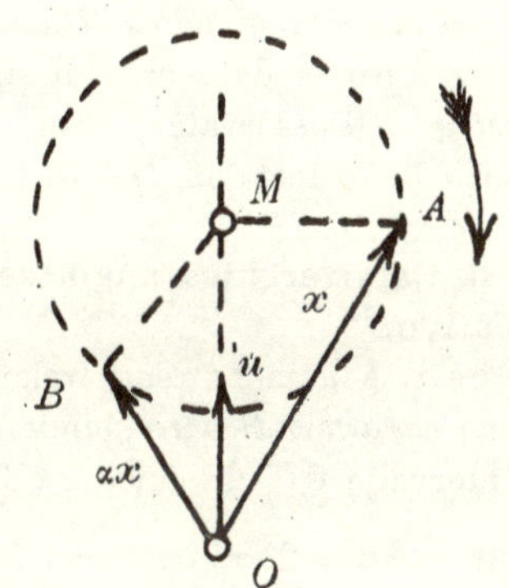

Fig. 1

$$x = (M - O) + (A - M), \quad \alpha(M - O) = M - O,$$
$$\alpha x = (M - O) + (B - M),$$

applicando α alla prima, e confrontando con la terza, si ha:

$$\alpha(A - M) = B - M.$$

Ma $A - M$, $B - M$ sono normali ad $\boldsymbol{u}$, e quindi per questi vettori vale quanto si è detto in e), rispetto all'osservatore con i piedi in M (oppure in O) e la testa in $M + \boldsymbol{u}$ (oppure $O + \boldsymbol{u}$) e che guarda il punto A.

Le relazioni tra α, $\boldsymbol{u}$, φ_0, $\boldsymbol{x}$ ora indicate si esprimono brevemente dicendo che: *il vettore $\alpha\boldsymbol{x}$ si ottiene dando al vettore $\boldsymbol{x}$ la rotazione di φ_0 radianti intorno al vettore $\boldsymbol{u}$*, restando *sottinteso* che il *verso della rotazione* dipende dal verso di $\boldsymbol{u}$, ed è da *sinistra verso destra* dell'osservatore, con i piedi in O (punto arbitrario) e la testa in $O + \boldsymbol{u}$.

3. Caratteristica angolare di un numero reale relativo.

Se φ è numero reale relativo (con segno) chiameremo *caratteristica angolare di* φ quel numero φ_0 dell'intervallo $0 \,{\mid\!\!-}\, 2\pi$ (cioè $2\pi > \varphi_0 \geqq 0$), tale che:

$$(12) \qquad \varphi = 2h\pi + \varphi_0 \quad \text{con } h \text{ intero relativo.}$$

La caratteristica angolare φ_0 del numero reale relativo φ, è un $0 \,{\mid\!\!-}\, 2\pi$ univocamente determinato (è funzione di φ); anche l'intero relativo h che comparisce nella (12) *è funzione di φ.*

Se φ è *positivo* e h è la parte intera di $\varphi/2\pi$, allora è ovvio che $\varphi_0 = \varphi - 2h\pi$. Se φ è *negativo*, non nullo, allora per $-\varphi$, che è positivo, si ha $-\varphi = 2h'\pi + \varphi_0'$, essendo φ_0' un $0 \vdash 2\pi$; ne segue:

$$\varphi = -2h'\pi - \varphi_0' = -2(h'+1)\pi + (2\pi - \varphi_0'),$$

e quindi $h = -(h'+1)$, $\varphi_0 = 2\pi - \varphi_0'$ sodisfano alla (12).

Sono ovvie le proprietà seguenti, ove h è intero relativo.

La caratteristica angolare di 0, $\pm 2\pi$, ..., in generale di $2h\pi$, è zero.

La caratteristica angolare di $\pm \pi$, ..., in generale di $(2h+1)\pi$, è π.

Se φ_0 è la caratteristica angolare di φ, allora la caratteristica angolare di $2h\pi + \varphi$, è pure φ_0.

Se φ_0, ψ_0 sono le caratteristiche angolari di φ, ψ, allora $\varphi + \psi$ e $\varphi_0 + \psi_0$ hanno la stessa caratteristica angolare; che vale $\varphi_0 + \psi_0$ quando $\varphi_0 + \psi_0 < 2\pi$; vale 0 quando $\varphi_0 + \psi_0 = 2\pi$; e analogamente vale $\varphi_0 + \psi_0 - 2\pi$ quando $\varphi_0 + \psi_0 > 2\pi$. Ecc.

4. Notazione generale, e alcune proprietà dei rotori.

Se u è vettore unitario e φ è numero reale relativo, con la notazione composta $R(\varphi, u)$ indichiamo la omografia definita, ponendo:

$$(13) \quad R(\varphi, u) = \cos\varphi + (1 - \cos\varphi) H(u, u) + \operatorname{sen}\varphi . u \wedge .$$

Se φ_0 è la caratteristica angolare di φ [cfr. n. 3], è chiaro che $R(\varphi, u) = R(\varphi_0, u)$, e quindi, tenendo presente quanto si è detto nel n. 2, $g)$, risulta subito

che: R (φ, u) è *il **rotore** che dà ad un qualsiasi
vettore la rotazione di* φ_0 *radianti intorno ad* u.

Il simbolo R (φ, u) definito dalla (13), si leggerà
rotazione di φ *radianti intorno ad* u; il che è piena-
mente giustificato dalle osservazioni precedenti. Se u
non è unitario, purchè non nullo, allora R(φ, u) indicherà ancora la omografia secondo membro della (13),
nella quale si ponga $u/\mathrm{mod}\,u$ al posto di u. Il vettore u, o qualsiasi vettore parallelo ad u, può chiamarsi *asse* di R (φ, u).

In ciò che segue: u, v, ... sono vettori unitari (il
che toglie nulla alla generalità); φ, ψ, ... numeri reali
relativi, e φ_0, ψ_0, ... le loro caratteristiche angolari;
h, k, ... interi relativi.

Si ha subito, ed in modo ovvio, dalla (13):

$$(14) \quad R\,(\varphi,\,u) = R\,(\varphi_0,\,u) = R\,(2h\pi + \varphi,\,u) =$$
$$= R\,(2h\pi + \varphi_0,\,u).$$

« Il rotore R (φ, u) non cambia, sostituendo a φ la
sua caratteristica angolare, ovvero aggiungendo a φ, od
a φ_0, un multiplo qualsiasi di 2π ».

$$(15) \quad R\,(0,\,u) = R\,(2\pi,\,u) = R\,(2h\pi,\,u) = 1.$$

« Il rotore R (φ, u) è la *identità*, solamente quando φ
è un multiplo di 2π ».

$$(16) \quad R\,(\pi,\,u) = R\,(-\pi,\,u) = R\,[(2h+1)\pi,\,u) =$$
$$= 2H\,(u,\,u) - 1.$$

« Il rotore R (φ, u), per φ multiplo dispari di π,
vale sempre $2H\,(u,\,u) - 1$ ». Lo chiameremo *simme-*

tria rispetto *ad* u, perchè, qualunque sia il vettore x, i vettori x, u, $R(\pi, u)\,x$ sono complanari, ed essendo O punto arbitrario, i punti $O+x$, $O+R(\pi, u)x$ sono *simmetrici* (simmetria ortogonale) rispetto alla retta Ou.

$$(17) \qquad R\,(-\varphi, -u) = R\,(\varphi, u).$$

« La rotazione di $-\varphi$ radianti intorno a $-u$, coincide con la rotazione di φ radianti intorno ad u ».

5. Composizione (prodotto funzionale) dei Rotori.

Se α, β, γ, … *sono dei rotori, anche* $\beta\alpha$, $\gamma\beta\alpha$, … *sono dei rotori*, perchè sono isomerie [cfr. n. 1 (3)], aventi per invariante terzo l'unità [cfr. n. 2; $I_3\,(\beta\alpha) = I_3\beta \,.\, I_3\alpha = 1\,.\,1 = 1$].

Diremo che i rotori $\beta\alpha$, $\gamma\beta\alpha$, … si ottengono *componendo* i rotori α, β, γ, … in quest'ordine.

In ciò che segue, u, v, … sono vettori unitari (il che toglie nulla alla generalità) e φ, ψ, … sono numeri reali relativi.

a) Consideriamo il prodotto di rotori coassiali [cfr. n. 4], che conduce alle potenze (in particolare all'inverso) di un rotore.

$$(18) \qquad R\,(\psi, u)\; R\,(\varphi, u) = R\,(\varphi + \psi, u).$$

« Dare ad un vettore x la rotazione di φ radianti intorno ad u, poi al vettore così ottenuto la rotazione di ψ radianti intorno allo stesso u, è come dare ad x la rotazione di $\varphi + \psi$ radianti intorno ad u ».

Ciò si deduce in modo ovvio dalla (13) e dal n. 3. Ma se si vuole ottenerlo direttamente dalla (13), basta operare su di un vettore x, normale ad u (cioè tale che $u \times x = 0$, perchè la (18) è vera se si applica a vettori paralleli ad u):

$$R(\varphi, u)x = \cos\varphi . x + \operatorname{sen}\varphi . u \wedge x,$$

e quindi per la (10):

$$
\begin{aligned}
R(\psi, u)R(\varphi, u)x &= \cos\varphi[\cos\psi . x + \operatorname{sen}\psi . u \wedge x] + \\
&+ \operatorname{sen}\varphi . u \wedge [\cos\psi . x + \operatorname{sen}\psi . u \wedge x] = \\
&= \cos\varphi\cos\psi . x + \cos\varphi\operatorname{sen}\psi . u \wedge x + \\
&+ \operatorname{sen}\varphi\cos\psi . u \wedge x - \operatorname{sen}\varphi\operatorname{sen}\psi . x = \\
&= \cos(\varphi+\psi) . x + \operatorname{sen}(\varphi+\psi) . u \wedge x .
\end{aligned}
$$

$$\text{(19)} \qquad R(\psi, u)\, R(\varphi, u) = R(\varphi, u)\, R(\psi, u) .$$

« I rotori coassiali sono commutabili nella composizione »

Risulta dalla [18], perchè $\varphi+\psi = \psi+\varphi$.

$$\text{(20)} \qquad [R(\varphi, u)]^{-1} = R(-\varphi, u) = R(\varphi, -u) .$$

« La inversa della rotazione di φ radianti intorno ad u è la rotazione di $-\varphi$ radianti intorno ad u, ovvero, il che equivale, è la rotazione di φ radianti intorno al vettore $-u$ ».

Se nella (18) si pone $\varphi+\psi = 0$ e si tien conto della (15), si ha subito la prima delle (20); da questa e dalla (13), che dà ovviamente $R(-\varphi, u) = R(\varphi, -u)$, si ottiene la seconda delle (20).

$$\text{(21)} \qquad [R(\varphi, u)]^m = R(m\varphi, u) \quad \text{per } m \text{ intero relativo.}$$

« La potenza m-esima di $R(\varphi, u)$ è la rotazione di $m\varphi$ radianti intorno ad u ».

Si ottiene dalle (18), (20), col solito procedimento d'induzione.

(22) $[R(\pi, u)]^2 = 1, \quad [R(\pi, u)]^{-1} = R(\pi, u).$

« Il quadrato di una simmetria [cfr. (16)] è l'identità; la sua inversa è la simmetria stessa ».

Si ottiene dalle (16), (18), (20).

Più in generale si ha:

(23) $\begin{cases} [R(\pi, u)]^{2m} = 1, \\ [R(\pi, u)]^{2m+1} = R(\pi, u), \quad \text{per } m \text{ intero relativo.} \end{cases}$

b) Esaminiamo ora il caso della composizione di due *simmetrie*.

(24) $R(\pi, v)\, R(\pi, u) = R[2\,ang(u, v),\ u \wedge v].$

« Il prodotto della simmetria rispetto ad u, per la simmetria rispetto a v, è la rotazione, intorno ad $u \wedge v$, d'un angolo doppio di quello formato da u e v ».

Per u parallelo a v la (24) è vera, poichè il secondo membro è la identità. In ciò che segue supponiamo $u \wedge v \neq 0$.

Poniamo, per abbreviare la scrittura:

$$\alpha = R(\pi, u), \quad \beta = R(\pi, v), \quad \varphi = ang(u, v).$$

Tenuto conto del verso di $u \wedge v$, si vede subito che la rotazione di φ radianti intorno ad $u \wedge v$, cioè $R(\varphi, u \wedge v)$, applicata ad u, dà v. Se x è vettore normale ad $u \wedge v$ (cioè complanare con u e v), anche αx e $\beta \alpha x$ sono normali ad $u \wedge v$.

La semplice ispezione della Fig. 2, fà subito vedere che la R$(2\varphi,\ u \wedge v)$ applicata al vettore x produce il vettore $\beta\alpha x$; quindi la (24) è vera.

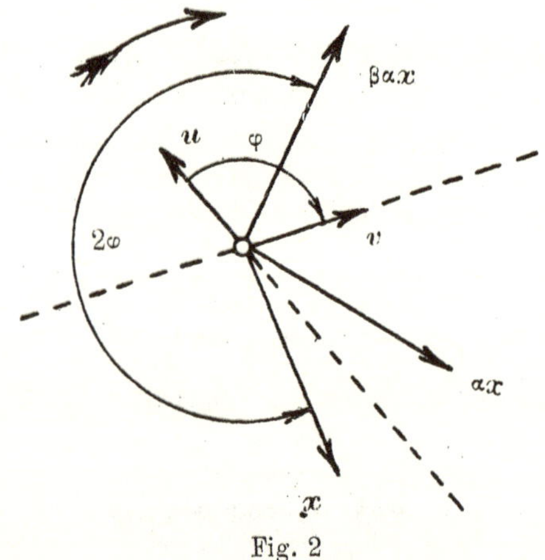

Fig. 2

Volendo dare una dimostrazione analitica (in luogo di quella geometrica, semplicissima, ora data), si può operare così.

Si ponga ancora:

$$a = (u \wedge v)/\operatorname{sen}\varphi, \quad b = a \wedge u \quad \text{e si avrà} \quad v = \cos\varphi . u + \operatorname{sen}\varphi . b$$

perchè $\operatorname{sen}\varphi . b = (u \wedge v) \wedge u = v - \cos\varphi . u$. Allora dalla (16), si ha:

$$\beta\alpha\, a = [2\mathrm{H}(v, v) - 1][2\mathrm{H}(u, u) - 1]\, a = [2\mathrm{H}(v, v) - 1](-a) = a;$$

$$\beta\alpha\, u = [2\mathrm{H}(v, v) - 1]\, u = 2\cos\varphi . v - u = 2\cos^2\varphi . u +$$
$$+ 2\operatorname{sen}\varphi\cos\varphi . b - u = \cos 2\varphi . u + \operatorname{sen} 2\varphi . a \wedge u; \quad \text{ecc.}$$

c) Per la composizione di due rotori qualunque, è opportuno stabilire il teorema seguente.

« I vettori unitari u, v, w non siano complanari.; essendo O punto arbitrario si consideri il triangolo sferico di vertici $U = O + u$, $V = O + v$, $W = O + w$ e ne siano φ, ψ, θ gli angoli di vertici U, V, W. Si ha:

$$(25) \begin{cases} \mathrm{R}\,(2\theta,\, w)\,\mathrm{R}\,(2\psi,\, v)\,\mathrm{R}\,(2\varphi,\, u) = 1, \\ \mathrm{R}\,(-\,2\theta,\, w)\,\mathrm{R}\,(-\,2\psi,\, v)\,\mathrm{R}\,(-\,2\varphi,\, u) = 1, \\ \text{secondochè } u \wedge v \times w < 0, \text{ ovvero } u \wedge v \times w > 0; \end{cases}$$

cioè: il prodotto delle rotazioni intorno ad u, v, w, ordinatamente, di $\pm\, 2\varphi$, $\pm\, 2\psi$, $\pm\, 2\theta$ radianti, secondo che $u \wedge v \times w \lessgtr 0$, è la identità ».

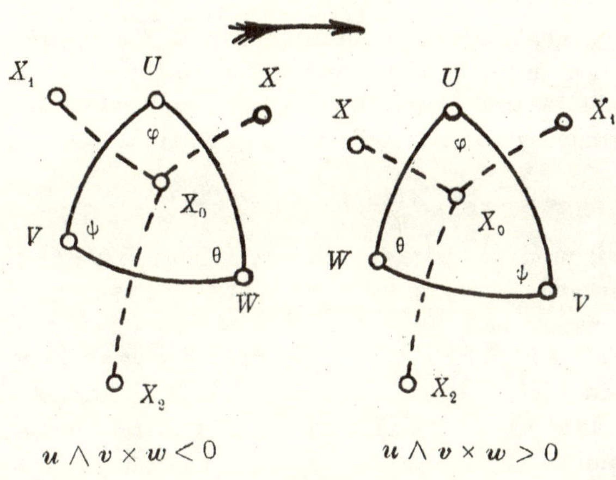

Fig. 3

Essendo X un punto arbitrario della sfera, sia X_0 il suo simmetrico rispetto al lato UW del triangolo, indi siano X_1, X_2 i simmetrici di X_0 rispetto ai lati UV, VW. Dalla semplice ispezione della Fig. 3, e considerando, ad es., il caso $u \wedge v \times w < 0$ (figura a sinistra) risulta subito che:

$$R\,(2\varphi,\, u)\,(X - O) = X_1 - O,$$
$$R\,(2\psi,\, v)\,(X_1 - O) = X_2 - O,$$
$$R\,(2\theta,\, w)\,(X_2 - O) = X - O,$$

dalle quali si ha subito:

$$R\,(2\theta,\, w)\,R\,(2\psi,\, v)\,R\,(2\varphi,\, u)\,(X - O) = X - O,$$

che per l'arbitrarietà di $X - O$ dimostra la prima delle (25). Per la seconda, basta esaminare la figura a destra e nelle tre formule precedenti cambiare 2φ, 2ψ, 2θ in -2φ, -2ψ, -2θ.

d) Vediamo ora come si compongono due rotori qualunque, che intendiamo espressi mediante la caratteristica angolare della rotazione [cfr. n. 3].

« Se i vettori unitari u, v non sono paralleli e 2φ, 2ψ sono numeri dell'intervallo $0 \overline{} 2\pi$, allora si ha:

$$(26) \qquad R\,(2\psi,\, v)\,R\,(2\varphi,\, u) = R\,(-2\theta,\, w),$$

cioè il prodotto dei due rotori considerati è pure un rotore del quale, la rotazione -2θ, e l'asse w, si costruiscono così. Sulla sfera di centro arbitrario O si costruisca il triangolo sferico, del quale due vertici sono i punti $U = O + u$, $V = O + v$, e il terzo vertice W è tale che gli angoli in U, V sono, rispettivamente, di φ, ψ radianti, e la successione u, v, $W - O$ è sinistrorsa, cioè $u \wedge v \times (W - O) < 0$. Allora θ è la misura, col radiante, dell'angolo in W e $w = W - O$, o, almeno, prescindendo dal modulo, w è vettore che ha comune direzione e verso con $W - O$.

Volendo esprimere (ma ciò è poco interessante) θ e w in funzione di u, v, φ, ψ, si ha:

$$(27) \qquad \cos\theta = -\cos\varphi\cos\psi + \mathrm{sen}\,\varphi\,\mathrm{sen}\,\psi \,.\, u \times v$$

$$(28) \qquad w = \mathrm{ctg}\,\psi \,.\, u + \mathrm{ctg}\,\varphi \,.\, v - u \wedge v$$

appartenendo θ all'intervallo $0 \frown \pi$ e w avendo modulo non necessariamente unitario ».

Tenuto conto della costruzione indicata di W, si ha dalla (25):

$$R(2\theta,\, w)\, R(2\psi,\, v)\, R(2\varphi,\, u) = 1,$$

e operando a sinistra con $R(-2\theta,\, w)$, si ha la (26).

Essendo u, v unitari, si ha $u \times v = \cos(u,\, v)$, e quindi la (27) è una nota formula fondamentale di trigonometria sferica.

Per ottenere la (28), basta porre:

$$w = xu + yv - u \wedge v,$$

i numeri x, y dovendo sodisfare alle condizioni:

$$\varphi = \mathrm{ang}(u \wedge v,\, u \wedge w), \quad \psi = \mathrm{ang}(v \wedge u,\, v \wedge w),$$

$$w \times u \wedge v = 0;$$

il lettore può sviluppare il calcolo abbastanza complesso e poco interessante.

6. Operatori i, $e^{i\varphi}$ in un piano.

Quando si opera soltanto con vettori x normali ad un dato vettore unitario k, allora conviene indicare col simbolo semplice i, la rotazione di $\pi/2$ radianti intorno a k, cioè porre:

$$(29) \qquad ix = R(\pi/2,\, k)\, x = k \wedge x.$$

Tale notazione, i, è *incompleta*, poichè non conserva traccia di k, elemento necessario. La usiamo perchè comoda e comunemente usata. Si ricorrerà alla notazione completa $\mathrm{R}(\pi/2, k)$, quando i possa dar luogo ad equivoci.

Se x è vettore normale a k si ha:

$$(30) \quad i^2 x = -x, \quad i^3 x = -ix, \quad i^4 x = x, \ldots$$

Se nella stessa ipotesi per x, φ è numero reale, si ha:

$$(31) \quad \mathrm{R}(\varphi, k)x = \cos\varphi \cdot x + \operatorname{sen}\varphi \cdot ix = (\cos\varphi + i\operatorname{sen}\varphi)x;$$

quindi, imitando ciò che si fà in Analisi per l'esponenziale $e^{\sqrt{-1}\varphi}$, si può porre:

$$(32) \qquad e^{i\varphi} = \cos\varphi + i\operatorname{sen}\varphi,$$

e ne segue che: $e^{i\varphi}$ è, soltanto per i vettori normali a k, la rotazione di φ radianti, cioè vale, in tale campo, il rotore $\mathrm{R}(\varphi, k)$.

Senza stare ad occuparci di formule, per $e^{i\varphi}$, che provengono direttamente dalle formule generali per il rotore $\mathrm{R}(\varphi, k)$, diamo soltanto le seguenti, che sono di notevole importanza:

$$(33) \qquad (e^{i\varphi}x) \times (e^{i\psi}x) = \cos(\psi - \varphi) \cdot x^2,$$

$$(34) \quad (e^{i\varphi}x) \times (e^{i\psi}ix) = \cos(\pi/2 + \psi - \varphi) \cdot x^2 =$$
$$= \operatorname{sen}(\varphi - \psi) \cdot x^2.$$

Notiamo infine che, se φ ed x sono funzioni di una variabile numerica, si ha, come in Analisi:

$$(35) \qquad d(e^{i\varphi}x) = e^{i\varphi} \cdot dx + d\varphi \cdot e^{i\varphi}ix.$$

PARTE PRIMA

CINEMATICA

Cap. I. **Moto di un punto.**

1. Traiettoria, velocità ed accelerazione di un punto in moto.

a) **Moto di un punto, traiettoria ed arco.** Sia $P(t)$, o semplicemente P, un punto funzione (continua, derivabile, ecc.) della variabile numerica t, *tempo*. Col variare di t da $-\infty$ a $+\infty$, ovvero in un particolare intervallo, il punto P descrive, in generale, una *linea* che si chiama *traiettoria* del punto P in moto, essendo il *moto* individuato dalla particolare funzione P di t.

Fissato un tempo t_0, tempo qualunque, tempo *iniziale*, ed essendo P_0 il punto $P(t_0)$, la funzione $P(t)$ individua *un moto* del punto P_0, del quale la linea descritta da P, ne è la *traiettoria*.

Secondochè la traiettoria di P è una *retta* o una *linea piana*, il moto di P dicesi, *moto rettilineo* o *moto piano*.

Di solito, indicheremo con gli apici le derivate rispetto a t.

Se nel punto P della traiettoria è determinata la *retta tangente* e il *piano osculatore*, il vettore $P' = dP/dt$ è parallelo alla retta tangente ed il vettore $P'' = dP'/dt = d^2P/dt^2$ è parallelo (come anche P') al piano osculatore [cfr. Intr. I, n. 6].

Per l'*arco s* della traiettoria, contato da un punto fisso P_0 qualunque di essa, si ha:

$$(1) \qquad\qquad ds = \operatorname{mod} P' . dt,$$

e se poniamo:

$$(2) \qquad\qquad v = \operatorname{mod} P',$$

si ha:

$$(3) \qquad\qquad v = ds/dt.$$

b) **Velocità.** Per lo spostamento, infinitesimo, dP di P sulla traiettoria, si ha:

$$(4) \qquad\qquad dP = P' . dt,$$

e, durante il moto, il punto P va da P a $P + dP$, percorrendo l'arco $ds = vdt = \operatorname{mod} P' . dt$. Dunque il vettore P' indica, in virtù della (4), la legge con la quale P subisce spostamenti infinitesimi sulla traiettoria, legge che determina la grandezza dello spostamento (vdt) e la sua direzione e verso (date da P').

È per questa ragione che il vettore $P' = dP/dt$, si chiama *velocità vettoriale* di P nel tempo t, durante il moto. Il numero v dà la *grandezza della velocità*; da non confondersi con la *velocità vettoriale*, che, per brevità, chiameremo semplicemente *velocità*.

c) **Moto uniforme.** Il moto del punto P dicesi *uniforme* quando il modulo della sua velocità vettoriale P' non varia col variare di t (potendo variare direzione e verso di P'), cioè quando $v = \text{cost.}$

Nel moto uniforme si ha, dalla (3):

$$(3') \qquad\qquad s = v\,(t - t_0),$$

vale a dire: *nel moto uniforme il cammino (s) percorso dal punto, è proporzionale al tempo impiegato a percorrerlo.*

d) **Accelerazione.** Per lo spostamento infinitesimo dP' di P', quando P passa da P a $P + dP$ nel tempo dt, si ha:

$$(5) \qquad\qquad dP' = P''.\,dt,$$

e quindi P'' indica come varia la *velocità* dal tempo t al tempo $t + dt$.

È per questa ragione che il vettore:

$$P'' = dP' \,/\, dt = d^2 P \,/\, dt^2,$$

si chiama *accelerazione vettoriale*, o semplicemente *accelerazione*, di P, durante il moto, nel tempo t.

e) **Traiettorie di un punto di data velocità o accelerazione.** La velocità P', e la accelerazione P'' di P nel tempo t, sono vettori paralleli (o nulli) al *piano osculatore* della traiettoria in P, e il primo è, in particolare, parallelo alla *tangente* in P.

Dato, ad arbitrio, un vettore v funzione di t, esistono infiniti moti di un punto P, per il quale la *velocità* nel tempo t è v, cioè tali che:

$$(6) \qquad P' = v .$$

Basta fissare il punto P_0, corrispondente al valore t_0 di t, perchè sia determinata la traiettoria di P, poichè dalla (6) integrando, si ha:

$$(6') \qquad P = P_0 + \int_{t_0} v \cdot dt .$$

Dato, ad arbitrio, un vettore w funzione di t, esistono infiniti moti di un punto P, per il quale la *accelerazione* nel tempo t è w, cioè tali che:

$$(7) \qquad P'' = w .$$

Basta fissare il punto P_0 e la velocità v_0, corrispondenti al valore t_0 di t, perchè sia determinata la velocità e la traiettoria di P, poichè dalla (7), integrando due volte, si ha:

$$(7') \qquad \begin{cases} P' = v_0 + \int_{t_0} w\,dt , \\[2ex] P = P_0 + (t - t_0)\,v_0 + \int_{t_0}\left(\int_{t_0} w\,dt\right) dt . \end{cases}$$

f) **Componenti tangenziale e normale della accelerazione.** Nel punto P della traiettoria, si considerino i soliti elementi s, ρ, τ, t, n, b (cfr. Intr. I, n. 6). È noto che:

$$(8) \qquad\qquad P' = vt$$

$$(9) \qquad\qquad P'' = v't + \frac{v^2}{\rho}\,n\,.$$

La (8) esprime la *velocità* mediante la sua grandezza v ed il vettore unitario $t = dP/ds$ parallelo alla tangente in P.

La (9) dà le *componenti* della *accelerazione*, secondo la *tangente* e la *normale principale* in P alla traiettoria, che diconsi *accelerazione tangenziale* e *accelerazione normale*. La grandezza della *accelerazione tangenziale* è:

$$v' = dv/dt,$$

cioè la derivata rispetto a t della grandezza della velocità, ed è nulla sempre soltanto nel moto uniforme [cfr. *c*)]. La *accelerazione normale* è sempre diretta verso il *centro di curvatura* $C = P + \rho\,n$ della traiettoria in P (perchè v^2/ρ è positivo, o nullo), e la sua grandezza è v^2/ρ, cioè è proporzionale alla curvatura $1/\rho$; essa è nulla solamente per il moto rettilineo.

g) **Moto odografo.** Se O è un punto fisso, e poniamo:

$$(10) \qquad M = \dot{O} + P' = O + dP/dt,$$

si dirà che il moto di M è il *moto odografo* (rispetto ad O) del moto di P.

Derivando la (10), si ha:

$$(11) \qquad\qquad M' = P'',$$

e quindi: *la velocità del moto odografo di P, è la accelerazione del moto di P.*

Se la traiettoria di P è piana, *moto piano,* anche il moto odografo è piano. Se il moto di P è *uniforme,* la traiettoria del moto odografo è una *linea sferica*; ecc.

h) **Moto proiezione su di una retta o su di un piano.** Sia O un punto fisso e i un vettore unitario pure fisso, vale a dire O ed i siano costanti.

La proiezione ortogonale di P sulla retta Oi, è il punto:

$$(12) \qquad Q = O + (P - O) \times i \cdot i,$$

che è pure funzione di t e, quindi, Q è un punto in moto (moto rettilineo).

Per la velocità, Q', ed accelerazione, Q'', di Q si ha subito dalla (12), derivando due volte:

$$(13) \qquad Q' = P' \times i \cdot i, \quad Q'' = P'' \times i \cdot i,$$

e quindi: *velocità ed accelerazione della proiezione di P sono le proiezioni della velocità ed accelerazione di P,* cioè sono le componenti di P' e P'' nella direzione di i.

Se γ è il piano uscente da O e normale al vettore unitario i, allora la proiezione ortogonale di P su γ è il punto:

$$(12') \qquad R = P - (P - O) \times i \cdot i = P - (Q - O),$$

che è pure funzione di t e, quindi, R è un punto in moto (moto piano).

Per la velocità ed accelerazione di R si ha:

$$(13')\qquad R' = P' - P' \times \boldsymbol{i}\,.\,\boldsymbol{i} = P' - Q',$$
$$R'' = P'' - P'' \times \boldsymbol{i}\,.\,\boldsymbol{i} = P'' - Q'',$$

ovvero sotto altra forma:

$$(13'')\quad R' = [1 - \mathrm{H}(\boldsymbol{i}\,.\,\boldsymbol{i})]P', \quad R'' = [1 - \mathrm{H}(\boldsymbol{i}\,.\,\boldsymbol{i})]P'',$$

e quindi: *velocità ed accelerazione della proiezione di P sul piano* γ, *sono le proiezioni della velocità ed accelerazione di P, cioè sono le componenti normali, rispetto ad* $\boldsymbol{i}$, *di P' e P''.*

i) **Espressioni cartesiane.** Essendo $O, \boldsymbol{i}, \boldsymbol{j}, \boldsymbol{k}$ un sistema cartesiano ortogonale di riferimento, fisso, e se:

$$P = O + x\boldsymbol{i} + y\boldsymbol{j} + z\boldsymbol{k},$$

allora si ha, essendo x, y, z funzioni di t:

$$P' = x'\boldsymbol{i} + y'\boldsymbol{j} + z'\boldsymbol{k}, \quad P'' = x''\boldsymbol{i} + y''\boldsymbol{j} + z''\boldsymbol{k},$$

e quindi $x'\boldsymbol{i}, \ldots$ sono le *componenti* della *velocità* e $x''\boldsymbol{i}, \ldots$ le *componenti* della *accelerazione* di P nelle direzioni $\boldsymbol{i}, \ldots$

Si noti [cfr. *h*)] che $O + x\boldsymbol{i}, O + y\boldsymbol{j}, O + z\boldsymbol{k}$ sono le proiezioni ortogonali di P, sugli assi $O\boldsymbol{i}, O\boldsymbol{j}, O\boldsymbol{k}$.

2. Moto rettilineo.

Se il moto è rettilineo, allora si ha:

$$P = P_0 + s\boldsymbol{a},$$

ove a è vettore unitario parallelo alla retta, uscente da P_0, sulla quale avviene il moto. Per la velocità e accelerazione, si ha:

$$P' = s'a = va, \quad P'' = s''a = v'a = wa;$$

sono anche esse parallele ad a e di grandezza s' o v per la velocità; s'' o v' o w per la accelerazione.

Nel moto *uniforme* si ha, essendo a, b costanti:

$$s = a + bt, \quad \text{da cui} \quad s' = v = a, \quad s'' = w = 0;$$

la grandezza della velocità, e anche la velocità, è costante; quella della accelerazione, e anche la accelerazione, è nulla.

Per il moto rettilineo *uniformemente vario* (uniformemente *accelerato* o *ritardato*, secondochè $c > 0$ ovvero $c < 0$), si ha:

$$v = b + ct \quad \text{(con } b, c \text{ costanti)},$$

da cui derivando, o integrando:

$$v' = w = c, \quad s = \int v\,dt = a + bt + \frac{1}{2}ct^2, \quad (a \text{ costante});$$

cioè spazio, velocità, accelerazione (grandezze) sono rispettivamente funzione quadratica, lineare, costante, di t.

3. Moto piano.

Nel *moto piano*, il punto P ha traiettoria piana ed i vettori P', P'' sono paralleli a tale piano.

Se la traiettoria è riferita ad un sistema *polare* O, a, ed r, θ sono le ordinarie *coordinate polari*, cioè:

$$(14) \qquad P = O + r\,e^{i\theta}\,a,$$

essendo r, θ funzioni di t, interessa, talvolta considerare le componenti di P' e P'', rispetto ai vettori unitari:

$$(15) \qquad u = e^{i\theta}\,a, \quad v = iu = e^{i\theta}\,i\,a,$$

che diconsi componenti radiale (parallela a $P - O$) e *normale*.

Derivando la (14) due volte, si ha, con semplici riduzioni:

$$(16') \qquad \begin{cases} P' = r'e^{i\theta}a + r\,\theta'e^{i\theta}i\,a, \\ P'' = (r'' - r\,\theta'^2)\,e^{i\theta}a + (2r'\theta' + r\,\theta'')\,e^{i\theta}i\,a; \end{cases}$$

e quindi, tenendo conto delle (15):

$$(16) \qquad \begin{cases} P' = r'u + r\,\theta'v, \\ P'' = (r'' - r\,\theta'^2)\,u + (2r'\theta' + r\,\theta'')\,v, \end{cases}$$

che dànno le componenti di P' e P'', secondo u e v.

Per le grandezze di tali componenti, si ha, secondo la notazione usuale:

$$v_r = r', \qquad\qquad v_n = r\,\theta',$$

$$w_r = r'' - r\,\theta'^2, \quad w_n = 2r'\theta' + r\,\theta'' = \frac{1}{r}\,(r^2\theta')'.$$

4. Moto centrale.

Il moto del punto P dicesi *centrale*, quando l'accelerazione, per ogni valore di t, è diretta ad un punto fisso proprio O, *centro* del moto centrale *); vale a dire si ha per ogni t:

$$(17) \qquad (P - O) \wedge P'' = 0 .$$

Per il moto centrale si hanno le proprietà seguenti:

La traiettoria è contenuta in un piano uscente dal centro; l'area descritta dal raggio vettore OP, a partire dalla posizione iniziale, varia proporzionalmente al tempo; la velocità (grandezza) varia in ragione inversa della distanza del centro O dalla tangente in P alla traiettoria.

Infatti. Il primo membro della (17) è la derivata del vettore $(P - O) \wedge P'$; e quindi integrando si ha:

$$(P - O) \wedge P' = k ,$$

con k vettore costante. Ma $P - O$ è sempre normale a k, e

---

*) Se l'accelerazione è diretta ad un punto fisso all'infinito, cioè è parallela ad un vettore costante a, allora si ha:

$$P'' = w\,a ,$$

che integrata due volte dà [cfr. n. 1, e)]:

$$P' = v_0 + \int_{t_0} w\,dt \cdot a , \quad P = P_0 + (t - t_0)v_0 + \int_{t_0}\Big[\int_{t_0} w\,dt\Big]dt \cdot a ;$$

ed il moto è piano.

Se la grandezza dell'accelerazione è *costante*, $w = $ cost., allora, ad es., per $t_0 = 0$, si ha:

$$P' = v_0 + wt \cdot a , \quad P = P_0 + tv_0 + \frac{1}{2}\,wt^2 \cdot a ;$$

e il punto P descrive una *parabola conica*.

quindi la traiettoria stà in un piano uscente da O. Ora l'elemento dS di area descritta da OP, è ovviamente:

$$dS = \frac{1}{2} \bmod [(P-O) \wedge dP] = \frac{1}{2} \bmod k \cdot dt,$$

e poichè $\bmod k$ è costante, come k, si ha integrando:

$$S = \frac{1}{2} \bmod k \cdot (t - t_0),$$

che dimostra la seconda parte del teorema. Se poi p è la distanza di O dalla tangente in P, si ha pure:

$$2\, dS = p \cdot \bmod dP = pv \cdot dt,$$

vale a dire $pv = \bmod k$, il che dimostra la terza parte.

Si noti che la (17) è *equazione differenziale* del *secondo ordine*. Come si è già veduto, una prima integrazione dà la *equazione differenziale* del primo ordine:

$$(18) \qquad (P-O) \wedge P' = k,$$

essendo k vettore costante, che si determinerà quando siano note le condizioni iniziali del moto (P e P' per $t = t_0$). La (18) è un integrale primo del moto.

Esaminiamo due esempi classici.

Esempio 1. *L'accelerazione, diretta verso O, è proporzionale alla distanza di P da O.*

In tal caso, si ha:

$$(a) \qquad \frac{d^2 P}{dt^2} = -\alpha^2 (P-O),$$

ovvero:

$$\frac{d^2 (P-O)}{dt^2} = -\alpha^2 (P-O),$$

essendo α costante reale. La (a) è equazione lineare del secondo ordine con coeficienti costanti, che si integra subito (equazione caratteristica $1 + \alpha^2 = 0$), e dà l'integrale generale:

$$(b) \qquad P = O + \cos\alpha t \cdot \boldsymbol{a} + \operatorname{sen}\alpha t \cdot \boldsymbol{b},$$

essendo $\boldsymbol{a}, \boldsymbol{b}$ vettori costanti (arbitrari) e che possono essere determinati, date le condizioni iniziali del moto, ad es., per $t = 0$. Allora si ha:

$$P_0 - O = \boldsymbol{a} = r_0\boldsymbol{i}, \quad (P')_0 = \alpha\boldsymbol{b} = v_0\boldsymbol{j},$$

con $\boldsymbol{i}, \boldsymbol{j}$ vettori unitari, e quindi:

$$(b') \qquad P = O + r_0\cos\alpha t \cdot \boldsymbol{i} + (v_0/\alpha)\operatorname{sen}\alpha t \cdot \boldsymbol{j};$$

si vede subito che la traiettoria di P è una ellisse, della quale O ne è il centro e $r_0\cos\alpha t$, $(v_0\operatorname{sen}\alpha t)/\alpha$ le grandezze dei due semi diametri coniugati nelle direzioni $\boldsymbol{i}, \boldsymbol{j}$.

Esempio 2. *L'accelerazione, sempre diretta verso O, è inversamente proporzionale al quadrato della distanza di P da O.*

Si ha allora:

$$(c) \qquad \begin{cases} P'' = -\dfrac{\alpha^2}{r^2} \cdot \dfrac{P - O}{r} = -\dfrac{\alpha^2}{r^2}\operatorname{grad} r, \\[2mm] \text{con} \quad r = \operatorname{mod}(P - O). \end{cases}$$

Se, indicando con $\boldsymbol{a}$ un vettore costante, si pone $\theta = \operatorname{ang}(P - O, \boldsymbol{a})$, si ottiene $\operatorname{grad} r = e^{i\theta}\boldsymbol{a}$, da cui $d\operatorname{grad} r = i\operatorname{grad} r \cdot d\theta$. Ma il doppio dell'elemento di area descritta da OP, è $r^2 d\theta$ [coordinate polari], e si ha, in virtù del teorema generale relativo all'area descritta da OP, $r^2 d\theta = 2c \cdot dt$, con c costante; dunque:

$$d \operatorname{grad} r = (2c / r^2)\, i \operatorname{grad} r \cdot dt,$$

e, in conseguenza, per la (c):

$$i P'' dt = - (\alpha^2 / 2c)\, d \operatorname{grad} r,$$

che integrata dà:

$$i P' = m\, (\boldsymbol{b} + \operatorname{grad} r),$$

ove $\boldsymbol{b}$ è un vettore costante arbitrario. Essa indica una costruzione di iP', *caratteristica* delle coniche aventi un fuoco in O. La traiettoria di P è dunque una conica, della quale O è un fuoco (legge di NEWTON).

5. Moto armonico.

In tutto questo numero, O è un punto fisso e $\boldsymbol{i}, \boldsymbol{j}$ vettori unitari, con $\boldsymbol{j} = i \boldsymbol{i}$, e consideriamo punti del piano uscente da O e parallelo ad $\boldsymbol{i}, \boldsymbol{j}$.

a) Il punto P si muova con moto uniforme sulla circonferenza di centro O e raggio a, partendo da un punto, iniziale, $P_0 = O + a e^{i\alpha} \boldsymbol{i}$. Si avrà:

$$(19) \qquad P = O + a e^{i(\omega t + \alpha)} \boldsymbol{i} \quad \text{con} \quad \omega = \text{cost}.$$

$$(20) \qquad \begin{cases} P' = a\omega \cdot e^{i(\omega t + \alpha)} \boldsymbol{j} = \omega i\, (P - O), \\ P'' = - a\omega^2 \cdot e^{i(\omega t + \alpha)} \boldsymbol{i} = - \omega^2\, (P - O), \end{cases}$$

quindi il numero $a\omega$ è la grandezza della velocità (ω *velocità angolare*) e $a\omega^2$ è la grandezza dell'accelerazione (tutta *radiale*).

La proiezione ortogonale, Q, di P sulla retta Oi, ha un moto rettilineo, per il quale, essendo x la coordinata di Q rispetto ad O ed i:

$$(21) \qquad x = a \cos(\omega t + \alpha),$$

(x coincidente con l'ordinario s di Q, contato da O).

Tale moto dicesi *armonico*. Il punto Q effettua periodicamente delle *oscillazioni* sul diametro Oi; la velocità:

$$(21') \qquad x' = - a\omega \cdot \operatorname{sen}(\omega t + \alpha),$$

nulla agli estremi, è massima nel centro; l'accelerazione:

$$(21'') \qquad x'' = - a\omega^2 \cos(\omega t + \alpha) = - \omega^2 x,$$

diretta sempre verso O, ha la grandezza $- \omega^2 x$; quindi la equazione differenziale che definisce il moto armonico, è:

$$x'' + \omega^2 x = 0,$$

che integrata dà, appunto, la (21).

Nel moto armonico, individuato dalla (21), si dice che:

$2a$ è l'*ampiezza* del moto;

$\dfrac{2\pi}{\omega}$ è il *periodo* (tempo impiegato a percorrere due volte il diametro);

α è la *fase*;

$\dfrac{\omega}{2\pi}$ è la *frequenza*.

Il diagramma cartesiano (variabili x, t) del moto armonico (21), è una *sinusoide*, o *cosinusoide*.

b) Si considerino i due moti armonici, di egual periodo, sulle rette Oi, Oj, definiti da:

$$(22) \qquad x = a\cos(\omega t + \alpha), \quad y = b\cos(\omega t + \beta).$$

Il punto:

$$(23) \qquad P = O + a\cos(\omega t + \alpha) \cdot i + b\cos(\omega t + \beta) \cdot j,$$

ha un moto (piano) che chiamasi moto resultante dei due moti armonici (22), di egual periodo ($2\pi/\omega$), su rette ortogonali, uscenti da O.

La traiettoria di P, è certamente contenuta entro il rettangolo, di centro O, i cui lati sono paralleli ad i ed j, e di lunghezze $2a$, $2b$. L'eliminazione di t dalle (22) conduce ad una relazione quadratica tra x e y, e quindi la traiettoria di P è una ellisse propria o degenere.

Ponendo:

$$P_1 = O + a\cos(\pi/2 + \omega t + \alpha) \cdot i + b\cos(\pi/2 + \omega t + \beta) \cdot j,$$

si ha subito, dalla (23), $P' = \omega(P_1 - O)$, e quindi le rette OP, OP_1, sono diametri coniugati della ellisse. Ad esempio, un valore di t, per il quale P' è parallelo ad i, è tale che $\omega t = -\beta$; per questo valore si ha $P = O + a\cos(\alpha - \beta)i + bj$, che è un punto del lato $2a$ del rettangolo, e quindi tale rettangolo è circoscritto alla conica. Le diagonali del rettangolo sono, dunque, diametri coniugati della ellisse. Il lettore può esaminare i casi particolari; ad es., per $a = b$ o $\alpha = \beta$, la traiettoria è una circonferenza (caso del *campo rotante* di GALILEO FERRARIS).

6. Curva di caccia (o curva del cane).

Valgano per O, i, j le ipotesi precedenti.

Il punto Q si muove con velocità uniforme, u, sulla retta Oi, partendo da O (nel tempo $t=0$):

$$(24) \qquad Q = O + ut \cdot i.$$

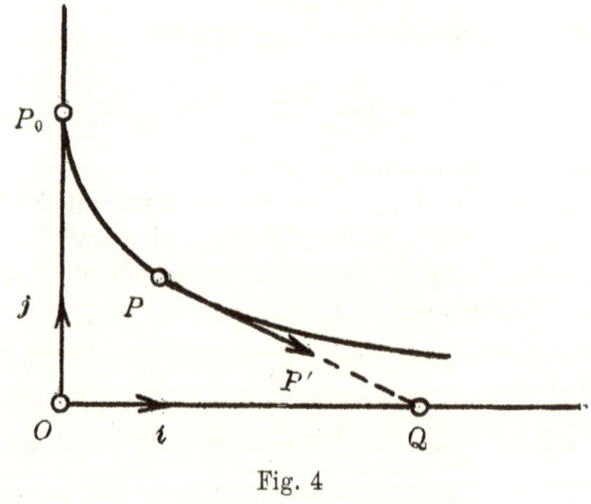

Fig. 4

Il punto P, che inizialmente si trova in

$$(25) \qquad P_0 = O + mj, \quad \text{con} \quad m > 0,$$

si muove pure con velocità uniforme, v, in modo che la sua velocità vettoriale è sempre diretta verso Q.

Si vuol trovare la traiettoria di P, che è detta *curva di caccia*, o *curva del cane*.

Il vettore P' deve esser parallelo al vettore $Q-P$, per ogni t, e quindi si può porre $P' = h\,(Q-P)$, essendo h una funzione di t. Conviene porre h sotto la forma k''/k', e allora la equazione differenziale che individua P è $P' = k''/k' \cdot (Q - P)$, ovvero, poichè dalla (24) si ha $Q' = ui$:

$$(26) \qquad \frac{d(P-Q)}{dt} = - \frac{k''}{k'}(P-Q) - ui.$$

Questa è equazione lineare del primo ordine, per il cui integrale generale, tenuto conto delle costanti iniziali (per $t = 0$), si ha subito *):

$$(27) \qquad P - Q = \frac{1}{k'}[mj - uki],$$

da cui derivando:

$$(28) \qquad P' = \frac{k''}{k'^2}[uki - mj].$$

Ma deve essere $\bmod P' = v$, e quindi dalla (28):

$$(29) \qquad k'' \sqrt{u^2 k^2 + m^2} = vk'^2,$$

—————————

*) Il tipo generale della *equazione differenziale lineare vettoriale del primo ordine* è:

$$dx/dt = px + u,$$

con p numero reale e u vettore, funzioni di t. Moltiplicando i due membri per il *fattore integrante* $e^{-\int pdt}$, si ha:

$$x = e^{\int pdt}\left[u_0 + \int e^{-\int pdt} \cdot u\, dt\right],$$

ove u_0 è vettore costante arbitrario.

equazione differenziale del secondo ordine, che determina k in funzione di t. Ottenuto k e sostituito nella (27), si ha P in funzione di t, e il problema è risolto. L'equazione differenziale (29) si sa integrare.

Cap. II. **Moti finiti dei corpi rigidi.**

1. Figure congruenti.

a) Siano F_0, F delle *figure geometriche* (classi di punti) o *corpi rigidi*, della *stessa specie*, cioè entrambe *non piane*, o *piane* o *rettilinee*.

Diremo che F_0 è *congruente*, o *sovrapponibile* ad F, quando:

(α) Si può stabilire una corrispondenza univoca e reciproca, tra i punti P_0, Q_0, ... di F_0 ed i punti P, Q, ... di F;

(β) Si ha $(P_0 - Q_0)^2 = (P - Q)^2$, cioè la *distanza* di due punti qualsiasi di F_0, è identica alla distanza dei due punti corrispondenti di F;

(γ) Se F_0 non è figura piana (consta di almeno *quattro* punti non complanari), allora essendo P_0, Q_0, R_0, S_0 punti qualunque non complanari di F_0, i punti P, Q, R, S corrispondenti di F, sono pure non complanari, e le due successioni $P_0 Q_0 R_0 S_0$, $PQRS$ hanno lo *stesso verso*, cioè i due numeri:

$$(Q_0 - P_0) \wedge (R_0 - P_0) \times (S_0 - P_0),$$

$$(Q - P) \wedge (R - P) \times (S - P),$$

hanno lo *stesso segno*;

(δ) Se F_0 è figura *piana* o *rettilinea*, anche F è *piana* o *rettilinea*, e bastano, allora, le condizioni (α), (β).

b) È ovvio che se F_0 è congruente ad F, anche F è congruente ad F_0. Possiamo quindi dire, brevemente, che F_0, F *sono congruenti*.

c) Siano F_0, F figure congruenti.

Se F_0 è *figura piana non rettilinea* (consta di almeno *tre* punti non collineari), lo stesso avviene per F, e fissato ad arbitrio un punto A_0, fuori del piano di F_0, esiste un punto A, ed uno solo, fuori del piano di F, tale che la figura formata da F_0 ed A_0 è congruente alla figura formata da F ed A.

Se F_0 è figura, *rettilinea*, contenente almeno due punti distinti (cioè F_0 non è un punto), lo stesso avviene per F, e fissati ad arbitrio due punti distinti A_0, B_0, fuori della retta che contiene F_0, sono determinati, ed in un sol modo, i punti A, B, tali che la figura formata da F_0, A_0, B_0 è congruente alla figura formata da F, A, B.

Possiamo, dunque, in generale, considerare figure congruenti *non piane*, e tener conto delle condizioni (α)-(γ).

d) Se F_0, F sono figure congruenti non piane, esiste uno, ed un solo *rotore* α, tale che:

$$P - Q = \alpha\,(P_0 - Q_0),$$

qualunque siano i punti P_0, Q_0 di F, ed i corrispondenti P, Q di F.

Infatti. Siano A_0, P_0, Q_0, R_0 punti non complanari di F_0, e A, Γ, Q, R i corrispondenti, di F, nella congruenza. Poniamo:

$$u_0 = P_0 - A_0, \quad v_0 = Q_0 - A_0, \quad w_0 = R_0 - A_0,$$
$$u = P - A, \quad v = Q - A, \quad w = R - A.$$

Essendo u_0, v_0, w_0 non complanari, esiste *una sola* omografia vettoriale α, tale che :

$$\alpha u_0 = u, \quad \alpha v_0 = v, \quad \alpha w_0 = w ;$$

ma F_0, F sono congruenti, e quindi [cfr. *a*), (β)] :

$$(\alpha u_0)^2 = u^2 = u_0^2, \quad (\alpha v_0)^2 = v^2 = v_0^2, \quad (\alpha w_0)^2 = w^2 = w_0^2.$$

Per un vettore arbitrario a_0, si ha :

$$a_0 = x u_0 + y v_0 + z w_0, \quad \text{e quindi} \quad \alpha a_0 = x u + y v + z w ;$$

in conseguenza si ha :

$$(\alpha a_0)^2 = x^2 u^2 + \ldots + 2 y z v \times w + \ldots = x^2 u_0^2 + \ldots + 2 y z v_0 \times w_0 + \ldots$$
$$= (x u_0 + y v_0 + z w_0)^2 = a_0^2,$$

vale a dire α è isomeria vettoriale [cfr. Intr. III, n. 1]. Ma per la condizione (γ) si ha $I_3 \alpha = 1$, e quindi α è un rotore [cfr. Intr. III, n. 2]. E poichè α è unica, il teorema è dimostrato.

e) Se F_0, F sono figure congruenti, *piane* o *rettilinee*, vale un teorema analogo al precedente; peraltro α non è unica, potendo essa variare col variare dei punti A_0, B_0 [cfr. *c*)], che si uniscono ad F_0 per ottenere una figura *non piana*.

2. Generalità sui moti finiti.

a) Siano A, B punti qualunque ed $\alpha = R(\varphi, u)$ un rotore, avendo φ, u il solito significato [cfr. Int. III, n. 4].

Con la notazione :

$$(1) \qquad \lambda = \binom{B}{A}, \alpha = \binom{B}{A}, R(\varphi, u) ,$$

indichiamo quell'*operatore* (a sinistra) tra *punti* e *punti*, tale che al punto generico:

$$(2) \qquad P = A + (P - A),$$

fà corrispondere il punto:

$$(3) \quad \lambda P = B + \alpha(P - A) = B + \mathrm{R}(\varphi, u)(P - A).$$

Giova notare che qualunque siano i punti P, Q, si ha:

$$(4) \qquad \lambda P = \lambda Q + \alpha(P - Q),$$

perchè dalla (3) si ha $\lambda Q = B + \alpha(Q - A)$, che sottratta dalla (3) dà appunto la (4).

In particolare, dalla (3) si ha $\lambda A = B$, e quindi, alla (1) si può dare la forma generica:

$$(1') \qquad \lambda = \begin{pmatrix} \lambda A \\ A \end{pmatrix},\ \alpha \end{pmatrix} = \begin{pmatrix} \lambda A \\ A \end{pmatrix},\ \mathrm{R}(\varphi, u) \end{pmatrix},$$

qualunque sia il punto A.

Applicando λ, dato dalla (1), ai punti di una figura F, si ottiene una figura, che indicheremo con λF, congruente ad F.

L'operatore λ si chiama *moto finito*.

Se F_0, F sono figure congruenti, si può sempre ottenere F, applicando ad F_0 un moto finito; unico quando F_0, F sono figure non piane [cfr. n. 1, *d*), *e*)].

b) Del moto λ, definito dalla (1), se ne può considerare l'inverso, λ^{-1}, e per esso si ha:

$$(5) \qquad \lambda^{-1} = \begin{pmatrix} A \\ B \end{pmatrix},\ \alpha^{-1} \end{pmatrix} = \begin{pmatrix} A \\ B \end{pmatrix},\ \mathrm{R}(-\varphi, u) \end{pmatrix} =$$

$$= \begin{pmatrix} A \\ B \end{pmatrix},\ \mathrm{R}(\varphi, -u) \end{pmatrix}.$$

Infatti. Posto $P' = \lambda P$, si ha $P = \lambda^{-1} P'$, cioè, per la formula (3), $P' - B = \alpha(P - A)$, da cui:

$$P - A = \alpha^{-1}(P' - B),$$
$$P = {\textstyle\not\!\!\!+} A + \alpha^{-1}(P' - B), \quad \text{c. d. d.}$$

c) Si considerino due moti finiti:

$$(6) \qquad \lambda = \left(\frac{B}{A}, \alpha \right), \quad \mu = \left(\frac{D}{C}, \beta \right).$$

Per i loro *prodotti funzionali, composizione* dei due moti, si ha:

$$(7) \qquad \mu\lambda = \left(\frac{\mu B}{A}, \beta\alpha \right), \quad \lambda\mu = \left(\frac{\lambda D}{C}, \alpha\beta \right).$$

Infatti. Dalla identità $P = A + (P - A)$, si ha:

$$\lambda P = B + \alpha(P - A) = C + (B - C) + \alpha(P - A),$$

e quindi, applicando μ:

$$\mu\lambda P = D + \beta(B - C) + \beta\alpha(P - A);$$

ma $D + \beta(B - C) = \mu C + \beta(B - C) = \mu B$, e quindi:

$$\mu\lambda P = \mu B + \beta\alpha(P - A) = \mu\lambda A + \beta\alpha(P - A).$$

Analogamente per $\lambda\mu$.

3. Classificazione dei moti finiti.

Conserviamo tutte le precedenti notazioni per i *rotori* e *moti finiti*, senza ripetere ogni volta il significato dei simboli.

a) **Traslazione** e **identità**. Se la α della (1) è la identità, $\alpha = 1$, allora, tenendo presente la (3), si ha:

$$(8) \qquad \lambda = \left(\frac{B}{A}, 1 \right), \quad \lambda P = P + (B - A).$$

Ne segue che i punti della figura λF [cfr. n. 2, *a*)], si ottengono dando, ai punti della figura *F*, la traslazione, unica, della quale *direzione*, *verso* e *grandezza*, è individuata dal vettore $B - A$. Il moto finito λ, individuato dalla (8), può chiamarsi *traslazione* individuata dal vettore $B - A$, precisamente « traslazione $B - A$ » [simbolicamente si ha $\lambda = \Vdash (B - A) \dashv$].

Come caso particolare, per $B = A$, si ha la *identità*, poichè $\lambda P = P$, qualunque sia P.

b) **Rotazione e simmetria.** Se nella (1) si ha $B = A$, allora:

$$(9) \qquad \lambda = \begin{pmatrix} A \\ A \end{pmatrix}, \alpha \Big) = \begin{pmatrix} A \\ A \end{pmatrix}, \mathrm{R}(\varphi, u) \Big), \quad \text{con} \quad u^2 = 1.$$

Se M è il piede della perpendicolare, condotta da P alla retta Au, si ha:

$$M = A + (P - A) \times u \cdot u,$$

e, in conseguenza, per la (3):

$$\lambda P = A + \alpha (P - A) =$$
$$= A + \alpha [P - M + (P - A) \times u \cdot u] =$$
$$= A + (P - A) \times u \cdot u + \alpha (P - M);$$

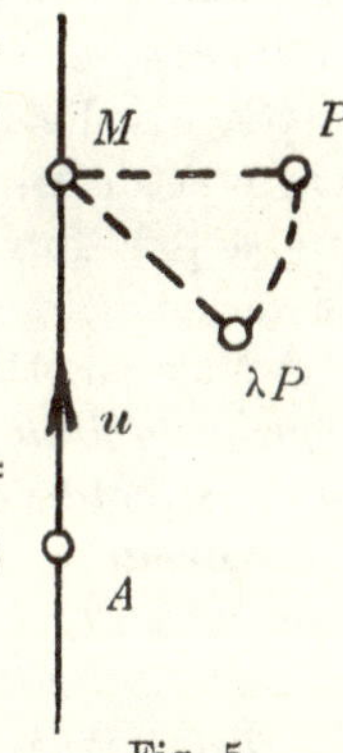

Fig. 5

vale a dire:

$$\lambda P = M + \alpha (P - M).$$

Tenendo presente ·il significato di $\alpha (P - M)$ [cfr. Cap. III, n. 2, *g*); n. 3; n. 4], si può dire chè: *il punto λP si ottiene dando a P la rotazione di φ radianti intorno ad u, il senso della rotazione* *restando stabilito da* φ *e dal verso di* **u** *come per i rotori* [*confrontare come sopra*].

Il moto finito λ, individuato dalla (9), si chiamerà *rotazione di* φ *radianti intorno ad* **A**u. Si noti che dicendo « rotazione di φ radianti intorno ad una *retta r* », non si individua la rotazione; è necessario un vettore **u** parallelo ad *r*, dal cui verso dipende il verso della rotazione (almeno in generale).

La retta **A**u, si chiama *asse* della rotazione λ, e φ ne è la *rotazione* (angolo di rotazione). Per l'osservazione precedente, l'asse di λ e φ *non* individuano λ; occorre ancora il vettore **u** parallelo all'asse.

In particolare, per φ $= \pi$ [ovvero φ $= (2h + 1)\pi$], λ*P* è il *simmetrico* (simmetria ortogonale) di *P* rispetto alla retta **A**u, e, perciò, λ chiamasi *simmetria*. Una simmetria è individuata soltanto dall'*asse* [cfr. osservazioni precedenti], cioè è indipendente dal verso del vettore **u** [cfr. Intr. III, n. 4, (16)] parallelo all'asse. Ciò si verifica soltanto per le simmetrie.

c) **Moto elicoidale.** Si ha l'importante teorema:

Ogni moto finito λ *è sempre* **riduttibile** *alla forma di* **moto elicoidale** (*realizzabile mediante una* **vite**), *cioè al* **prodotto commutabile** *di una* **rotazione** *intorno ad un asse* (**asse elicoidale**), *per una* **traslazione** *parallela all'asse elicoidale* (**traslazione elicoidale**). *Tale riduzione si fà in un sol modo, salvo il caso che* λ *sia traslazione* (*identità compresa*).

Daremo in modo assai semplice, la dimostrazione di questo teorema, indicando, prima, esplicitamente, come si passa dalla forma generica di λ alla forma elicoidale.

Al moto finito generico [cfr. (1)]:

$$(10) \quad \begin{cases} \lambda = \left(\dfrac{B}{A}, \alpha\right) = \left(\dfrac{B}{A}, \mathrm{R}(\varphi, u)\right), \quad \text{con} \quad u^2 = 1, \\[1.5em] \text{che per } P \text{ punto arbitrario dà:} \\[0.5em] \lambda P = B + \alpha(P - A) = \lambda A + \alpha(P - A), \end{cases}$$

si può dare la forma, pure generica, ove O è un punto e m è un numero reale:

$$(11) \quad \begin{cases} \lambda = \left(\dfrac{O+mu}{O}, \alpha\right) = \left(\dfrac{O+mu}{O}, \mathrm{R}(\varphi, u)\right), \text{ con } u^2 = 1, \\[1.5em] \text{che per } P \text{ punto arbitrario dà:} \\[0.5em] \lambda P = O + mu + \alpha(P - O), \end{cases}$$

che per essere riduttibile [cfr. (7)] alla forma:

$$(12) \quad \lambda = \left(\dfrac{O+mu}{O}, 1\right)\left(\dfrac{O}{O}, \alpha\right) = \left(\dfrac{O}{O}, \alpha\right)\left(\dfrac{O+mu}{O}, 1\right),$$

prova che λ è il prodotto, commutabile, della rotazione di φ radianti intorno all'asse Ou (*rotazione elicoidale*), per la traslazione mu (*traslazione elicoidale*) parallela all'asse elicoidale.

La riduzione della forma (10) alla forma (11), che pone in evidenza gli elementi del moto elicoidale, si fa nel modo che ora indichiamo.

Per il numero m si ha, in ogni caso:

$$(13) \qquad\qquad m = (B - A) \times u,$$

ovvero, più generalmente, essendo P punto arbitrario:

$$(13') \qquad\qquad m = (\lambda P - P) \times u;$$

cioè mu è la *componente parallela ad u* del vettore $B - A$, o, il che equivale, del vettore generico $\lambda P - P$; vale a dire la *traslazione elicoidale, mu,* è la proiezione ortogonale del vettore $\lambda P - P$, per P arbitrario, su di una qualsiasi retta parallela ad u (parallela all'*asse elicoidale*).

Se $\alpha = 1$, allora u è arbitrario rispetto ad α, ma, per la forma (11), u deve essere uno dei vettori unitari paralleli al vettore $B - A$, o anche $\lambda P - P$ (arbitrario nel solo caso $A = B$ della identità).

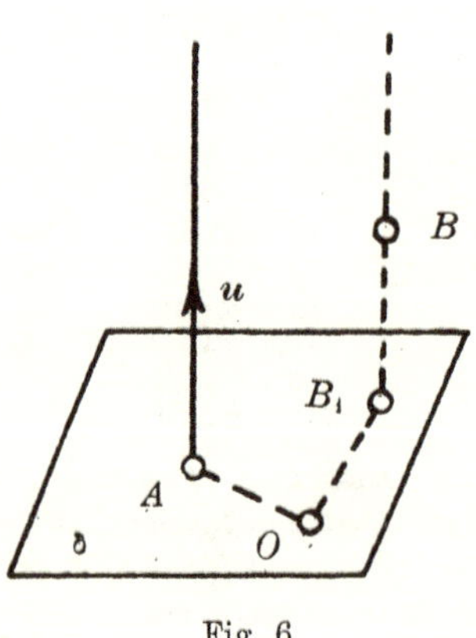

Fig. 6

Se $\alpha \neq 1$, allora u è dato con α, ed un punto O sodisfacente alla (11) [e vi sodisfano poi tutti i punti della retta Ou] si ottiene così. Sia δ il piano normale ad u uscente da A, e:

$$B_1 = B - mu,$$

la proiezione ortogonale di B su δ. Nel piano δ esistono due punti O equidistanti da A e B_1, tali che uno degli angoli formati dalle rette OA, OB_1 è di φ_0 radianti [con φ_0 caratteristica angolare di φ]; per uno solo di questi punti, precisamente per quello che indicheremo con O, è verificata [cfr. la Fig. 6] la condizione:

$$(14) \qquad O + \alpha(A - O) = B_1 = B - mu,$$

condizione che individua O in δ e ne permette la costruzione grafica.

Dalla espressione (10) di λP, si ha:

$$\lambda P - P = B - P + \alpha(P - A) = (B - A) + \alpha(P - A) - (P - A);$$

moltiplicando ($\times$) per u, dopo aver osservato che:

$$\mathrm{K}\alpha u = u, \quad \alpha(P - A) \times u = (P - A) \times \mathrm{K}\alpha u = (P - A) \times u,$$

si ha $(\lambda P - P) \times u = (B - A) \times u$, che dimostra la (13'), cioè prova essere m funzione di λ, e indipendente da P.

Quanto abbiamo detto per il significato geometrico di mu e per il caso $\alpha = 1$, non ha bisogno di dimostrazione.

Supponiamo ora $\alpha \neq 1$. Dalle (10), (14), si ha, successivamente, ed in modo ovvio:

$$\lambda P - mu = B - mu + \alpha(P - A) =$$
$$= O + \alpha(A - O) + \alpha(P - A) =$$
$$= O + \alpha[(A - O) + (P - A)] =$$
$$= O + \alpha(P - O),$$

dalla quale si ha subito la seconda delle (11); cioè resta dimostrato che a λ si può dare la forma (11) e (12).

Resta da provare che nelle (11), (12) si può porre al posto di O un punto qualsiasi $O_1 = O + hu$ dell'asse elicoidale Ou.

Essendo $O = O_1 - hu$ e $\alpha u = u$, dalla seconda (11) si ha:

$$\lambda P = O_1 - hu + mu + \alpha(P - O_1 + hu) =$$
$$= O_1 - hu + mu + \alpha(P - O_1) + hu =$$
$$= O_1 + mu + \alpha(P - O_1),$$

che si ottiene dalla espressione di λP cambiando O in O_1.

Quale espressione del punto O, del piano δ, si ha:

$$(15) \quad O = A + \frac{1}{2}(B-A) - \frac{m}{2}\,u + \frac{1}{2}\operatorname{ctg}\frac{\varphi}{2}\cdot u \wedge (B-A),$$

come il lettore può ricavare, per esercizio, dalla Fig. 6; ma tale espressione non ha importanza. Si può anche notare che dalla (14), si ha:

$$(15') \qquad O = A + (1-\alpha)^{-1}(B-A-mu),$$

altra espressione priva di importanza pratica.

d) **Altra riduzione del moto al prodotto di una rota=zione per una traslazione, o viceversa.** Al moto generico λ, individuato dalla (10), si può dare la forma:

$$(16) \quad \begin{cases} \lambda = \begin{pmatrix} O_1 + v \\ O_1 \end{pmatrix},\,\alpha \end{pmatrix}, \quad \text{cioè:} \\[2mm] \lambda P = O_1 + v + \alpha(P - O_1), \quad \text{o anche:} \\[2mm] \lambda = \begin{pmatrix} O_1+v \\ O_1 \end{pmatrix},1 \end{pmatrix}\begin{pmatrix} O_1 \\ O_1 \end{pmatrix},\alpha \end{pmatrix} = \begin{pmatrix} O_1 \\ O_1 \end{pmatrix},\alpha \end{pmatrix}\begin{pmatrix} O_1+\alpha^{-1}v \\ O_1 \end{pmatrix},1 \end{pmatrix}, \\[2mm] \text{con } O_1 \text{ punto arbitrario e:} \\[2mm] v = B - O_1 + \alpha(O_1 - A), \end{cases}$$

vale a dire:

Un moto generico λ è sempre riduttibile, ed in infiniti modi, al prodotto, non commutabile in generale, di una rotazione intorno ad un asse arbitrario parallelo all'asse elicoidale (tale rotazione avendo ampiezza eguale a quella elicoidale), per una traslazione, in generale non parallela all'asse elicoidale.

Infatti. Dalla seconda (10) e dall'ultima (16), si ha:

$$\lambda P = O_1 + (B - O_1) + \alpha(P - A) =$$
$$= O_1 + v - \alpha(O_1 - A) + \alpha(P - A) =$$
$$= O_1 + v + \alpha(P - O_1).$$

Giova osservare ancora quanto segue.

La proiezione ortogonale del vettore v, traslazione, su di una retta parallela all'asse elicoidale, è la traslazione elicoidale:

$$v \times u = (B - A) \times u,$$

e quindi la traslazione relativa al moto elicoidale, è la minima.

Infatti. Dalla espressione (16) di v, si ha:

$$v \times u = (B - O_1) \times u + \alpha(O_1 - A) \times u =$$
$$= (B - O_1) \times u + (O_1 - A) \times u =$$
$$= (B - A) \times u.$$

La traslazione v è parallela all'asse elicoidale solamente quando, l'asse $O_1 u$ coincide con l'asse elicoidale Ou, cioè $O - O_1$ è parallelo ad u; ed in tal caso si ha $v = mu$, cioè v è la traslazione elicoidale.

Infatti. Dalla espressione (16) di v e dalla (14), si ha facilmente, eliminando B:

$$v = mu + (O - O_1) - \alpha(O - O_1).$$

Da questa risulta subito che v è parallelo ad u, nel solo caso che $(O - O_1) - \alpha(O - O_1)$ sia parallelo ad u. Senza togliere nulla alla generalità, si può scegliere O_1 in modo che $O - O_1$ sia normale ad u; allora anche $(O - O_1) - \alpha(O - O_1)$ è normale ad u, e quindi v sarà parallelo ad u, solamente quando $O - O_1 = \alpha(O - O_1)$, il che si verifica nel solo caso che $O - O_1$ sia parallelo ad u [cfr. Intr. III, n. 2, *d*)].

4. Composizione dei moti finiti.

Si considerino i due moti finiti, ridotti alla forma elicoidale:

$$(17) \begin{cases} \lambda = \left(\dfrac{A + mu}{A}, \, \mathrm{R}(\varphi, u) \right) = \left(\dfrac{A + mu}{A}, \, \alpha \right), \text{ con } u^2 = 1, \\[2ex] \mu = \left(\dfrac{B + nv}{B}, \, \mathrm{R}(\psi, v) \right) = \left(\dfrac{B + nv}{B}, \, \beta \right), \text{ con } v^2 = 1. \end{cases}$$

Per il loro prodotto (composizione dei due moti), si ha:

$$(18) \qquad \mu\lambda = \left(\frac{B + nv + \beta(A - B) + m\beta u}{A}, \, \beta\alpha \right);$$

$$(18') \qquad \lambda\mu = \left(\frac{A + mu + \alpha(B - A) + n\alpha v}{B}, \, \alpha\beta \right).$$

Infatti. Dalle (6), (7), si ha:

$$\mu\lambda = \left(\frac{\mu(A + mu)}{A}, \, \beta\alpha \right), \quad \lambda\mu = \left(\frac{\lambda(B + nv)}{B}, \, \alpha\beta \right);$$

e poichè:

$$\mu(A + mu) = \mu[B + (A - B) + mu] =$$
$$= B + nv + \beta(A - B) + m\beta u,$$

e analogamente per $\lambda(B + nv)$, restano dimostrate le (18), (18').

Ricordando che, per essere α, β dei rotori, anche $\beta\alpha$, $\alpha\beta$ sono rotori, risulta subito dalle (18), (18') e da quanto si è detto nel n. 3, *c*), che:

Il prodotto di due moti finiti elicoidali è pure un moto finito elicoidale.

Se i rotori $\beta\alpha$, $\alpha\beta$ si pongono [cfr. Int. III, n. 5, *d*)] sotto la forma $R(\theta, w)$, allora, dalle (18), (18'), si possono ottenere le forme elicoidali [cfr. n. 3, *c*)] dei moti $\mu\lambda$, $\lambda\mu$, dati dalle (18), (18'). Si ottengono formule generali complesse e, quindi, praticamente inutili. Sono invece interessanti i casi particolari che ora esaminiamo.

a) **Prodotto di due o più traslazioni.** Se λ, μ sono *traslazioni*, si ha [cfr. n. 3, *a*)] $\alpha = \beta = 1$, e le formule (17), (18), (18') dànno, concordi:

$$(19)\begin{cases} \lambda = \left(\dfrac{A+mu}{A}, 1\right), \quad \mu = \left(\dfrac{B+nv}{B}, 1\right), \\[2mm] \mu\lambda = \lambda\mu = \left(\dfrac{A+mu+nv}{A}, 1\right) = \left(\dfrac{B+mu+nv}{B}, 1\right); \end{cases}$$

e poichè mu, nv sono i vettori che individuano le traslazioni λ, μ, si ha, come è geometricamente evidente:

Il prodotto di due, o più, traslazioni, è commutabile, ed è la traslazione il cui vettore è la somma dei vettori delle singole traslazioni.

b) **Prodotto di una traslazione (o rotazione) per una rotazione (o traslazione).** Supposto, il che toglie nulla alla generalità, che λ sia *traslazione* e μ sia *rotazione*, si ha $\alpha = 1$ e $n = 0$; quindi, posto (il che può sempre farsi) $A = B$, dalle (17), (18), (18'), si ha:

$$(20) \begin{cases} \lambda = \left(\dfrac{B + mu}{B}, 1 \right), \quad \mu = \left(\dfrac{B}{B}, \mathrm{R}(\psi, v) \right) = \left(\dfrac{B}{B}, \beta \right), \\[2ex] \mu\lambda = \left(\dfrac{B + m\beta u}{B}, \beta \right), \quad \lambda\mu = \left(\dfrac{B + mu}{B}, \beta \right); \end{cases}$$

ed in conseguenza:

Il prodotto di una traslazione per una rotazione, o viceversa, non è commutabile, ed è un moto generico elicoidale.

Le espressioni (20), di $\mu\lambda$, $\lambda\mu$, dànno subito [confrontare n. 3, (13)] la grandezza delle relative traslazioni, parallele a v, che sono:

$$(a) \qquad m\beta u \times v = mu \times v, \quad mu \times v,$$

quindi: *i due moti elicoidali $\mu\lambda$, $\lambda\mu$ hanno eguali traslazioni e rotazioni di eguale ampiezza (ψ), ma intorno ad assi, in generale, diversi.*

In particolare se $u \times v = 0$, le traslazioni (a) sono nulle, e quindi:

Se l'asse della rotazione μ è normale alla direzione della traslazione λ, allora $\mu\lambda$, $\lambda\mu$ sono rotazioni, aventi per ampiezza quella di μ, e gli assi paralleli all'asse di μ.

Sempre nella ipotesi $u \times v = 0$, si ha:

$$(21) \qquad \mu\lambda = \left(\dfrac{O'}{O'}, \beta \right), \quad \lambda\mu = \left(\dfrac{O''}{O''}, \beta \right),$$

ed i punti O', O'' si ottengono dalle espressioni (20), nel modo che ci è già noto [cfr. n. 3, *c*)].

c) **Prodotto di rotazioni intorno ad assi distinti con= correnti in un punto proprio.** Se λ, μ sono rotazioni i cui assi concorrono nel punto proprio O, allora si ha, ovviamente, $A = B = O$, $m = n = 0$, e quindi:

$$(22) \quad \begin{cases} \lambda = \begin{pmatrix} O \\ O \end{pmatrix}, \alpha), \qquad \mu = \begin{pmatrix} O \\ O \end{pmatrix}, \beta), \\ \mu\lambda = \begin{pmatrix} O \\ O \end{pmatrix}, \beta\alpha), \quad \lambda\mu = \begin{pmatrix} O \\ O \end{pmatrix}, \alpha\beta); \end{cases}$$

ed in conseguenza:

Il prodotto di rotazioni con assi distinti concorrenti in un punto proprio O, è una rotazione (in particolare identità) con asse uscente dallo stesso punto O; tale prodotto non è, in generale, commutativo.

La costruzione grafica dell'asse di $\mu\lambda$, o di $\lambda\mu$, si fà riducendo, come è noto [cfr. Intr. III, n. 5, *d*)], i rotori $\beta\alpha$, o $\alpha\beta$, alla forma di rotore $R(\theta, w)$.

d) **Prodotto di rotazioni intorno ad assi paralleli.** Nelle (17) si avrà $u = v$, $m = n = 0$, e non si toglierà nulla alla generalità, supponendo:

$$(23) \quad\quad\quad (B - A) \times u = 0,$$

cioè supponendo che A, B siano i punti nei quali un piano normale agli assi delle rotazioni λ, μ taglia gli assi stessi (cioè, la retta AB è normale comune ai due assi). Ciò posto, e tenendo presente la composizione dei rotori ad assi paralleli [cfr. Intr. III, n. 5, *a*), (18)],

si ha:

$$(24) \quad \begin{cases} \lambda = \left(\dfrac{A}{A}, \, \mathrm{R}(\varphi, \boldsymbol{u}) \right), \quad \mu = \left(\dfrac{B}{B}, \, \mathrm{R}(\psi, \boldsymbol{u}) \right), \\[2ex] \mu\lambda = \left(\dfrac{B + \beta(A - B)}{A}, \, \mathrm{R}(\varphi + \psi, \boldsymbol{u}) \right), \\[2ex] \lambda\mu = \left(\dfrac{A + \alpha(B - A)}{B}, \, \mathrm{R}(\varphi + \psi, \boldsymbol{u}) \right); \end{cases}$$

ed in conseguenza:

Il prodotto di due rotazioni intorno ad assi distinti paralleli, non è, in generale, commutabile, ed è, o una traslazione ($\varphi + \psi$ multiplo di 2π), o una rotazione ($\varphi + \psi$ non multiplo di 2π) intorno ad un asse parallelo ai due assi ed avente per ampiezza di rotazione la somma delle ampiezze delle due rotazioni. Invece: *il prodotto di due rotazioni intorno ad uno stesso asse, è rotazione intorno a quest'asse, e di ampiezza somma delle ampiezze delle due rotazioni; quindi, tale prodotto è commutabile.*

Consideriamo, ad es., il moto $\mu\lambda$.

Se $\varphi + \psi$ è multiplo di 2π, allora:

$$\mu\lambda = \left(\frac{B + \beta(A - B)}{A}, \, 1 \right) = \left(\frac{A + (B - A) + \beta(A - B)}{A}, \, 1 \right),$$

ed il vettore $(B - A) + \beta(A - B)$ della traslazione $\mu\lambda$ si costruisce subito, essendo noti A, B [cfr. (23)], β.

Se $\varphi + \psi$ non è multiplo di 2π, allora a $\mu\lambda$ si può dare la forma:

$$(25) \qquad \mu\lambda = \left(\frac{C}{C}, \, \mathrm{R}(\varphi + \psi, \boldsymbol{u}) \right),$$

ed il punto C, nel piano normale ad u, che contiene A e B [cfr. (23)], si costruisce così. Nel piano ora considerato, si costruisca il triangolo ABC, avente $\varphi/2$, $\psi/2$ per angoli in A e B, e tale che il *verso* della succes-

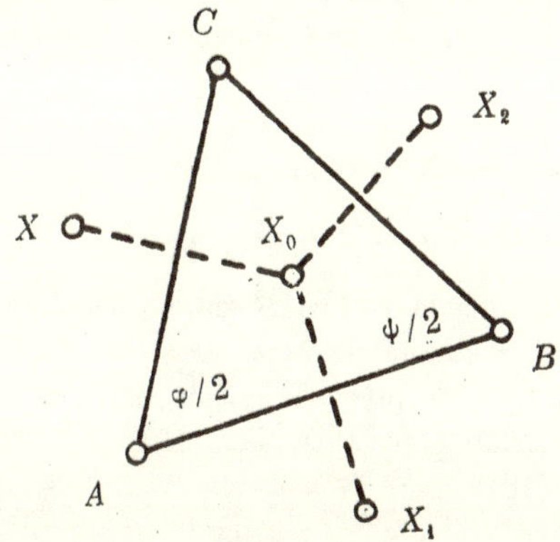

Fig. 7

sione ABC, sia contrario al verso positivo della rotazione individuato da u. Il punto C è il punto cercato.

Si dimostra, come si è fatto per il triangolo sferico, mediante i punti X [cfr. Intr. III, n. 5, c), d)].

Questa costruzione, e quella indicata in b), dànno il modo di: *comporre quante si vogliono rotazioni intorno ad assi paralleli, tenendo conto dell'ordine* (non esistendo la commutabilità).

Due rotazioni intorno ad assi paralleli, i cui prodotti sono traslazioni, costituiscono quello che si chiama una *coppia di rotazioni* [per analogia con la *coppia di forze*, applicata ad un corpo rigido]. Ne segue che: *la resultante di una coppia di rotazioni (ordine dato), è una traslazione*. Viceversa: *ogni traslazione è, ed in infiniti modi, riduttibile ad una coppia di rotazioni*.

e) **Prodotto di due simmetrie.** Nelle formule generali (17), si ha $m = n = 0$, $\varphi = \psi = \pi$, e non si toglie nulla alla generalità supponendo:

$$(26) \qquad (B - A) \times u = (B - A) \times v = 0,$$

cioè supponendo che la retta AB sia normale comune agli assi delle due simmetrie λ, μ.

Ciò posto, e tenendo presente la composizione di due simmetrie vettoriali [cfr. Intr. III, n. 5, *b*), (24)], si ha dalle (17), (18):

$$(27) \quad \begin{cases} \lambda = \left(\dfrac{A}{A}, \, \mathrm{R}(\pi, u) \right), \quad \mu = \left(\dfrac{B}{B}, \, \mathrm{R}(\pi, v) \right), \\[2ex] \mu\lambda = \left(\dfrac{A + 2(B - A)}{A}, \, \mathrm{R}(2\,\mathrm{ang}(u, v), \, u \wedge v) \right), \end{cases}$$

e quindi:

Il prodotto della simmetria λ per la simmetria μ, è il moto elicoidale che ha per asse la normale comune ai due assi; la traslazione è $2(B - A)$, e l'ampiezza della rotazione $2\,\mathrm{ang}\,(u, v)$, essendone il verso determinato da $\bar{u} \wedge v$. Ovvero, sotto altra forma. Siano a, b due rette, A, B i punti nei quali esse sono incontrate

*da una loro perpendicolare comune, uno degli angoli
da esse formato sia di* θ *radianti. Se* λ, μ *sono le
simmetrie aventi a, b per assi, allora* μλ *è il moto
elicoidale, prodotto dalla traslazione* 2(B—A) *per la
rotazione di* 2θ *radianti intorno alla retta AB, fatta
nel senso nel quale la retta a deve ruotare di* θ *radianti per divenire parallela alla retta b.*

Infatti. Per le (26), si ha $\beta(A-B)=B-A$, e quindi:

$$B+\beta(A-B)=B+(B-A)=A+2(B-A),$$

il che, per la (18), dimostra la (27).

f) **Riduzione di un moto elicoidale al prodotto di due
simmetrie.** Dato il moto elicoidale generale:

$$\lambda=\left(\begin{matrix}O+mu\\O\end{matrix},\ \mathrm{R}(\varphi,u)\right),$$

sulla retta Ou, asse del moto, si fissino due punti A, B,
in modo che:

$$B=A+\frac{m}{2}u,$$

e si traccino le rette a, b uscenti, rispettivamente,
da A e B, normali ad u, e tali che a debba ruotare
di $\varphi/2$ radianti intorno ad Ou (verso individuato da u),
per divenire parallela alla retta b. Il prodotto della
simmetria di asse a per la simmetria di asse b, è il
moto elicoidale λ, come ovviamente risulta da *e*).

Si può vedere molto facilmente che la riduzione
può farsi in infiniti modi.

g) **Composizione grafica di due moti elicoidali.** Siano λ, μ moti elicoidali, a, b le rette assi di tali moti, e c una retta normale comune ad a e b, e che le incontra entrambe.

Se, essendo r una retta, si indica con $\operatorname{Sim} r$ la « simmetria che ha r per asse », allora, per f), sono determinate le due rette a', b', tali che:

$$\lambda = \operatorname{Sim} c . \operatorname{Sim} a', \quad \mu = \operatorname{Sim} b' . \operatorname{Sim} c;$$

allora si ha:

$$\mu\lambda = \operatorname{Sim} b' . \operatorname{Sim} c . \operatorname{Sim} c . \operatorname{Sim} a';$$

ma il prodotto è associativo e $(\operatorname{Sim} c)^2$ è l'identità, quindi:

$$\mu\lambda = \operatorname{Sim} b' . \operatorname{Sim} a'.$$

In tal modo il prodotto, $\mu\lambda$, di λ per μ, moti elicoidali generici, è ridotto al prodotto di due simmetrie, i cui assi a', b' si costruiscono facilmente.

Cap. III. **Moti continui e istantanei di corpi rigidi.**

1. Moto continuo; generalità.

a) Si dà un *moto continuo* ad una figura F_0 (sistema materiale di punti), assegnando per ogni punto P_0 di F_0 un punto $P = f(t)$, funzione del tempo, in modo che per un dato valore t_0 di t (tempo *iniziale*), si abbia $P_0 = f(t_0)$. Si indicherà con F la figura che è posizione della F_0, nel tempo generico t.

b) Il moto continuo di F_0 ora considerato, dicesi *moto di corpo rigido*, quando, durante il moto, rimane inalterata la distanza di due punti qualunque di F_0; vale a dire quando:

$$(1) \quad (P - Q)^2 = (P_0 - Q_0)^2, \quad \text{cioè} \quad (P - Q)^2 = \text{cost}.$$

qualunque siano i punti P_0, Q_0 di F_0 nel tempo t_0, ed i corrispondenti P, Q di F nel tempo t.

In ciò che segue consideriamo sempre moti continui, di corpo rigido, della figura iniziale F_0 nel tempo t_0.

b') Viceversa, se F è una figura, ciascuno dei cui punti P, Q, ..., è un'assegnata funzione del tempo t, e per P, Q punti arbitrari di F vale la seconda delle (1), per qualsiasi valore di t, la figura F ha *moto di corpo rigido*. Nel tempo t_0 essa ha la posizione F_0, e vale la prima delle (1) per t, P, Q arbitrari, essendo P_0, Q_0 le posizioni di P, Q nel tempo t_0.

c) Si dà ad F_0 un moto generico λ di corpo rigido, ponendo:

$$(2) \qquad \lambda = \left(\begin{matrix} O \\ O_0 \end{matrix}, \alpha \right),$$

ove: O_0 è punto arbitrario di F_0; O è punto funzione di t, che per il valore t_0 (iniziale) di t coincide con O_0; inoltre α è un *rotore* funzione di t.

Se P_0 è punto generico di F_0, e $P = \lambda P_0$ il corrispondente di P_0 nel tempo generico t, ed appartenente ad F, dalla identità:

$$P_0 = O_0 + (P_0 - O_0)$$

e dalla (2), essendo $\lambda P_0 = P$, si ha la formula fonda-mentale:

$$(3) \qquad P = O + \alpha(P_0 - O_0),$$

che dà il punto generico P in funzione di t.

Stabilita la (2), che individua il moto, si ha per la (3), anche la forma generica:

$$(4) \qquad P = Q + \alpha(P_0 - Q_0),$$

essendo P_0, Q_0, punti arbitrari di F_0, e P, Q le posizioni da essi assunte nel tempo generico t, perchè dalla (3), si ha $Q = O + \alpha(Q_0 - O_0)$, che, sottratta dalla (3), dà appunto la (4).

Osservando che $[\alpha(P_0 - Q_0)]^2 = (P_0 - Q_0)^2$, dalla (4) risultano subito le (1), e quindi la (2) individua effettivamente un moto di corpo rigido della figura F_0.

c') Viceversa [cfr. b')], se F è figura non piana, i punti di F sono funzioni di t e il moto è di corpo rigido, allora esiste un solo rotore α, funzione di t, che individua il moto λ, espresso dalla (2), che nel tempo t_0 dà ad F la posizione F_0.

Nelle ipotesi fatte, esiste [cfr. Cap. II, n. 1, d)] un solo rotore α, tale che $P - Q = \alpha(P_0 - Q_0)$, per P, Q punti arbitrari di F, e α è certamente funzione di t. Ottenuta così la α, si ha, per cose note [cfr. Cap. II, n. 2, a)], il moto λ, funzione di t, espresso dalla [2].

d) Intendiamo stabiliti, una volta per tutte, i concetti e le notazioni indicate nelle parti precedenti.

2. Velocità e accelerazione dei punti di un corpo rigido in moto continuo. (Formula fondamentale della Cinematica dei corpi rigidi).

a) Essendo α rotore funzione di t, è noto (confrontare Intr. III, n. 1, (5)], che esiste un vettore Ω, ed uno solo, funzione di t, tale che:

$$(5) \qquad\qquad \frac{d\alpha}{dt} = \Omega \wedge \alpha.$$

In tutto ciò che segue, resta stabilito il significato ora indicato di Ω; come pure resta stabilito che *indichiamo con gli apici le derivate rispetto a t*.

b) Per le *velocità* dei punti P, Q, ... si ha la formula (*formula fondamentale della Cinematica*):

$$(6) \qquad\qquad P' = Q' + \Omega \wedge (P - Q),$$

che, come si dice, esprime lo *stato cinetico* del moto rigido del corpo F.

Infatti. Derivando la (4), tenendo presente che P_0, Q_0 sono costanti, facendo uso della (5), e per la (4) stessa, si ha:

$$P' = Q' + \alpha'\,(P_0 - Q_0) = Q' + \Omega \wedge \alpha\,(P_0 - Q_0) = Q' + \Omega \wedge (P - Q)$$

b') Risulta dalla (6), che: noto Ω e la velocità Q', di un punto qualunque di F, si può costruire la velocità P', di un qualsiasi altro punto P di F.

Allo stesso risultato si può giungere facilmente anche in altro modo.

Derivando la (1), si ha:

$$(7) \qquad (P - Q) \times (P' - Q') = 0,$$

cioè:

$$(P - Q) \times P' = (P - Q) \times Q',$$

la quale prova che: *le velocità, P', Q', di due punti distinti P, Q di* $\boldsymbol{F}$*, hanno eguali proiezioni ortogonali sulla retta PQ.*

Ne segue che se nei punti P, Q, R non collineari di $\boldsymbol{F}$, conosciamo la velocità P', Q', R', si può costruire la velocità S' di qualsiasi altro punto S di $\boldsymbol{F}$. Costruiti, sulle rette SP, SQ, SR i punti A, B, C proiezioni ortogonali, su di esse, dei punti $P + P'$, $Q + Q'$, $R + R'$, i piani, normali alle stesse rette, condotti dai punti $S + (A - P)$, $S + (B - Q)$, $S + (C - R)$, si incontrano, in generale, in un punto D, e si ha che $S' = D - S$.

c) Per le *accelerazioni* dei punti di $\boldsymbol{F}$, conviene considerare la omografia:

$$(8) \qquad \beta = H(\boldsymbol{\Omega}, \boldsymbol{\Omega}) - \boldsymbol{\Omega}^2 + \boldsymbol{\Omega}' \wedge,$$

che, ovviamente, ha $\boldsymbol{\Omega}'$ per *vettore* e $H(\boldsymbol{\Omega}, \boldsymbol{\Omega}) - \boldsymbol{\Omega}^2$ per *dilatazione*.

Ciò posto, si ha:

$$(9) \qquad P'' = Q'' + \beta(P - Q),$$

che è analoga alla (6), cambiandosi la omografia assiale $\boldsymbol{\Omega} \wedge$ nella omografia β, definita dalla (8).

Infatti. Derivando la (6), si ha :

$$P'' = Q'' + \Omega \wedge (P' - Q') + \Omega' \wedge (P - Q) =$$
$$= Q'' + \Omega \wedge [\Omega \wedge (P - Q)] + \Omega' \wedge (P - Q) =$$
$$= Q'' + \Omega \times (P - Q) \cdot \Omega - \Omega^2 \cdot (P - Q) + \Omega' \wedge (P - Q) =$$
$$= Q'' + [H(\Omega, \Omega) - \Omega^2 + \Omega' \wedge](P - Q),$$

che per la (8), dimostra la (9).

Risulta dalla (9), che: nota β e l'accelerazione Q'' di un punto Q di F, si può costruire l'accelerazione P'' di un qualsiasi altro punto P di F.

2bis Cenno delle formule cartesiane.

a) **Formule di Poisson**. Per le formule cartesiane occorrono i seguenti elementi.

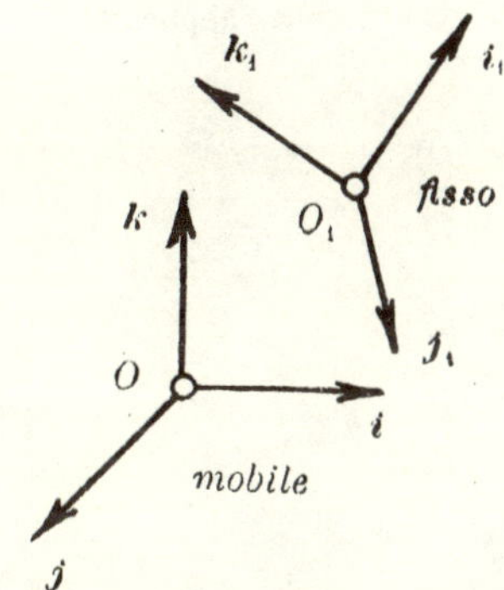

	i_1	j_1	k_1
i	a_1	a_2	a_3
j	b_1	b_2	b_3
k	c_1	c_2	c_3

Fig. 8

Il sistema cartesiano ($O\,ijk$) è supposto *mobile*, ma invariabilmente collegato con F; il sistema ($O_1 i_1 j_1 k_1$) è *fisso*;

a_1, a_2, a_3 sono i coseni degli angoli che i fà con i_1, j_1, k_1 (cioè $i = a_1 i_1 + a_2 j_1 + a_3 k_1$, ecc.), ecc. Si pone inoltre:

$$P = O + xi + yj + zk,$$

$$u = P' \times i, \quad v = P' \times j, \quad w = P' \times k,$$

componenti di P' rispetto agli assi mobili;

$$u_0 = O' \times i, \quad v_0 = O' \times j, \quad w_0 = O' \times k,$$

componenti di O' rispetto agli assi mobili;

$$p = \Omega \times i, \quad q = \Omega \times j, \quad r = \Omega \times k,$$

componenti di Ω rispetto agli assi mobili;

$$p_1 = \Omega \times i_1, \quad q_1 = \Omega \times j_1, \quad r_1 = \Omega \times k_1,$$

componenti di Ω rispetto agli assi fissi.

La formula fondamentale (6) della Cinematica, applicata ai punti P ed O,

$$P' = O' + \Omega \wedge (P - O),$$

dà le formule cartesiane:

$$(a) \quad \begin{cases} u = u_0 + qz - ry, \\ v = v_0 + rx - pz, \\ w = w_0 + py - qx; \end{cases}$$

poichè si ha, ad esempio:

$$P' \times i = O' \times i + [\Omega \wedge (P - O)] \times (j \wedge k) =$$
$$= O' \times i + \Omega \times j . (P - O) \times k - \Omega \times k . (P - O) \times j,$$

che, per le precedenti posizioni, dà la prima delle (a).

Si hanno le formule di Poisson:

$$(b) \quad \begin{cases} a_1' = q_1 a_3 - r_1 a_2 = rb_1 - qc_1, \\ a_2' = r_1 a_1 - p_1 a_3 = rb_2 - qc_2, \\ a_3' = p_1 a_2 - q_1 a_1 = rb_3 - qc_3; \end{cases}$$

ed analoghe per le b, c.

Essendo, ad es., $a_1 = i \times i_1$, e $i' = \Omega \wedge i$, si ha:

$$a_1' = \Omega \wedge i \times i_1 = (\Omega \wedge i) \times (j_1 \wedge k_1) =$$
$$= \Omega \times j_1 . i \times k_1 - \Omega \times k_1 . i \times j_1 = q_1 a_3 - r_1 a_2,$$

oppure:

$$a_1' = \Omega \wedge i \times i_1 = [\Omega \wedge (j \wedge k)] \times i_1 =$$
$$= \Omega \times k . j \times i_1 - \Omega \times j . k \times i_1 = rb_1 - qc_1; \quad \text{ecc.}$$

Le formule (b) e le analoghe, sono *tutte* compendiate dalla nota formula [cfr. n. 2, (5)]:

$$\frac{d\alpha}{dt} = \Omega \wedge \alpha,$$

perchè α è appunto il rotore che individua il moto continuo. È dunque del tutto inutile far uso delle complesse forme cartesiane delle formule del Poisson, con i due sistemi di assi, bastando la formula $\alpha' = \Omega \wedge \alpha$, e non avendosi affatto bisogno di considerare assi fissi e assi mobili invariabilmente collegati con F.

b) **Elementi Euleriani.** Per riferire tra loro le terne fissa e mobile, si possono introdurre gli *elementi Euleriani*, che, sotto forma assoluta, sono i seguenti:

L'angolo, *nutazione o inclinazione*, di θ radianti, che k_1 forma con k, cioè tale che:

$$(a) \quad \cos\theta = k_1 \times k.$$

Per $\operatorname{sen}\theta \neq 0$, la *direzione nodale*, quella del vettore:

$$(b) \qquad u = (k_1 \wedge k) / \operatorname{sen}\theta,$$

che è *unitario*; è *normale* a k_1 ed a k; e, quindi, è *complanare* sia con i_1, j_1, che con i, j.

L'*azimut*, di ψ radianti, la *longitudine della direzione nodale*, ovvero *angolo di precessione*, di φ radianti, che sono le rotazioni, rispettivamente, intorno a k_1 e k, che si devono dare ad i_1 e i per portarli in u, rotazioni di verso tale che si abbia:

$$(c) \qquad u = \cos\psi \,.\, i_1 + \operatorname{sen}\psi \,.\, j_1, \qquad u = \cos\varphi \,.\, i - \operatorname{sen}\varphi \,.\, j.$$

Supposto sempre $\operatorname{sen}\theta \neq 0$, è notevole il fatto che: *mediante la terna* k, k_1, u *e gli angoli Euleriani* θ, ψ, φ, *si possono esprimere gli elementi fissi* i_1, j_1, k_1, *i mobili* i, j, k *e il vettore* Ω, come risulta dalle formule seguenti:

$$(A) \qquad \begin{cases} k_1 = \cos\theta \,.\, k + \operatorname{sen}\theta \,.\, k \wedge u, \\ k = \cos\theta \,.\, k_1 - \operatorname{sen}\theta \,.\, k_1 \wedge u. \end{cases}$$

$$(B) \qquad \begin{cases} \begin{cases} i_1 = \cos\psi \,.\, u - \operatorname{sen}\psi \,.\, k_1 \wedge u, \\ j_1 = \operatorname{sen}\psi \,.\, u + \cos\psi \,.\, k_1 \wedge u; \end{cases} \\ \begin{cases} i = \cos\varphi \,.\, u + \operatorname{sen}\varphi \,.\, k \wedge u, \\ j = -\operatorname{sen}\varphi \,.\, u + \cos\varphi \,.\, k \wedge u. \end{cases} \end{cases}$$

$$(C) \qquad \Omega = \frac{d\theta}{dt} u + \frac{d\psi}{dt} k_1 + \frac{d\varphi}{dt} k.$$

Le (A), (B), (C) si dimostrano facilmente, tenuto conto delle (a), (b), (c), che definiscono gli elementi Euleriani. Infatti:

Dalla (b), tenendo conto della (a), si ha:

$$\operatorname{sen}\theta \,.\, k \wedge u = k_1 - \cos\theta \,.\, k, \qquad \operatorname{sen}\theta \,.\, k_1 \wedge u = \cos\theta \,.\, k_1 - k,$$

dalle quali si hanno subito le (A).

Dalle (c), si ha:

$$k_1 \wedge u = - \operatorname{sen}\psi . i_1 + \cos\psi . j_1, \quad k \wedge u = \operatorname{sen}\varphi . i + \cos\varphi . j,$$

che combinate con le (c) stesse, dànno subito le (B).

Derivando, rispetto a t, le (c) e tenendo presente che $i_1' = 0, \ldots, i' = \Omega \wedge i, \ldots$, si ha, con ovvie riduzioni, rispettivamente:

$$u' = \psi' . k_1 \wedge u, \quad u' = (\Omega - \varphi'k) \wedge u,$$

da cui risulta $(\Omega - \psi'k_1 - \varphi'k) \wedge u = 0$, vale a dire:

$$\Omega = xu + \psi'k_1 + \varphi'k,$$

ove x è numero reale. Per determinare x basta osservare che dalla (b) e dalla seconda delle (A), si ha:

$$x = \Omega \times u = \Omega \times k_1 \wedge k / \operatorname{sen}\theta = - \Omega \wedge k \times k_1 / \operatorname{sen}\theta =$$
$$= - k' \times k_1 / \operatorname{sen}\theta =$$
$$= - [- \theta' \operatorname{sen}\theta . k_1 - k_1 \wedge (\operatorname{sen}\theta . u)'] \times k_1 / \operatorname{sen}\theta] =$$
$$= \theta' . k_1 \times k_1 = \theta',$$

il che dimostra la (C).

Per le ordinarie forme cartesiane, occorre considerare i *quindici* numeri:

$$
\begin{array}{ccc}
i \times i_1 & i \times j_1 & i \times k_1 \\
j \times i_1 & j \times j_1 & j \times k_1 \\
k \times i_1 & k \times j_1 & k \times k_1
\end{array}
\qquad
\begin{array}{ccc}
\Omega \times i & \Omega \times j & \Omega \times k \\
\Omega \times i_1 & \Omega \times j_1 & \Omega \times k_1,
\end{array}
$$

che dànno (e sono *nove*) i coseni direttori delle direzioni mobili, rispetto alle fisse, e le proiezioni (e sono *sei*) di Ω sulle direzioni mobili e fisse.

I *nove* coseni direttori si calcolano facilmente. Ad esempio: dalla seconda delle (A) e dalla prima (c), che definisce ψ,

si ha:

$$k \times i_1 = -\,\operatorname{sen}\theta\,.\,k_1 \wedge u \times i_1 = \operatorname{sen}\theta\,.\,k_1 \wedge i_1 \times u =$$
$$= \operatorname{sen}\theta\,.\,j_1 \times u = \operatorname{sen}\theta\operatorname{sen}\psi\,;$$

dalle (B) e dalla (a), che definisce θ, si ha:

$$i \times i_1 = \cos\varphi\cos\psi - \operatorname{sen}\varphi\operatorname{sen}\psi\,.\,(k \wedge u) \times (k_1 \wedge u) =$$
$$= \cos\varphi\cos\psi - \operatorname{sen}\varphi\operatorname{sen}\psi\,.\,k \times k_1\,.\,u \times u =$$
$$= \cos\varphi\cos\psi - \operatorname{sen}\varphi\operatorname{sen}\psi\cos\theta\,.$$

Le sei proiezioni di Ω sulle direzioni mobili e fisse, i numeri p, q, r e p_1, q_1, r_1 [cfr. a)], si ottengono da (C) moltiplicando per i, ..., i_1, ... e tenendo conto dei valori dei *nove* coseni direttori, o, meglio, delle formule assolute che abbiamo date.

Le formule assolute (a), (b), (c) che definiscono gli elementi Euleriani, pure assoluti, θ, u, ψ, φ, e le formule (A), (B), (C), pure assolute, che esprimono le direzioni di riferimento, fisse e mobili, mediante la terna k, k_1, u e gli angoli Euleriani θ, φ, ψ, possono talvolta essere di una qualche utilità (ad esempio, nello studio del moto d'un corpo rigido intorno ad un punto fisso); ma le *quindici* formule cartesiane usuali, sono del tutto inutili, ed è per questo che ci siamo risparmiata la fatica di scriverle.

3. Moti istantanei.

Il corpo rigido F sia in moto. Il moto μ (infinitesimo a meno di infinitesimi di ordine superiore a dt), che porta P in $P + dP = P + P'\,.\,dt$, cioè tale che, qualunque sia il punto P di F, $\mu P = P + dP$, chiamasi *moto istantaneo di* F (nel tempo dt). In ciò che segue, proveremo la esistenza di tali moti istantanei, e li analizzeremo.

a) **Rotori infinitesimi funzioni del tempo ; loro compo=
sizione.** Siano φ, ψ numeri reali ed u, v vettori unitari
funzioni del tempo t. Il rotore $R(\varphi dt, u)$, che dà ad
un qualsiasi vettore la rotazione, *infinitesima*, di φdt
radianti intorno ad u, dicesi *rotore infinitesimo*.

*Sempre a meno di infinitesimi d'ordine superiore
all'infinitesimo dt *), si ha:*

(10) $$R(\varphi dt,\, u) = 1 + \varphi dt \cdot u \wedge .$$

Infatti. A meno di infinitesimi d'ordine superiore a dt,
valgono le formule :

$$\cos(\varphi dt) = 1, \quad \mathrm{sen}\,(\varphi dt) = \varphi dt,$$

e quindi tenendo presente la espressione generale dei rotori
[cfr. Intr. III, n. 4 (13)], si ha la (10).

*Ancora a meno di infinitesimi d'ordine superiore
a dt, si ha:*

(11) $$R(\psi dt,\, v)\, R(\varphi dt,\, u) = 1 + dt \cdot (\varphi u + \psi v)\wedge =$$
$$= R(\theta\, dt,\, w),$$

$$\text{con} \quad \theta = \mathrm{mod}\,(\varphi u + \psi v), \quad w = (\varphi u + \psi v)/\theta \,;$$

vale a dire il prodotto (composizione) di $R(\varphi dt, u)$,
per $R(\psi dt, v)$, *è il rotore di* θdt *radianti intorno al
vettore* $\varphi u + \psi v$ *complanare con gli assi* u, v *dei due
rotori.* E analogamente per tre, o più, rotori.

-----

*) Da $\lambda = 1 + \varphi dt \cdot u \wedge$, si ha $K\lambda = 1 - \varphi dt \cdot u \wedge$, e
quindi $\lambda K\lambda = 1 - \varphi^2 (dt)^2 (u \wedge)^2$, cioè [cfr. Intr. III, n. 1, (2)],
si ha che λ è isomeria purchè si *trascurino* le potenze di dt
superiori alla prima.

Infatti. Scrivendo le (10) per i due rotori, eseguendo il prodotto, ricordando che $a\wedge + b\wedge = (a+b)\wedge$, e trascurando la seconda potenza $(dt)^2$ di dt, si ha :

$$\mathrm{R}(\psi\,dt,\, v)\,\mathrm{R}(\varphi\,dt,\, u) = 1 + dt\,.\,[(\varphi u)\wedge + (\psi v)\wedge]\,,$$

che dà la prima forma della (11), ed anche la seconda in virtù della (10).

b) **Gli elementi *u*, ω, *m*, e l'asse di Mozzi.** Il vettore Ω abbia il solito significato, per il moto del corpo rigido *F* [cfr. n. 2], e sia *A* un punto arbitrario di *F*.
Poniamo :

$$(12)\begin{cases} u = \Omega/\mathrm{mod}\,\Omega \quad \text{per} \quad \Omega \neq 0, \\[4pt] u = dA/\mathrm{mod}\,dA \quad \text{per} \quad \Omega = 0 \quad \text{e} \quad dA \neq 0, \\[4pt] \omega = \mathrm{mod}\,\Omega \quad \text{e quindi} \quad \omega = \Omega \times u,\ \Omega = \omega u, \\[4pt] m = A' \times u, \quad \text{cioè} \\[4pt] m = (1/\mathrm{mod}\,\Omega)\,.\,A' \times \Omega \quad \text{per} \quad \Omega \neq 0, \\[4pt] O = A + \dfrac{1}{\omega}\,u \wedge A' \quad \text{per} \quad \Omega \neq 0, \quad \text{cioè} \\[4pt] O = A + \dfrac{1}{\Omega^2}\,\Omega \wedge A'. \end{cases}$$

Queste notazioni devono essere tenute ben presenti, poichè, in ciò che segue, ne faremo continuo uso, senza richiamarne, ogni volta, il significato.

*Il vettore **u** ed i numeri ω, m sono funzioni di t, dipendenti soltanto dal moto di **F**, e univocamente determinati (cioè indipendenti da un particolare* *punto A). Il punto O è pure funzione di t, ma varia col variare del punto A di **F**, che serve per definirlo; peraltro, esso varia in una retta parallela ad Ω (o ad **u**, il che equivale), retta che ha posizione indipendente da A, cioè che è funzione soltanto del moto della figura **F** *).*

La retta, parallela ad Ω (per $\Omega \neq 0$), nella quale varia il punto O, chiamasi *asse di* MOZZI.

Infatti. Per $\Omega \neq 0$, **u** è funzione soltanto del moto, come è ovvio. Per $\Omega = 0$, la (6) del n. 2 dà $dA = dB$, qualunque siano i punti A, B di **F**, e quindi, *se esiste A* tale che $dA \neq 0$, il vettore **u** è funzione del moto. Da quanto si è ora detto, risulta che ω è funzione del moto. Se nella (6) del n. 2, leggiamo A e B al posto di P e Q, e moltiplichiamo ($\times$) per **u**, che è parallelo ad Ω, si ha $A' \times u = B' \times u$, e quindi anche m è indipendente da A, cioè è funzione del moto.

Nella (6) del n. 2, poniamo A, B, ωu al posto di P, Q, Ω, indi operiamo, a sinistra, con $u \wedge$; si ha:

$$u \wedge A' = u \wedge B' + \omega [u \times (A - B) \cdot u + (B - A)] ,$$

da cui:

$$(a) \qquad A + \frac{1}{\omega} u \wedge A' = B + \frac{1}{\omega} u \wedge B' + u \times (A - B) \cdot u ,$$

la quale prova che O varia in una retta parallela ad **u** (asse di MOZZI), indipendente da A, cioè funzione soltanto del moto.

---

*) Nel n. 5 esamineremo come si comportano gli *assi di* Mozzi, nei vari tempi *t*, rispetto al *moto continuo*. Premettiamo lo studio diretto del *moto piano* [cfr. n. 4], che, del resto, si potrebbe *dedurre* dal caso generale.

Si noti che, per $\Omega = 0$, e se per *un* punto A di F si ha $dA = A'dt = 0$, cioè $A' = 0$, si ha pure $B' = 0$ per qualsiasi altro punto B di F [cfr. n. 2 (6)]; in tal caso u non può esser definito dalla seconda delle (12). Vedremo che ciò si verifica quando il corpo F è, nell'istante dt, *immobile* (immobilità istantanea), e allora, per la riduzione a forma generica [cfr. d), (14)] del moto istantaneo di F, si può prendere come vettore u un qualsiasi vettore unitario.

c) **Altra forma della formula fondamentale della Cine=matica.** Mediante le notazioni b), la *formula fondamentale* della Cinematica [cfr. n. 2, (6)] assume la forma semplice seguente, nella quale P è punto generico di F:

$$(13) \qquad P' = mu + \omega . u \wedge (\dot{P} - O) =$$
$$= mu + \Omega \wedge (P - O);$$

ovvero:

$$(13') \qquad dP = mdt . u + \omega dt . u \wedge (P - O) =$$
$$= mdt . u + dt . \Omega \wedge (P - O),$$

s'intende supposto $\Omega \neq 0$, cioè supposto che esista l'asse di Mozzi.

Infatti. Dalla (12) che definisce O, e per P punto arbitrario, si ha dal teorema relativo all'asse di Mozzi [cfr. (a), b)]:

$$O = P + \frac{1}{\omega} u \wedge P' + hu,$$

ove h è numero reale. Trasportando P ed ω nel primo membro, poi operando, a sinistra, con $u \wedge$, si ha:

$$\omega . u \wedge (O - P) = u \times P' . u - P' = mu - P',$$

che dà subito la (13). Viceversa: se si scrive la (13) con Q al posto di P, e la si sottrae dalla (13), si ha la (6) del n. 2.

d) **Espressione generale del moto istantaneo.** Per il moto istantaneo μ che trasforma il punto P, non importa quale, di $\boldsymbol{F}$ nel punto $P + dP$, nell'istante dt, cioè tale che:
$$\mu P = P + dP,$$
si ha:
$$(14) \qquad \mu = \left(\begin{matrix} O + mdt \cdot \boldsymbol{u} \\ O \end{matrix}, \; \mathrm{R}(\omega dt, \boldsymbol{u}) \right),$$

ove: per $\omega = 0$, il punto O è arbitrario, e per $\omega \neq 0$ è un punto dell'asse di Mozzi. Ne segue che: *per* $\omega = 0$, *il moto istantaneo* μ, *è la* **traslazione** $mdt \cdot \boldsymbol{u}$ *di grandezza infinitesima* mdt *(la identità per* $m = 0$*); invece per* $\omega \neq 0$, *il moto istantaneo* μ, *è* **moto elicoidale,** *il cui asse è* Ou *(asse di* Mozzi*), la traslazione ha la grandezza* mdt, *e la rotazione è di* ωdt *radianti (in particolare,* **rotazione** *per* $m = 0$*).*

Infatti. Per $\omega = 0$, cioè $\boldsymbol{\Omega} = 0$, la (6) del n. 2 dà $P' = Q'$, e quindi per μ, si ha la forma (14), con O punto arbitrario.

Per $\omega \neq 0$, dalla (13') e dalla (10), si ha:

$$P + dP = P + mdt \cdot \boldsymbol{u} + \omega dt \cdot \boldsymbol{u} \wedge (P - O) =$$
$$= O + mdt \cdot \boldsymbol{u} + (P - O) + \omega \cdot dt \cdot \boldsymbol{u} \wedge (P - O) =$$
$$= O + mdt \cdot \boldsymbol{u} + [1 + \omega dt \cdot \boldsymbol{u} \wedge](P - O) =$$
$$= O + mdt \cdot \boldsymbol{u} + \mathrm{R}(\omega dt, \boldsymbol{u})(P - O),$$

la quale prova che $P + dP = \mu P$, cioè che vale la (14).

Siccome $\mu P = P + dP$, allora, per la (13'), applicando la espressione (14) di μ al punto generico P, si ha:

$$(14') \quad \mu P = P + m dt \cdot \boldsymbol{u} + \omega dt \cdot \boldsymbol{u} \wedge (P - O) =$$
$$= P + m dt \cdot \boldsymbol{u} + dt \cdot \boldsymbol{\Omega} \wedge (P - O),$$

che, in sostanza, equivale alla (14).

e) **Composizione di moti istantanei.** Per i moti istantanei μ_1, μ_2, ... μ_n, indichiamo con $\boldsymbol{\Omega}_r$, $\boldsymbol{u}_r$, ω_r, m_r, O_r, per $r = 1, 2, ..., n$, gli elementi analoghi (12) per μ.

Tenuto conto della (14), che dà al moto istantaneo, la forma di un ordinario *moto finito* [cfr. Cap. II, n. 2, *a)*], tenuto conto del metodo generale [cfr. Cap. II, n. 2, *c)*] e dei metodi particolari [cfr. Cap. II, n. 4] per la composizione dei moti finiti, e, infine, tenuto conto della (11), si possono comporre due o più moti istantanei, ottenendosi sempre un moto istantaneo. Si deve peraltro osservare che, negli sviluppi formali necessari per ottenere il prodotto dei dati moti istantanei, *bisogna trascurare tutti i termini che contengono le potenze di dt superiori alla prima,* poichè un moto istantaneo è tale a meno di infinitesimi d'ordine superiore a dt. Esaminiamo i casi particolari che interessano in pratica.

f) **Composizione di traslazioni istantanee.** Si ha $\omega_r = 0$, quindi, per la (14'), $\mu_r P = P + m_r dt \cdot \boldsymbol{u}_r$, quando si ponga $r = 1, 2, ..., n$, e, in conseguenza, in modo ovvio:

$$\mu_n ... \mu_2 \mu_1 P = P + dt \cdot (m_1 \boldsymbol{u}_1 + m_2 \boldsymbol{u}_2 + ... + m_n \boldsymbol{u}_n),$$

senza che vi siano potenze di dt da trascurare. Segue che: *il prodotto di traslazioni istantanee è commuta-*

tivo, ed è la traslazione istantanea individuata dal vettore somma dei vettori che individuano le singole traslazioni.

g) **Composizione di rotazioni istantanee, intorno ad assi concorrenti in un punto proprio.** Si ha $m_r = 0$, $O_r = O$, per $r = 1, 2, \ldots, n$, e risulta:

$$(15) \quad \mu_n \ldots \mu_2 \mu_1 P = P + dt \cdot (\Omega_1 + \Omega_2 + \ldots + \Omega_n) \wedge (P - O),$$

vale a dire [cfr. (14')]: *il prodotto di rotazioni istantanee intorno ad assi concorrenti, è commutabile, ed è una rotazione istantanea intorno ad un asse concorrente con i primi; il vettore* Ω *(della velocità angolare) del prodotto, è la somma dei vettori analoghi dei singoli fattori.*

Infatti. Dalla (14') si ha, ad esempio:

$$\mu_1 P = P + dt \cdot \Omega_1 \wedge (P - O), \quad \mu_2 P = P + dt \cdot \Omega_2 \wedge (P - O),$$

è quindi:

$$\mu_2 \mu_1 P = \mu_1 P + dt \cdot \Omega_2 \wedge (\mu_1 P - O) =$$
$$= P + dt \cdot \Omega_1 \wedge (P - O) + dt \cdot \Omega_2 \wedge [(P - O) + dt \cdot \Omega_1 \wedge (P - O)] =$$
$$= P + dt \cdot (\Omega_1 + \Omega_2) \wedge (P - O) + (dt)^2 \Omega_2 \wedge [\Omega_1 \wedge (P - O)] ;$$

trascurando $(dt)^2$ si ha la (15), per $n = 2$. Per induzione, la (15) risulta vera in generale.

h) **Composizione di rotazioni istantanee intorno ad assi paralleli.** Si ha $m_r = 0$, $u_r = u$ e $\Omega_r = \omega_r u$ quando si ponga $r = 1, 2, \ldots, n$. Per abbreviare la scrittura, si possono introdurre le notazioni:

$$\omega = \omega_1 + \omega_2 + \ldots + \omega_n, \quad \Omega = \omega u = \Sigma \Omega_r,$$
$$O = (\Sigma \omega_r O_r)/\omega \quad \text{per} \quad \omega \neq 0,$$

e risulta:

$$(16) \quad \mu_n \ldots \mu_2 \mu_1 \, P = P + dt . \Omega \wedge (P - O) \quad \text{per} \quad \omega \neq 0,$$

$$(16') \quad \mu_n \ldots \mu_2 \mu_1 \, P = P - dt . u \wedge \Sigma \omega_r O_r \quad \text{per} \quad \omega = 0,$$

vale a dire: *il prodotto di rotazioni istantanee intorno ad assi paralleli, è commutabile, ed è: o una rotazione istantanea intorno ad un asse parallelo ai precedenti, o una traslazione istantanea, secondochè $\Sigma \Omega_r$ è diverso da zero o eguale a zero; nel primo caso, l'asse del moto prodotto passa per il baricentro dei punti O_r con le masse ω_r, ed il vettore Ω (della velocità angolare) è la somma dei vettori analoghi dei singoli fattori.*

Infatti. Operando come in g), si ha, trascurando $(dt)^2$:

$$\mu_2 \mu_1 \, P = P + dt . u \wedge [(\omega_1 + \omega_2) P - (\omega_1 O_1 + \omega_2 O_2)],$$

che dimostra (operando poi per induzione) le (16), (16').

4. Moto continuo piano.

Il moto continuo della figura F (corpo rigido), avvenga in modo che i punti di F_0, giacenti in un piano *fisso* δ, si muovano, in ogni tempo t, nello stesso piano δ. Tale moto si dirà *moto continuo piano*.

A causa della rigidità di F, è chiaro che i punti di F_0, situati in un qualsiasi piano δ' *parallelo* a δ, si muovono in δ'. Dunque, non si toglie nulla alla generalità, supponendo che F_0 si riduca ad una *figura piana*, situata nel piano δ.

In qualunque tempo t, le velocità, P', dei punti P, di F, sono parallele a δ. Allora, essendo k vettore non nullo normale a δ, si ha $P' \times k = Q' \times k = 0$, e la formula fondamentale di Cinematica, la (6), dà, moltiplicata $(\times)$ per k, $k \wedge \Omega \times (P - Q) = 0$, che, per l'arbitrarietà di $P - Q$, dà $k \wedge \Omega = 0$. Dunque: *nel moto piano, gli assi di* Mozzi *sono tutti paralleli tra loro, e normali al piano del moto.*

Il vettore unitario u [cfr. n. 3, *a*), (10)], è vettore costante normale al piano del moto. Conserveremo la notazione del n. 3 per ω, e indicheremo con i la rotazione di un retto intorno al vettore u, cioè porremo, come d'uso, $i = \mathrm{R}(\pi/2, u)$.

Per il moto piano, la formula (6), fondamentale di Cinematica, assume la forma più semplice:

$$(17) \qquad P' = Q' + \omega\, i\, (P - Q),$$

ovvero, per il *moto istantaneo* (moltiplicando per dt):

$$(17') \qquad dP = dQ + \omega\, dt \,.\, i\, (P - Q).$$

a) **Traslazione istantanea.** Per i valori di t per i quali $\omega = 0$, si ha, dalla (17), $P' = Q'$, e quindi: *il moto istantaneo è la* **traslazione** *infinitesima, individuata dal vettore dP, potendosi scegliere arbitrariamente il punto P di F.*

Nel tempo t per cui $\omega = 0$, le normali alle traiettorie (piane) dei punti di F, sono tutte parallele fra loro.

b) **Centro di istantanea rotazione e suo luogo (im-mobile).** Per i valori di *t*, per i quali $\omega \neq 0$, si ha dalla formula [17]:

$$P + \frac{1}{\omega}\, iP' = Q + \frac{1}{\omega}\, iQ';$$

e quindi, posto:

$$(18) \qquad\qquad C = P + \frac{1}{\omega}\, iP',$$

risulta che: *il punto C non varia, nel tempo t, col variare di P in **F**.*

Dalla (18), si ha subito:

$$(19) \qquad\qquad P' = \omega\, i(P - C),$$

che equivale alla (17), e dà, sotto forma assai semplice, mediante il punto *C*, la formula fondamentale della cinematica per il moto piano di un corpo rigido.

Dalla (19), risulta subito che:

Nell'istante t, il moto della figura piana è una rota-zione istantanea intorno al punto C, della quale ωdt è la velocità angolare.

*Le traiettorie dei punti di **F**, hanno le normali, nel tempo t, passanti tutte per C.*

Il punto *C* chiamasi *centro di istantanea rotazione* nel tempo *t*.

Il luogo dei punti *C*, è una linea (piana) Γ che chiamasi *luogo immobile dei centri di istantanea rota-zione* (o *deferente*), per una ragione che vedremo tra

poco. I *punti all'infinito di* Γ, se esistono, sono, ovviamente, i punti per i quali passano le normali alle
traiettorie per quei valori di t per i quali $\omega = 0$ [cfr. a)].

c) **Luogo mobile dei centri di istantanea rotazione.**
Dati i punti P_0, Q_0 di F, nel tempo t_0, e le loro traiet-

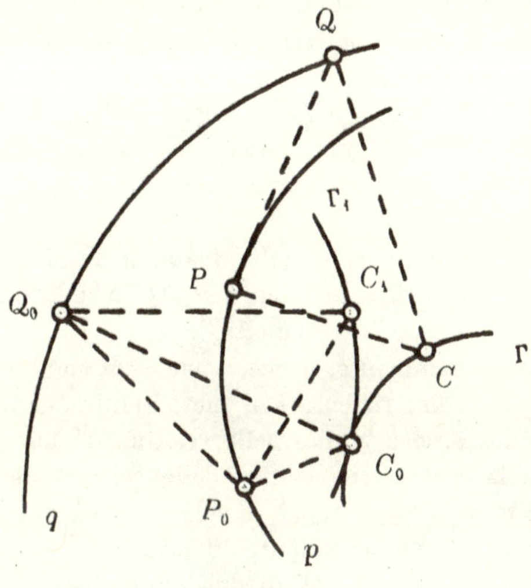

Fig. 9

torie p, q, si ottengono i punti P, Q, in qualsiasi
tempo t, fissando P in p, e determinando Q in q, in
modo che $(P - Q)^2 = (P_0 - Q_0)^2$, tenendo conto della
continuità del moto. Le normali in P e Q alle linee p, q,
si incontrano in C, punto generico della Γ, luogo
immobile dei centri di istantanea rotazione.

Il moto piano resta dunque individuato dai punti P_0, Q_0 e dalle loro traiettorie p, q. Con questi dati è pure determinata la linea Γ.

Si costruisca C_1, in modo che i due triangoli $P_0\,Q_0\,C_1$, $P\,Q\,C$ siano *direttamente congruenti* *). Variando t, il luogo dei punti C_1, che dipende dalla posizione (iniziale) P_0, Q_0 di P e Q, è una linea Γ_1 [cfr. Fig. 9] che chiamasi *luogo mobile dei centri di istantanea rotazione* (o *epiciclo*).

I punti C_1 di Γ_1, invariabilmente collegati con F, vengono a disporsi, nel corrispondente tempo t, nei punti C di Γ; e vedremo poi [cfr. f)] in qual modo particolare.

Notiamo intanto che, individuato, come si è detto, il moto piano mediante i punti P_0, Q_0 e le loro traiettorie p, q, restano determinate le linee Γ, Γ_1 che si costruiscono facilmente, e che, come vedremo [cfr. f)], possono, da sole, realizzare il moto continuo piano.

d) **Costruzione grafica delle velocità.** È pure interessante la costruzione grafica delle velocità dei vari punti di F, nota, nel tempo t, la velocità P' di un punto P e il centro C, corrispondente, d'istantanea rotazione, (oppure le velocità P', Q' di due punti distinti P, Q, che devono avere eguali proiezioni sulla retta PQ; il che determina C).

------

*) Cioè tali che si passi dall'uno all'altro mediante un moto piano, senza far uscire uno dei triangoli dal piano. Ad es., se A, B, C sono punti non collineari, e A_1 è il simmetrico di A, rispetto a BC, i triangoli ABC, A_1BC *non* sono direttamente congruenti.

Dalla (19) si ha:

$$P + iP' = P - \omega(P - C) = C + (P - C) - \omega(P - C),$$

vale a dire:

$$(20) \qquad P + iP' = C + (1 - \omega)(P - C),$$

la quale prova che: *la figura formata dai punti $P + iP'$ è la omotetica della figura formata dai punti P, essendo C il centro e $1 - \omega$ il rapporto di omotetia.*

Allora: dati P, P', C, Q, e costruito $P + iP'$, si

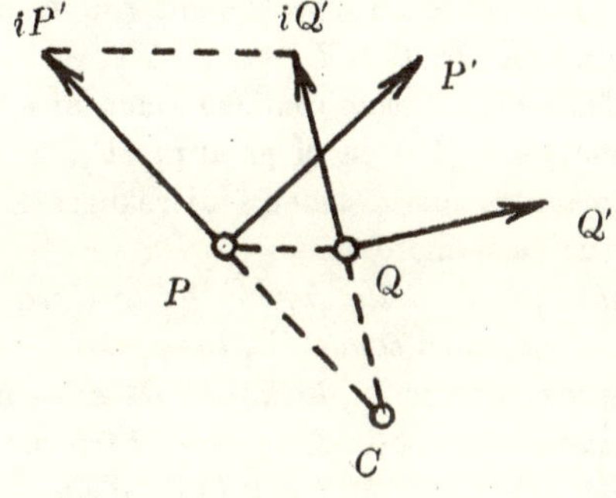

Fig. 10

costruisce, mediante la omotetia, il punto $Q + iQ'$, dal quale si ottiene subito la velocità Q' del punto Q.

o) **Rotazione finita.** Si può passare dalla posizione F_0 alla generica F, mediante una *rotazione finita* di φ radianti, con φ funzione di t.

Si ha:

$$(21) \qquad P - Q = e^{i\varphi}(P_0 - Q_0),$$

che, derivata, dà $P' - Q' = \varphi' i e^{i\varphi}(P_0 - Q_0)$, cioè:

$$P' - Q' = \varphi' i (P - Q);$$

questa, confrontata con la (19), dà,

$$(22) \qquad d\varphi/dt = \omega, \quad \text{cioè} \quad \varphi = \int_{t_0}^{t} \omega\, dt,$$

e quindi: *la rotazione finita, con la quale si può passare da F_0 ad F, è l'integrale, da t_0 a t, delle rotazioni istantanee da t_0 a t.*

f) **Riduzione del moto continuo piano al moto di sviluppo di una linea (Γ_1) su di un'altra (Γ).** Si ha il teorema importante, che permette di realizzare cinematicamente qualsiasi moto piano.

*Nel moto piano della figura F, la linea Γ_1, invariabilmente collegata con F (Γ_1 luogo mobile dei centri di istantanea rotazione), ha **moto di sviluppo** sulla linea Γ (luogo immobile dei centri di istantanea rotazione), cioè: nel tempo t, il punto C_1 viene in C, la Γ_1 nella nuova posizione tocca Γ in C, gli archi di Γ_1 e Γ, venuti a contatto da t_0 a t, sono eguali. Avendo φ il significato indicato in e), si ha:*

$$(23) \qquad C_1 = P_0 - e^{-i\varphi}(P - C),$$

che esprime il punto generico C_1 di Γ_1, nella posi-

zione che essa ha nel tempo t_0, *per mezzo del corrispondente punto* C *di* Γ [cfr. Fig. 9].

Tenuto conto della costruzione di C_1 [cfr. c)] e del significato di φ [cfr. e)], si ha subito :

$$P - C = e^{i\varphi}(P_0 - C_1), \quad \text{da cui} \quad e^{-i\varphi}(P - C) = P_0 - C_1,$$

che dà la formula (23).

Derivando, rispetto a t, la (23) e tenendo conto delle note formule (19), (22), si ha :

$$C_1' = \omega\, e^{-i\varphi}\, i(P - C) - e^{-i\varphi}(P' - C') =$$
$$= e^{-i\varphi}\, P' - e^{-i\varphi}\, P' + e^{-i\varphi}\, C',$$

ed in conseguenza :

$$C_1' = e^{-i\varphi}\, C', \quad \text{cioè} \quad C' = e^{i\varphi}\, C_1'.$$

Da questa, risulta che $\mod dC = \mod dC_1$, cioè che gli archi C_0C, C_0C_1 di Γ e Γ_1 sono eguali, e che nel tempo t, la posizione di Γ_1 è tale che tocca Γ in C ; cioè, durante il moto di F, la linea Γ_1 ha *moto di sviluppo* sulla linea Γ.

Dato, dunque, il moto di F, e costruite Γ e Γ_1, basta dare a Γ_1 moto di sviluppo su Γ (nel tempo t_0 le due linee si toccano in C_0) e mantenere F invariabilmente collegata con Γ_1 per realizzare il moto. Ricordiamo che un punto qualunque P di F, descrive una traiettoria, la cui normale in P è la retta PC.

Viceversa, fissate ad arbitrio Γ e Γ_1, tangenti nel loro punto comune C_0, e dato *moto di sviluppo* a Γ_1 su Γ, si dà moto generico piano a qualsiasi figura F invariabilmente collegata con Γ_1.

g) **Formula di Euler-Savary e costruzione dei centri di curvatura.** Se $1/\rho$, $1/\rho_1$, sono le flessioni (curvature) di Γ e Γ_1, in C e C_1, e $v = \mathrm{mod}(dC/dt)$, allora:

$$(24) \qquad \frac{1}{\rho} - \frac{1}{\rho_1} = \frac{\omega}{v},$$

che è la formula di Euler-Savary.

Infatti. Detto s l'arco comune di Γ e Γ_1, e posto, come d'uso, $t = dC/ds$, $t_1 = dC_1/ds$, si ha [cfr. *f*)] $t = e^{i\varphi}t_1$, che derivata rispetto ad s, dà:

$$\frac{1}{\rho} it = \omega \frac{dt}{ds} e^{i\varphi} i t_1 + \frac{1}{\rho} e^{i\varphi} i t_1 = \frac{\omega}{v} it + \frac{1}{\rho_1} it; \quad \text{c. d. d.}$$

Il centro di curvatura in P della traiettoria di P, si costruisce così. Siano K e K_1 i centri di curvatura in C di Γ e Γ_1* (posizioni delle linee, fissa Γ e mobile Γ_1, nel tempo t); la normale condotta da C alla retta PC incontri la retta PK_1 in M; la retta MK taglia la PC nel punto P_1 che è il centro di curvatura in P della traiettoria di P. Omettiamo la retativa dimostrazione.

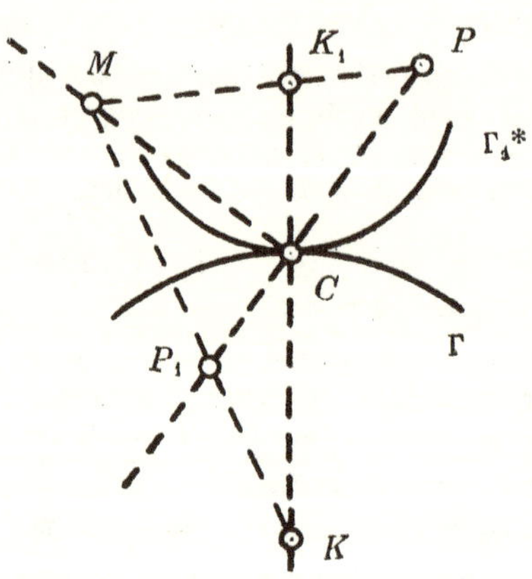

Fig. 11

h) **Inviluppo delle posizioni d'una linea di** *F*. Sia $P(u,t)$ un punto funzione di u e di t, variabili indipendenti, tali che per $u = $ cost. si abbia, per ogni t:

$$(25) \qquad \frac{\partial P}{\partial t} = \omega\, i\, (P - C).$$

Il punto $P(u, t)$, sodisfacente alla (25), per $t = $ cost., descrive, col variare di u una linea σ; questa, variando t, si muove rigidamente nel piano di *F*, e le traiettorie dei suoi punti si ottengono per $u = $ cost.

L'inviluppo σ_1 delle varie posizioni di σ, si ottiene ricavando u dalla condizione:

$$\frac{\partial P}{\partial u} \times i\, \frac{\partial P}{\partial t} = 0, \quad \text{cioè per la (25)}, \quad \frac{\partial P}{\partial u} \times (P - C) = 0,$$

e sostituendo in $P(u, t)$; quindi: *I punti di* σ_1 *sono i piedi delle normali condotte da C a* σ.

Il punto P sia comune a σ ed a σ_1. Gli spostamenti infinitesimi di P su σ e σ_1, sono:

$$\frac{\partial P}{\partial u}\, du, \quad \frac{\partial P}{\partial u}\, du + \frac{\partial P}{\partial t}\, dt;$$

ma tali spostamenti devono esser paralleli, e quindi, se ds, ds_1 sono gli elementi lineari di σ e σ_1 in P, si ha:

$$ds - ds_1 = \perp \operatorname{mod} \frac{\partial P}{\partial t}\, dt = \perp\, \omega \cdot \operatorname{mod}(P - C) \cdot dt,$$

e quindi: *Durante il moto, la linea* σ ***rotola e striscia*** *sul suo inviluppo σ_1 e la velocità istantanea di stri-sciamento è $\pm \omega . \mathrm{mod}(P - C)dt$.*

i) **Accelerazioni**. Derivando la (17), rispetto a t, si ha:

$$P'' = Q'' + \omega' i(P - Q) + \omega i(P' - Q') =$$
$$= Q'' + \omega' i(P - Q) + \omega i[\omega i(P - Q)] =$$
$$= Q'' + (i\omega' - \omega^2)(P - Q);$$

se allora poniamo:

$$(26') \qquad\qquad r\,e^{i\theta} = i\omega' - \omega^2,$$

si ha subito,

$$(26) \qquad\qquad P'' = Q'' + r\,e^{i\theta}(P - Q),$$

analoga alla (17).

Per $r \neq 0$, e posto:

$$(27) \qquad\qquad O = P - \frac{1}{r} e^{-i\theta} P'',$$

risulta subito dalla (26) che: *O è indipendente da P, cioè non varia col variare di P in $\boldsymbol{F}$.*

Dalla (27), si ha:

$$(28) \qquad\qquad P'' = r\,e^{i\theta}(P - O),$$

che è analoga alla (19). Il punto O chiamasi *centro delle accelerazioni*.

Se si deriva la (19), rispetto a t, e si confronta con la formula (28), si ha:

$$(29) \qquad\qquad O = C + \frac{\omega}{r} e^{i\theta} i\, C',$$

che stabilisce la relazione tra il *centro di istantanea
rotazione* (C) ed il *centro delle accelerazioni* (O).

5. Riduzione del moto continuo al moto di sviluppo di una rigata su di un' altra.

Si intendono conservate le notazioni del n. 1 e del n. 3.

La retta Ou, asse di Mozzi, descrive col variare
di t, una rigata Σ che chiamasi *luogo immobile degli
assi di istantanea rotazione* (*rigata di* Poncelet).

Fissato il tempo iniziale t_0, sia O_1 il punto, funzione
di t_0 e di t, invariabilmente collegato con F, tale che
nel tempo t, viene a coincidere con O; cioè, si abbia,
per P arbitrario, $P - O = \alpha(P_0 - O_1)$, e quindi:

$$(30) \quad O_1 = P_0 - \alpha^{-1}(P - O) = P_0 - \mathrm{K}\alpha(P - O).$$

Si noti subito che O_1 è indipendente da P, perchè
se $A = Q_0 - \alpha^{-1}(Q - O)$, allora, sottraendo, si ha:

$$O_1 - A = P_0 - Q_0 - \alpha^{-1}(P - Q),$$

da cui:

$$\alpha(O_1 - A) = \alpha(P_0 - Q_0) - (P - Q) = 0, \quad \text{cioè} \quad O_1 = A.$$

Inoltre, si consideri il vettore u tale che:

$$(31) \quad u_1 = \alpha^{-1}u = \mathrm{K}\alpha u \quad \text{cioè} \quad \alpha u_1 = u.$$

La retta O_1u_1 descrive, col variare di t, una rigata Σ_1,
che, durante il moto, si comporta, rispetto a Σ, in
modo che: nel tempo t il punto O_1 va in O, e la generatrice O_1u_1 va nella generatrice Ou. È per tale ragione

che la rigata Σ_1, dipendente da t_0, chiamasi: *luogo mobile degli assi di istantanea rotazione.*

Prima di vedere il più intimo comportamento di Σ_1 e Σ durante il moto, ci è utile dimostrare le formule seguenti per le derivate, rispetto a t, di O, O_1, u, u_1:

$$(32) \qquad O_1' = \alpha^{-1}(O' - mu), \quad u_1' = \alpha^{-1} u' ;$$

$$(33) \quad \alpha(O_1' \wedge u_1) = O' \wedge u, \quad \alpha(u_1' \wedge u_1) = u' \wedge u .$$

Infatti. Dalle (30), (31), applicando proprietà note, si ha, successivamente:

$$O_1' = - K\alpha'(P - O) - K\alpha(P' - O') =$$
$$= \omega . (K\alpha u) \wedge K\alpha(P - O) - K\alpha(P' - O') =$$
$$= K\alpha[\omega . u \wedge (P - O) + O' - P'] = \alpha^{-1}(O' - mu);$$
$$u_1' = K\alpha'u + K\alpha u' = - \omega . (K\alpha u) \wedge K\alpha u + K\alpha u' = \alpha^{-1} u';$$
$$O_1' \wedge u_1 = \alpha^{-1}(O' - mu) \wedge \alpha^{-1} u = \alpha^{-1}(O' \wedge u);$$
$$u_1' \wedge u_1 = \alpha^{-1} u' \wedge \alpha^{-1} u = \alpha^{-1}(u' \wedge u).$$

Si ha ora il teorema generale:

Durante il moto, la rigata Σ_1 *ha* **moto di sviluppo** *sulla rigata* Σ, *cioè:* O_1 *viene in* O; *la generatrice* $O_1 u_1$ *viene in* Ou; *in qualunque posizione di* Σ_1, *questa e* Σ *si toccano in tutti i punti delle generatrici coincidenti* $O_1 u_1$, Ou *e gli elementi di aree nei punti di contatto sono eguali.*

Infatti. Nei punti O_1, O di Σ_1, Σ, i piani tangenti sono normali ai vettori $O_1' \wedge u_1$, $O' \wedge u$ *), e gli elementi di area

---

*) C. Burali-Forti e R. Marcolongo. *Elementi di Calcolo Vettoriale* (Zanichelli, Bologna).

in tali punti hanno per rapporto i moduli dei due vettori, moduli che, per le (33), sono eguali. Inoltre, per a costante, il punto $O_1 + a u_1$ va in $O + a u$, e la prima delle (33) vale anche per tali punti, quindi anche in tali punti le Σ_1, Σ si toccano ed hanno elementi eguali di area.

Facciamo ancora le osservazioni seguenti.

a) Ricordando che $u \times u' = 0$ perchè u è unitario, si ha dalle (32):

$$O_1' \times u_1' = (O' - m u) \times u' = O' \times u',$$

e poichè $O' \times u' = 0$ esprime che O descrive la *linea di stringimento* di Σ, *) si ha che: *la linea di stringimento di Σ_1 viene a collocarsi, punto a punto, sulla linea di stringimento di Σ.*

b) Nello stesso modo, si ha:

$$O_1' \times u_1 \wedge u_1' = O' \times u \wedge u', \quad \alpha(O_1' \wedge u_1) = O' \wedge u,$$

e poichè $O' \times u \wedge u' = 0$, $O' \wedge u = 0$ esprimono, rispettivamente, che Σ è *sviluppabile*, ed O descrive lo *spigolo di regresso* di Σ, si ha: *le rigate Σ_1, Σ sono sviluppabili insieme, e lo spigolo di regresso di Σ_1 viene a collocarsi, punto a punto, sullo spigolo di regresso di Σ.*

c) Se Σ_1, Σ sono entrambe *coni*, o *cilindri*, esse hanno a comune il vertice. Nel moto piano [cfr. n. 4], le superficie Σ_1 e Σ sono cilindri con le generatrici normali al piano δ del moto, e tagliano questo piano secondo le linee Γ_1, Γ. Ecc.

---

*) Vedi Nota della pagina precedente.

d) Se il corpo F si muove mantenendo fisso un punto O (moto di F intorno ad O), allora le superficie Σ, Σ_1 sono coni di vertice comune O, e si ha sempre $m = 0$, vale a dire, il moto istantaneo è una rotazione istantanea intorno ad $O\Omega$.

Tagliando i coni Σ, Σ_1 con una superficie sferica di centro O, si ottengono due linee σ, σ_1, ed è ovvio che, durante il moto, la linea σ_1, ha moto di sviluppo sulla linea σ. Il moto di F si ottiene, dunque, col moto di sviluppo di σ_1 su σ sulla sfera, come si è ottenuto nel piano [cfr. n. 4, *f*)], vale a dire, si riduce il moto di F intorno ad O al moto di una figura sferica, del tutto analogo al moto piano.

Cap. IV. **Moti relativi.**

Noi non faremo uso dei *moti relativi* e, quindi, potremmo ometterli. Ma essi sono comunemente usati in Meccanica, ed è perciò necessario che il lettore ne prenda conoscenza.

1. Generalità.

Per brevità consideriamo la figura F_0 ridotta ad un solo punto P_0; ma, quanto diciamo, si estende immediatamente al corpo rigido F_0.

Ad un punto P_0 dello *spazio rigido* s_0 si dia un determinato moto nello spazio stesso s_0 e, *contemporaneamente*, un moto allo spazio rigido s_0 in uno spazio S che lo contiene. La traiettoria di P_0 in S, è la risultante di due moti: quello di P_0 in s_0, che (sottintendendo lo spazio S, ritenuto fondamentale) può chiamarsi *moto relativo*; quello di s_0 in S, che può chiamarsi *moto di trascinamento*.

Ciò che interessa è il *moto assoluto*. Ma, *quando si fa uso di elementi di riferimento* (coordinate), il *moto relativo* si presenta talvolta assai semplice, e può convenire di far uso di questo, e del moto di trascinamento, per ottenere quello assoluto. Noi non facciamo uso di elementi di riferimento e, quindi, possiamo fare a meno dei moti relativi.

a) Si realizza il moto composto ora considerato, assegnando un punto P funzione di t e dello spazio rigido s:

$$(1) \qquad P = f(t, s);$$

e dando, inoltre, s in funzione del tempo τ (identico a t, ovvero funzione di t) e dello spazio S:

$$(2) \qquad s = \varphi(\tau, S);$$

supposto che per un dato valore (iniziale) t_0 di t, P abbia la posizione P_0, e s la posizione s_0.

Sostituendo la **(2)** nella **(1)**, si ha:

$$(3) \qquad P = f[t, \varphi(\tau, S)].$$

Dato τ in funzione di t, allora: la (3) dà la *traiettoria assoluta* di P_0 in S; la (1) dà la *traiettoria relativa* di P_0 per qualsiasi posizione di s; la (2) individua il *moto di trascinamento*. In altri termini: supposto t, τ indipendenti, la (3) individua una superficie Σ sulla *quale sono tracciate* le linee $t = $ cost., $\tau = $ cost.; per $\tau = t$, o, in generale, per τ funzione di t, la (3) dà una linea che è appunto la *traiettoria assoluta*

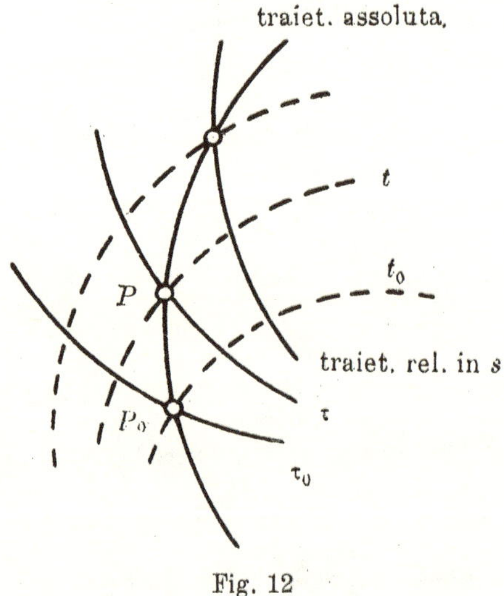

Fig. 12

di P_0 in S; le linee $\tau = $ cost. sono le *traiettorie relative* di P_0 per le varie posizioni di s.

b) In ciò che segue, supponiamo sempre $\tau = t$, e ciò senza toglier nulla alla generalità; ma nelle (2), (3) conserviamo t, τ di forma distinta, affinchè non vi sia dubbio relativamente alle *derivate parziali* rispetto a t o a τ nel moto *relativo* e di *trascinamento*.

Essendo M ente qualsiasi (derivabile, ecc.), funzione di t ed s, e per s, valendo la (2), vale a dire, supposto $M = F[t, \varphi(\tau, S)]$, poniamo, per abbreviare la scrittura, e seguendo l'uso comune:

$$(4) \quad \begin{cases} M' = \dfrac{dM}{dt}, \quad M'' = \dfrac{dM'}{dt} = \dfrac{d^2M}{dt^2}, \\[2mm] M_r' = \dfrac{\partial M}{\partial t}, \quad M_s' = \dfrac{\partial M}{\partial \tau}; \\[2mm] M_r'' = \dfrac{\partial M_r'}{\partial t}, \quad M_s'' = \dfrac{\partial M_s'}{\partial \tau}, \\[2mm] M_{rs}'' = \dfrac{\partial M_r'}{\partial \tau}, \quad M_{sr}'' = \dfrac{\partial M_s'}{\partial t}; \end{cases}$$

M', M'' sono le *derivate totali*, prima e seconda, di M rispetto a t; M_r', M_s' le *derivate parziali* prime di M rispetto a t e τ che possono chiamarsi *derivata relativa* e di *trascinamento*; analogamente per M'', osservando che M_{rs}'', M_{sr}'' possono esser distinte.

Dalle (4), dalla ipotesi $\tau = t$, ed osservando che deve essere $d\tau/dt = 1$, si ha:

$$(5) \quad \begin{cases} M' = M_r' + M_s', \\[1mm] M'' = M_r'' + M_s'' + M_{rs}'' + M_{sr}''. \end{cases}$$

2. Velocità.

Se nella prima delle (5) si pone P al posto di M, si ha subito:

$$(6) \qquad P' = P_r' + P_s',$$

cioè: *La velocità assoluta di P, è la somma della velocità relativa e di trascinamento.*

Per lo spazio rigido s in moto (tempo τ), sia $\boldsymbol{\Omega}$ il vettore di istantanea rotazione nel tempo generico τ. Allora, essendo $\boldsymbol{u}$ un vettore del campo s e di modulo costante, si ha:

$$(7) \qquad u_s' = \boldsymbol{\Omega} \wedge \boldsymbol{u}.$$

Se A è punto invariabilmente collegato con s, e quindi funzione di τ ma non di t, il vettore $P - A$ ha modulo costante, e per la (7), si ha:

$$(8) \qquad P_s' = A_s' + \boldsymbol{\Omega} \wedge (P - A),$$

che dà la velocità di trascinamento, necessaria per applicare la formula (6).

3. Accelerazione; accelerazione complementare; teorema di Coriolis.

Dalla (7) si ha, derivando rispetto a τ:

$$(9) \qquad u_s'' = [\mathrm{H}(\boldsymbol{\Omega}, \boldsymbol{\Omega}) - \Omega^2 + \Omega_s' \wedge\,] u,$$

e quindi, per il solito vettore $P - A$:

$$(10) \quad P_s'' = A_s'' + [\mathrm{H}(\boldsymbol{\Omega}, \boldsymbol{\Omega}) - \Omega^2 + \Omega_s' \wedge](P - A),$$

che dà l'accelerazione di trascinamento di P.

Se deriviamo P_r' rispetto a τ, si ha dalla (7), la formula $P_{rs}'' = \boldsymbol{\Omega} \wedge P_r'$; derivando la (8) rispetto a t, e ricordando che A ed $\boldsymbol{\Omega}$ non sono funzioni di t, si ha $P_{sr}'' = \boldsymbol{\Omega} \wedge P_r'$.

Dunque:

$$(11) \qquad P_{rs}'' = P_{sr}'' = \Omega \wedge P_r',$$

e il vettore $\Omega \wedge P_r'$ chiamasi *semi-accelerazione complementare*.

Ponendo allora, nella seconda delle (5), P al posto di M, e tenendo conto della (11), si ha:

$$(12) \qquad P'' = P_r'' + P_s'' + 2\Omega \wedge P_r',$$

che è il *teorema di* Coriolis: *L'accelerazione totale è la somma dell'accelerazione relativa, con quella di trascinamento e con l'accelerazione complementare.*

Si noti che per l'applicazione pratica delle (6), (12) occorrono le (8), (10), (11); tanto vale, dunque, far uso direttamente del *moto assoluto.*

4. Altra forma di moto relativo.

In uno spazio S, fisso ed illimitato, tutti i punti sono animati da un moto v, rigido o pur no, cioè ogni punto di S è, in ogni tempo t, posizione di punti in moto dello spazio stesso.

Consideriamo un *osservatore* del moto v, non fisso in S, ma animato da un moto di corpo rigido:

$$\mu = \begin{pmatrix} O \\ O_0 \end{pmatrix},\, \alpha \end{pmatrix},$$

ove O_0 è punto fisso, O e α punto e rotore funzioni di t. Il moto μ può essere, o pur no, indipendente da v.

L'osservatore, in tali condizioni, vede *in moto* qualsiasi punto *fisso* P_0 di S (moto *relativo* all'osservatore), e nel tempo t lo vede nella posizione μP_0. Si può poi combinare μ con ν *).

Se $\boldsymbol{\Omega}$ è il solito vettore tale che:

$$d\alpha = \boldsymbol{\Omega} \wedge \alpha\, dt \quad \text{e quindi} \quad d\mathrm{K}\alpha = -\,(\mathrm{K}\alpha\boldsymbol{\Omega}) \wedge \mathrm{K}\alpha\, dt,$$

allora, essendo u, P, O, vettore e punti, di S, funzioni di t, si hanno le formule fondamentali:

$$(13) \qquad \frac{du}{dt} = \alpha\, \frac{d(\mathrm{K}\alpha u)}{dt} + \boldsymbol{\Omega} \wedge u,$$

$$(14) \quad \frac{dP}{dt} = \frac{dO}{dt} + \alpha\, \frac{d[\mathrm{K}\alpha\,(P-O)]}{dt} + \boldsymbol{\Omega} \wedge (P-O),$$

che dànno le velocità assolute di u e P, senza che occorra considerare il moto relativo.

Infatti. Da $u = \alpha(\mathrm{K}\alpha u)$ si ha, derivando:

$$\frac{du}{dt} = \boldsymbol{\Omega} \wedge \alpha(\mathrm{K}\alpha u) + \alpha\, \frac{d(\mathrm{K}\alpha u)}{dt} = \boldsymbol{\Omega} \wedge u + \alpha\, \frac{d(\mathrm{K}\alpha u)}{dt},$$

che dimostra la (13). Se nella (13) si pone $P - O$ al posto di u, si ottiene la (14).

Osservazione. Il primo termine del secondo membro della formula (13), è il vettore che, di solito, si chiama « deri-

---

*) Ad es., « il moto ν dicesi *stazionario* rispetto al moto μ dell'osservatore », quando $v_1 = \alpha v$, essendo v, v_1 le velocità, nel moto ν, di due punti che, nel tempo t, passano per P_0 e μP_0. Ciò significa anche, essendo a vettore costante arbitrario, $v_1 \times a = \alpha v \times a$, cioè $v \times \mathrm{K}\alpha a = v_1 \times a$.

vata di u rispetto agli assi mobili» e si indica con la notazione $d'u/dt$, cioè si pone:

$$(a) \qquad \frac{d'u}{dt} = \alpha \, \frac{d(\mathrm{K}\alpha u)}{dt} \, ;$$

e siccome il secondo membro della (a) *non* è una derivata, tanto basta per non accettare denominazione e notazione usuale.

L'origine cartesiana della notazione (a) è questa. Sia i, j, k la terna *fissa* di riferimento; $\alpha i, \alpha j, \alpha k$ è terna *mobile*, ma *fissa rispetto all'osservatore*. Posto:

$$u = x\,\alpha i + y\,\alpha j + z\,\alpha k, \quad \text{cioè} \quad \mathrm{K}\alpha u = x i + y j + z k,$$

si ha derivando :

$$\frac{du}{dt} = \alpha \left(\frac{dx}{dt}\, i + \frac{dy}{dt}\, j + \frac{dz}{dt}\, k \right) + \Omega \wedge u,$$

e quindi :

$$\alpha \, \frac{d(\mathrm{K}\alpha u)}{dt} = \alpha \left(\frac{dx}{dt}\, i + \frac{dy}{dt}\, j + \frac{dz}{dt}\, k \right),$$

vettore che, a meno di α, si ottiene derivando soltanto x, y, z.

Cap. V. Applicazioni.

1. Cicloidi.

Nel moto piano, il luogo immobile Γ dei centri C d'istantanea rotazione sia una *retta* e il luogo mobile Γ_1 dei centri d'istantanea rotazione, per un valore t_0 di t, sia una *circonferenza* [cfr. Cap. III, n. 4, b), c)]. Durante il moto di sviluppo di Γ_1 su Γ, il punto P_0, invariabilmente collegato con Γ_1, descrive una linea che chiamasi *cicloide* e che, una volta dati Γ, Γ_1, P_0, si costruisce facilmente per punti, e della quale se ne sà pure costruire, in ogni punto, la normale (PC, e quindi anche la tangente) ed il centro di curvatura (K è all'infi-

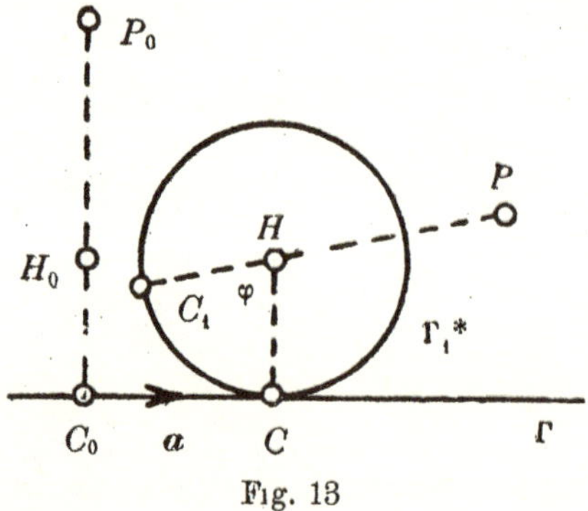

Fig. 13

nito in direzione normale a Γ, K_1 è il centro di Γ_1 nella posizione generica)[cfr. Cap. III, n. 4, b), g)].

La retta Γ sia parallela al vettore unitario a. Nella posizione iniziale di Γ_1 siano:

$$(1) \qquad H_0 = C_0 + ria, \quad P_0 = H_0 + hia,$$

il centro (H_0), r il raggio di Γ_1 e P_0 il punto che nel moto di sviluppo descrive la cicloide.

Dalla figura 13, e per proprietà già note del moto di sviluppo, si ha subito, come espressione del punto generico P della cicloide:

$$(2) \qquad P = C_0 + r\varphi . a + r . ia + h . e^{-i\varphi} ia.$$

La cicloide dicesi *propria* quando $h = 0$, ovvero $h = 2r$, cioè P_0 stà sulla circonferenza Γ_1. Il lettore può dimostrare che l'evoluta (luogo dei centri di curvatura) è una cicloide eguale alla cicloide propria data. Ecc.

2. Epicicloidi.

Le linee Γ, Γ_1 siano entrambe circonferenze. Il punto P_0, invariabilmente collegato con Γ_1 descrive una linea che chiamasi *epicicloide*.

Il centro di Γ sia O; il centro di Γ_1, nella posi-

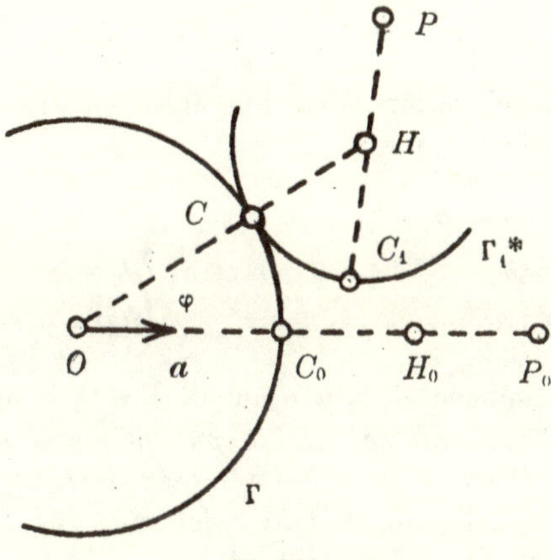

Fig. 14

zione iniziale, sia H_0. Il punto P_0 si può fissare, senza toglier nulla alla generalità, sulla retta OH_0. Poniamo:

$$(3) \quad C_0 = O + Ra, \quad H_0 = C_0 + ra, \quad P_0 = H_0 + ha;$$

quindi R, r siano i raggi delle circonferenze Γ, Γ_1.

Dalla figura, detto φ l'angolo di $C - O$ con a, e ricordando che gli archi $C_0 C$, $C_1 C$ hanno egual lunghezza, si ha subito:

$$(4) \qquad P = O + (R + r)\,e^{i\varphi}a + h\,e^{i\frac{R+r}{r}\varphi}a,$$

che dà la espressione generale del punto P che descrive la epicicloide.

Se il punto P_0 stà su Γ_1, allora la epicicloide è *cuspidata*, o *propria*, e le sue cuspidi sono in punti di Γ.

Il punto:

$$(5) \qquad P = O + a\,e^{im\varphi}a + b\,e^{in\varphi}a,$$

descrive, col variare di φ, una epicicloide per la quale si hanno le formule:

$$(6) \qquad \begin{cases} R + r = a \\ h = b \\ (R+r)/r = n/m \end{cases} , \quad \text{ovvero} \quad \begin{cases} R + r = b \\ h = a \\ (R+r)/r = m/n \end{cases}$$

che determinano R, r, h e quindi Γ e Γ_1 in due modi. Vale a dire: *ogni epicicloide può ottenersi mediante due moti di sviluppo di circonferenza su circonferenza.*

Risulta dalle (6) che: *la epicicloide (5) è propria solamente quando* $ma = \pm\,nb$.

In particolare si noti che:

$P = O + a\,e^{i\varphi}a + b\,e^{-i\varphi}a$ descrive una *ellisse*,

$P = O + a\,e^{2i\varphi}a + b\,e^{i\varphi}a$ "   " *lumaca di* Pascal.

$P = O + 3a\,e^{i\varphi}a + a\,e^{-3i\varphi}a$ "   " *asteroide*; ecc.

La costruzione del centro di curvatura in P della (4), si fà col metodo generale [cfr. Cap. III, n. 4, g)] osservando che K e K_1 coincidono con O e H.

3. Evolventi.

La linea Γ sia qualunque e Γ_1 una *retta*. Se s è l'arco $C_0 C$, si ha;

$$(7) \qquad C_1 = C - st.$$

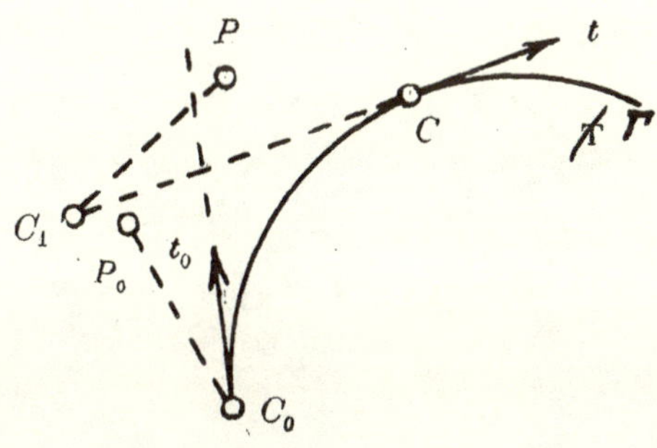

Fig. 15

Allora, se:

$$(8) \qquad P_0 = C_0 + e^{i\theta} t_0 ;$$

si ha subito:

$$(9) \qquad P = C_1 + h e^{i\theta} t = C - st + h e^{i\theta} t .$$

Il punto C_1 descrive una *evolvente* propria della linea Γ, e il punto P una linea che si ricava dalla evolvente propria. Ecc.

4. Podarie, antipodarie, concoidi.

a) Un angolo di ampiezza θ costante, si muove nel suo piano in modo che un lato è sempre tangente ad una linea descritta da un punto Q, e l'altro lato passa per un punto proprio, fisso, O. Il vertice P del-

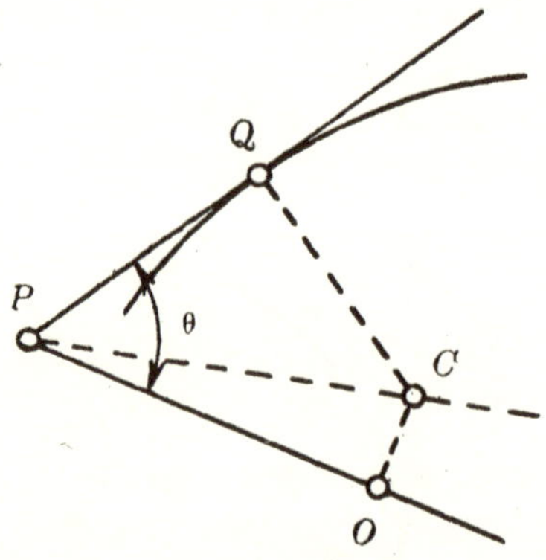

Fig. 16

l'angolo, descrive una linea che chiamasi *podaria* θ *della linea Q rispetto al punto O*.

Nel moto ora considerato, il centro C di istantanea rotazione stà sulla normale alla linea in Q e sulla normale condotta da O alla retta OP [cfr. Cap. III, n. 4, *h*)]. Costruito C, la normale in P alla podaria è la retta PC.

Per $θ = \pi/2$, cioè l'angolo retto, si ha la *podaria propria*, o semplicemente *podaria*, ed allora la normale in P, è la congiungente P col punto medio tra O e Q.

b) Stando le notazioni *a*), la linea *Q* si chiama *antipodaria* θ *della linea P rispetto al punto O.*

Data la linea *P*, costruita la normale *PC* in *P*, e, mediante θ, costruita la *retta PQ*, si ha *C* sulla normale in *P* e sulla normale alla retta *PO* condotta da *O*, indi si ottiene *Q* come piede della perpendicolare condotta da *C* alla retta *PQ*.

Si ha, tanto nel caso *a*), quanto nel caso *b*), la linea Γ, luogo del punto *C*; si può quindi costruire la linea Γ₁, ecc. [cfr. Cap. III, n. 4, *c*)].

c) Il lettore può generalizzare i casi *a*), *b*), sostituendo al punto *O* una linea alla quale il lato dell'angolo risulti sempre tangente.

d) Sia *O* un punto fisso e sia data una linea descritta dal punto *Q*. Essendo *h* costante, si ponga :

$$P = Q + h \frac{Q - O}{\mathrm{mod}\,(Q - O)} \cdot$$

Il punto *P* descrive una linea, che chiamasi *concoide della linea Q, rispetto ad O ed h.*

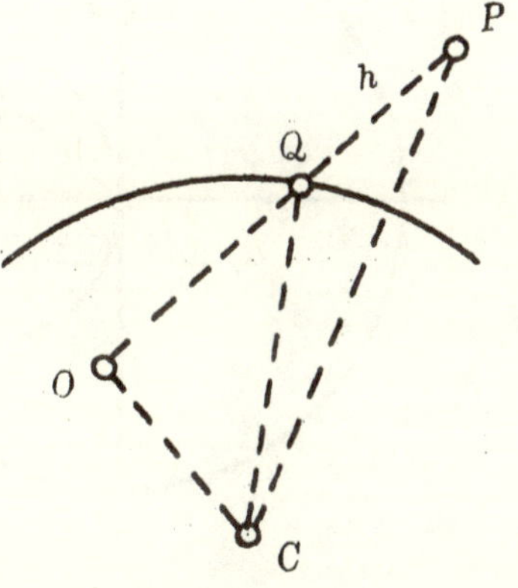

Fig. 17

Si ha un moto individuato dal segmento *PQ* di lunghezza costante, i cui estremi si muovono su due linee fisse. Il centro C d'istantanea rotazione stà sulla normale in Q alla linea e sulla perpendicolare condotta da O alla retta OQ [cfr. Cap. III, n. 4, b), h)], e quindi PC è la normale alla linea P. Si ottengono le solite linee Γ, Γ_1, ecc.

5. Tornio ellittico di Leonardo da Vinci.

Un segmento di lunghezza costante a, si muove in un piano in modo che i suoi estremi A, B percorrono due rette ortogonali aventi a comune un punto O.

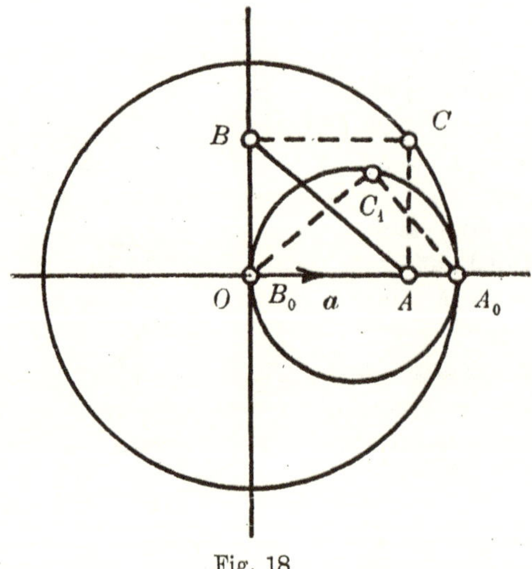

Fig. 18

Le normali alle traiettorie OA, OB dei punti A, B, si incontrano nel punto C, la cui distanza da O è costante e vale a. Dunque: *la linea Γ, è la circonferenza di centro O e raggio a.*

Il triangolo $A_0 C_1 B_0$, direttamente congruente ad ABC [cfr. Cap. III, n. 4, c)], è rettangolo in C_1 ed ha come ipotenusa fissa $A_0 B_0$; quindi: *la linea Γ_1, è la circonferenza che ha $A_0 B_0$ per diametro.*

Un punto P_0 (sulla retta $A_0 B_0$, il che toglie nulla alla generalità) invariabilmente collegato con Γ_1, descrive, quando Γ_1 ha moto di sviluppo su Γ, una epicicloide, per la quale si ha [cfr. notazioni del n. 2], come si vede facilmente, $R = a$, $r = -a/2$, e quindi:

$$(10) \qquad P = O + \frac{a}{2} e^{i\varphi} a + h e^{-i\varphi} a.$$

Per $h = \pm a/2$, il punto P_0 stà su Γ_1 e la (10) dà:

$$P = O + a \cos\varphi . a, \quad \text{ovvero} \quad P = O + a \operatorname{sen}\varphi . a,$$

e quindi P *descrive il diametro* OP_0 di Γ. Un punto P_0, qualunque di Γ_1, descrive pure il diametro OP_0 di Γ_1 (caso dei carrelli di alcuni tipi di macchine tipografiche).

Per $h \neq \pm a/2$, ed osservando che alla (10), si può dare la forma

$$P = O + (a/2 + h) \cos\varphi . a + (a/2 - h) \operatorname{sen}\varphi . ia,$$

si vede subito che: *il punto P descrive una ellisse*, i cui assi sono le rette ortogonali OA, OB, ed hanno le lunghezze, rispettivamente, $a + 2h$, $a - 2h$ (tornio ellittico di Leonardo da Vinci), il che dà una ben nota costruzione della ellisse mediante una striscia di carta.

Osservando che due punti qualunque P_0, Q_0 di Γ_1, descrivono le rette OP_0, OQ_0, risulta che le proprietà ora ottenute, valgono anche nella ipotesi, apparentemente più generale, che A e B descrivano due rette qualunque.

6. Ingranaggi.

Siano A, B i centri distinti delle due ruote, alla distanza c; cioè, essendo a il vettore unitario da A a B, si abbia:

$$(11) \qquad B = A + ca.$$

Le velocità angolari (costanti) delle ruote A, B siano α, β, con α, β numeri reali di egual segno o di segno contrario (non nulli). Nel tempo da 0 a t, le rotazioni, in radianti, delle ruote A, B sono:

$$(12) \qquad \varphi = \alpha t, \quad \psi = \beta t,$$

nel senso che resta determinato dai segni di α e β. Se $\alpha/\beta > 0$, le due ruote girano nello *stesso senso*; se $\alpha/\beta < 0$, girano in *senso contrario*.

Supposto, come interessa in pratica, $\alpha \neq \beta$, poniamo:

$$(13) \qquad \begin{cases} C = A + \dfrac{\beta c}{\beta - \alpha} a = B + \dfrac{\alpha c}{\beta - \alpha} a, \\[2mm] R = \beta c / (\beta - \alpha), \quad r = \alpha c / (\beta - \alpha); \end{cases}$$

il punto C stà sulla retta AB, ed è baricentro dei punti A, B con le masse α, $-\beta$; è *interno*, od *esterno*, al segmento AB, secondochè α/β è *negativo* o *positivo*.

Durante il moto delle due ruote, le circonferenze di

centri A, B e raggi R, r, si toccano sempre in C, e gli archi che vengono a contatto sono eguali. Queste due circonferenze, sono dette *profili primitivi*, o di *sviluppo*, o di *frizione* e realizzano le così dette *ruote di frizione*.

a) **Profili coniugati.** Siano P, Q punti (sempre del piano fisso delle due ruote) funzioni di una stessa variabile numerica u. Le linee descritte, da P e Q, col variare di u, diconsi *profili coniugati delle due ruote A, B con le velocità angolari* α, β, e, per uno stesso valore di u, i punti P, Q diconsi *corrispondenti nei due profili*, quando:

Si può stabilire una corrispondenza fra t ed u, tale che:

    1° *La posizione acquistata da P dopo la rotazione di φ radianti intorno ad A, coincide con la posizione acquistata da Q dopo la rotazione di ψ radianti intorno a B;*

    2° *Le tangenti ai due profili nel loro punto comune (in ogni tempo t) coincidono.*

Risulta che:

Le condizioni necessarie e sufficienti affinchè P, Q siano punti corrispondenti di due profili coniugati, sono le seguenti:

$$(14) \qquad A + e^{i\varphi}(P-A) = B + e^{i\psi}(Q-B),$$

$$(15) \qquad (e^{i\varphi}\,dP) \times (ie^{i\psi}\,dQ) = 0.$$

Infatti. Le posizioni acquistate da P e Q nel tempo t, sono $A + e^{i\varphi}(P-A)$, $B + e^{i\psi}(Q-B)$; le tangenti in P

e Q sono parallele ai vettori dP, dQ, che dopo le rotazioni φ, ψ assumono le direzioni $e^{i\varphi}\,dP$, $e^{i\psi}\,dQ$. Il che dimostra, appunto, le formule (14), (15):

Se poniamo:

$$(16) \qquad M = A + e^{i\varphi}(P-A) = B + e^{i\psi}(Q-B),$$

risulta che: *il punto M descrive la linea, luogo dei punti di contatto dei due profili coniugati, e la normale comune ai due profili nel punto M è la retta MC.*

Infatti. La prima parte del teorema risulta ovviamente dalla (14). Differenziando la (14), si ha:

$$e^{i\varphi}\,dP + e^{i\varphi}i\,(P - A)\,d\varphi = e^{i\psi}\,dQ + e^{i\psi}i\,(Q - B)\,d\psi,$$

la quale, per le (15), (12), prova che la normale comune ai due profili nel punto M, parallela al vettore $i(e^{i\varphi}\,dP - e^{i\psi}\,dQ)$, è pure parallela al vettore:

$$\alpha\,e^{i\varphi}(P - A) - \beta\,e^{i\psi}(Q - B) = \alpha(M - A) - \beta(M - B) =$$
$$= (\alpha - \beta)M - (\alpha A - \beta B) = (\alpha - \beta)(M - C),$$

il che dimostra la seconda parte del teorema.

I profili coniugati, o parte di essi, sono i contorni dei *denti*, o *ingranaggi*, delle due ruote, quelli che, con la rotazione, ad es., della ruota A, determinano la rotazione della ruota B.

Per la costruzione dei denti delle due ruote, è importante la proprietà seguente:

Se P, Q descrivono profili coniugati, allora le linee parallele a tali profili, ad una stessa distanza d, sono pure profili coniugati.

Infatti. Quando P, Q sono in M, i profili coniugati hanno per normale comune MC, ed in questa retta vengono pure a coincidere due punti delle curve parallele che, evidentemente, si toccano.

b) **Ingranaggi a punti.** Un dente della ruota B si riduca ad un punto:

$$(17) \qquad Q = B + k e^{i\theta} a.$$

Il profilo coniugato P della ruota A si ricava in modo ovvio dalla (14), dalla quale si ha:

$$(18') \qquad P = A + c e^{-i\varphi} a + e^{i(\psi - \varphi)}(Q - B),$$

ovvero, tenendo conto della posizione (17):

$$(18) \qquad P = A + c e^{-i\varphi} a + k e^{i(\psi - \varphi + \theta)} a,$$

dalla quale risulta [cfr. n. 2], che: *Il profilo P è una epicicloide della quale, la circonferenza fissa ha centro A e raggio R, il cerchio mobile ha raggio $-r$, ed il punto generatore dista di k dal centro della circonferenza mobile.*

Praticamente il profilo Q è una circonferenza di raggio d (denti a *fuso*), ed allora alla epicicloide P, si sostituisce una linea ad essa parallela [cfr. *a*)], alla distanza d, che non è una epicicloide.

I profili coniugati ai punti Q della ruota B, possono essere utilizzati per costruire il profilo di A, coniugato ad un *dato* profilo Q di B, mediante il teorema seguente.

*Dato un profilo Q di B, si ottiene il profilo coniu-
gato P di A come inviluppo dei profili di A che sono
coniugati ai punti Q, considerati come profili di B.*

Il lettore può dimostrare per esercizio. Il metodo
ora indicato per la costruzione del profilo P è poco
conveniente.

c) **Costruzione diretta mediante i profili di frizione.** Si
ha il teorema:

Se ad una linea γ, *tangente in C alle circonferenze di frizione, si dà moto di sviluppo su ciascuna
di tali circonferenze, allora un punto O, invariabilmente collegato con* γ, *descrive, nei due moti di sviluppo, due profili coniugati.*

Infatti. Se $P_1 = A + Re^{-i\varphi}a$, $Q_1 = B + re^{-i\psi}a$, allora
P_1, Q_1 sono punti delle circonferenze di frizione, che nel
tempo t vengono a coincidere con C, e quindi gli archi CP_1,
CQ_1, sono eguali. Se H è il punto di γ tale che l'arco CH
è eguale a CP_1, e P, Q sono le posizioni assunte da O nei
due rotolamenti, è evidente che nel tempo t, il punto P_1 viene
a coincidere con Q_1, e vengono pure a coincidere le normali
in P, Q, che nel tempo iniziale sono PP_1, QQ_1; vale a dire
sono verificate, per P, Q, le (14), (15), cioè i punti P, Q
descrivono profili coniugati.

Si ottengono le *ruote di assortimento*, con denti
epicicloidali, prendendo come linea γ una circonferenza
col centro sulla retta AB e passante per C.

d) **Cremaliere.** Se alla *rotazione* φ intorno ad A,
corrisponde la *traslazione* ψ parallela al vettore *ia*,
allora le condizioni (14), (15), per i profili coniugati P, Q,

divengono:

$$(14') \qquad A + e^{i\varphi}(P - A) = Q + \psi ia,$$

$$(15') \qquad (e^{i\varphi} dP) \times id Q = 0,$$

e si ottengono le *cremaliere*. Il lettore può sviluppare, imitando le cose precedenti, le principali proprietà.

e) **Ingranaggi non piani.** Mediante il moto di rotolamento, trattato nel Cap. III, n. 5, si possono ottenere gli ingranaggi non piani. Non intendiamo sviluppare questa parte che forma oggetto della Cinematica pratica costruttiva. A noi bastano i cenni dati, anche per far vedere come gli ingranaggi, in genere, si ottengono senza bisogno di far uso di *moti relativi* [cfr. Cap. IV].

PARTE SECONDA

STATICA E DINAMICA

Cap. VI. **Modello meccanico.**

Le idee primitive (cioè non direttamente definibili mediante altre più semplici) che compariscono nella Meccanica, sono molte. Alle principali, *tempo, sistema materiale, massa, forza, composizione di forze, equilibrio, attrazione,* se ne uniscono altre, non facilmente analizzabili, e che, come le prime, sono strettamente collegate con fatti sperimentali del mondo fisico. Le leggi alle quali obbediscono queste idee primitive sono espresse dai *postulati statici* e *dinamici,* tra i quali hanno speciale importanza i *principii* : dei *lavori virtuali* di Lagrange, delle *reazioni vincolari,* di D'Alembert, di Newton, ecc. Idee primitive, postulati e principii, insieme a fondamentali nozioni di Geometria, formano il **modello** *per la Meccanica* che ora intendiamo esporre.

Nel *modello* non attribuiamo, a priori, significato fisico ai termini *tempo, sistema materiale, massa, forza,...* e molto meno intendiamo stabilire, ad esempio, la natura delle forze ed il loro modo di agire sui sistemi materiali. Dovremo, soltanto, *applicare* il modello ai casi fisici; vale a dire dovremo *verificare sperimentalmente* che gli *enti fisici* cui si attribuiscono i nomi, *tempo, sistema materiale, massa, forza,...* hanno (o pure no, ed allora il modello non è fisico) le medesime proprietà degli enti astratti omonimi (primitivi o derivati) del *modello* stabilito. Che poi, per l'applicazione del modello, vi sia controversia riguardo al *significato fisico* di *sistema materiale* (per sistema planetario, corpo formato da atomi o ioni, campo elettrico o magnetico...), *massa* (per solido, massa elettrica...), *forza* (per semplice trazione con un filo, azione a distanza...), e riguardo alla *definizione fisica* di questi enti, è questione che esce dal campo matematico e non ha relazione sperimentale diretta col *modello*.

1. Sistema materiale; figura; massa.

Siano date delle coppie $(m_i; P_i)$, essendo m_i dei *numeri reali* e P_i dei *punti*. Una particolare *funzione* S delle coppie $(m_i; P_i)$, la cui natura verrà stabilita sperimentalmente a seconda della interpretazione fisica del *modello meccanico* del quale fissiamo ora gli elementi, si chiama *sistema materiale*.

La *figura geometrica* (classe di punti), formata dai punti P_i delle coppie $(m_i; P_i)$, delle quali il sistema materiale S è funzione, chiamasi *figura posizione*, o semplicemente *figura* di S. Il numero reale:

$$(1) \qquad\qquad m = \Sigma m_i,$$

chiamasi *massa* di S, e ciascuno dei numeri m_i chiamasi *massa* del punto P_i del sistema.

La *figura* del sistema materiale S può essere formata da *punti isolati*, ovvero essere una *linea*, o una *superficie*, o un *solido* [sistema *continuo* *)]. Nel primo caso la Σ della (1) indica una somma; negli altri casi è un *integrale* o *semplice*, o *doppio*, o *triplo*, esteso alla *linea*, o alla *superficie*, o al *solido*.

La interpretazione fisico-matematica che si dà al sistema materiale S, qualunque essa sia, deve sempre esser tale che: il sistema materiale S è *identico* al sistema materiale S^0, solamente quando, tra le coppie $(m_i; P_i)$ che individuano S e le coppie $(m_i^0; P_i^0)$ che individuano S^0, si può stabilire una corrispondenza univoca e reciproca tale che $m_i = m_i^0$ e $P_i = P_i^0$.

In generale, per esprimere che il sistema materiale S è formato dalle coppie $(m_i; P_i)$, scriveremo, in forma simbolica, $S \equiv (m_i, P_i)$.

Un sistema materiale (m, P), funzione di una sola coppia, è il sistema materiale più semplice possibile e si può chiamare *punto-massa*; il *numero m* ne è la *massa* ed il *punto P* ne è la figura.

---

*) C. Burali-Forti. *Logica Matematica* (Manuali Hoepli, 2ª ediz., 1919), pag. 477-483; ovvero, *Definizione geometrica di linea, superficie, solido* (Rend. R. Acc. Lincei, 1919).

2. Sistema materiale in moto o in quiete.

Il sistema materiale S si dirà *in moto*, quando gli elementi m_i, P_i delle coppie $(m_i; P_i)$ delle quali è funzione [cfr. n. 1], o almeno i punti P_i, sono *funzioni* del *tempo* t.

Se col variare del tempo gli elementi m_i, P_i non variano (sono delle *costanti*), allora si dirà che il sistema S è *in quiete*.

Se il sistema S è in moto, allora, per un valore t_0 di t, tempo *iniziale*, il sistema S diviene S_0, ed S rappresenta *un moto* del sistema *in quiete*, o fisso, S_0. Viceversa: dato un sistema *in quiete* S_0, i cui elementi sono $(m_{0i}; P_{0i})$, cioè $S_0 \equiv (m_{0i}, P_{0i})$, si dà ad esso *un moto*, stabilendo gli elementi m_i, P_i funzioni di t in modo che, per un valore t_0 di t essi divengano m_{0i}, P_{0i}.

3. Spostamenti virtuali (infinitesimi).

Se il sistema $S \equiv (m_i, P_i)$ è in moto, nel tempo dt ciascun suo punto P_i riceve lo spostamento $dP_i = P_i' dt$, spostamento che è *effettivo* rispetto al moto considerato, e che dipende dalla velocità P_i' [cfr. Cap. I, n. 1, b)] del punto P_i di S.

Ma, per i punti P_i di S, si possono considerare spostamenti infinitesimi δP_i (essendo δP_i vettore infinitesimo e $P_i + \delta P_i$ la posizione acquistata da P_i dopo lo spostamento), indipendenti dagli spostamenti effettivi prima considerati (questi ultimi essendo dovuti al moto di S, se S è in moto); questi δP_i diconsi *spostamenti virtuali* o *facoltativi*.

Se è possibile dare a P_i, oltre lo spostamento virtuale δP_i anche lo spostamento $-\delta P_i$, allora δP_i si chiama *spostamento virtuale invertibile*, e nel caso contrario *non invertibile*.

Un punto *libero* può assumere qualunque spostamento invertibile.

Un punto posto sulla superficie limite di un *solido impenetrabile*, assume spostamenti invertibili sul piano tangente (ancora sulla superficie perchè infinitesimi) ; ma uno spostamento che lo allontani dalla superficie (spazio esterno a questa), non è invertibile.

Un filo, flessibile ed inestendibile, sia fissato in un suo estremo O e sia *teso* fra O e l'altro estremo P. Gli spostamenti di P, sulla sfera di centro O e raggio OP, sono invertibili; quelli che tendono ad avvicinare P ad O non sono invertibili a causa della inestendibilità del filo.

Se un corpo solido (rigido) è libero, ovvero mantiene *fisso* un solo punto, o tutti i punti di una retta (*asse*), allora un qualsiasi *possibile* spostamento di un suo punto qualunque, è sempre invertibile.

Se un corpo è, ad es., a contatto in un solo punto con una parete fissa, le rotazioni del corpo intorno alla normale comune nel punto di contatto, e le traslazioni parallele ad un piano normale ad essa, dànno luogo a spostamenti invertibili; mentre, ogni movimento che allontani il corpo dalla parete dà luogo a spostamenti non invertibili.

Se il sistema materiale S è *rigido*, cioè comunque si sposti la *figura* di S la distanza dei punti P_i, P_j, non importa quali, *rimane invariata*, allora, essendo O punto arbitrario di S, per lo spostamento virtuale δP_i del punto generico P_i di S, si ha che esiste un vettore infinitesimo $\boldsymbol{\omega}$ tale che:

$$(2) \qquad \delta P_i = \delta O + \boldsymbol{\omega} \wedge (P_i - O).$$

Viceversa; fissato ad arbitrio δO e un vettore infinitesimo $\boldsymbol{\omega}$, la (2) dà spostamenti virtuali di tutti i punti di S, corrispondenti ad uno spostamento δS di S.

Ciò si dimostra facilmente ricorrendo alla formula fondamentale della Cinematica [cfr. Cap. III, n. 2, (6)].

Direttamente. Dalle (2), (3) del Cap. II, n. 2, si ha:

$$\lambda P - P = B - A + [\mathrm{R}(\varphi, \boldsymbol{u}) - 1] (P - A).$$

Supposto che il moto λ sia infinitesimo, anche φ è infinitesimo e si ha [cfr. Cap. III, n. 3, a)]:

$$\mathrm{R}(\varphi, \boldsymbol{u}) - 1 = \varphi \boldsymbol{u} \wedge;$$

ponendo poi $\delta P = \lambda P - P$, $\delta A = B - A$, $\varphi \boldsymbol{u} = \boldsymbol{\omega}$ si ha la (2), ove si legga A al posto di O.

4. Vincoli di un sistema; gradi di libertà; sistema olonomo.

Il sistema materiale S si dirà *vincolato*, quando: o essendo in presenza di altri sistemi, o per altre ragioni, è assoggettato a tali condizioni di posizione e di moto, che *non* può passare *liberamente*, cioè in un modo qualunque, da una posizione ad un'altra, anche infinitamente vicina. Si dirà *libero* quando accade il fatto opposto.

I vincoli di un sistema, anche variabili col tempo,

si possono stabilire in vari modi, come, ad es., risulta dai casi esposti alla fine del n. 3.

a) Si dirà che il sistema materiale S ha n *gradi di libertà*, quando: per ottenere gli spostamenti virtuali δP_i (compatibili con i vincoli) più generali dei suoi punti, è necessario e sufficiente che δP_i dipenda da variazioni *arbitrarie*, δq_1, δq_2, ... δq_n, di n *parametri* indipendenti q_1, q_2, ..., q_n, cioè si abbia:

$$(3) \qquad \delta P_i = a_{i1}\,\delta q_1 + a_{i2}\,\delta q_2 + ... + a_{in}\,\delta q_n,$$

ove le a sono vettori.

Se P varia su di una superficie, il δP dipende dalle variazioni δq_1, δq_2 di due parametri, coordinate di Gauss sulla superficie, ed ha, quindi, *due* gradi di libertà.

Per un corpo *rigido* e *libero*, i δP_i dipendono [cfr. (2)] da δO e ω, ciascuno dei quali vettori dipende da *tre* variazioni delle q; esso ha, dunque, *sei* gradi di libertà.

Un *cerchio* che rotola, senza strisciare, su di un piano fisso, ha *tre* gradi di libertà, perchè può ricevere spostamenti virtuali dati da rotazioni infinitesime intorno ad assi arbitrarii uscenti dal punto di contatto del cerchio col piano.

Il *ponte levatoio* [cfr. Cap. VIII, n. 7, d)] è un sistema con *un* grado di libertà.

Un corpo rigido che si muove restando appoggiato ad un piano fisso per un solo punto O, ha *cinque* gradi di libertà; perchè, per determinare un suo spostamento virtuale, occorrono le variazioni di *due* parametri che individuano O nel piano (ad es., coordinate cartesiane), di *due* parametri che individuano O sulla superficie del corpo (coordinate di Gauss), di *un* parametro per individuare l'orientamento del corpo rispetto alla normale in O al piano fisso.

b) Se il sistema materiale S ha n gradi di libertà, diremo che esso è sistema *olonomo*, quando : esiste un sistema di n parametri indipendenti q_1, q_2, ..., q_n, tali che i punti P_i di S si possano esprimere, *sotto forma finita*, in funzione delle q ed, eventualmente, del tempo t; cioè si abbia :

$$(4) \qquad P_i = f_i(t, q_1, q_2, ..., q_n).$$

Gli spostamenti virtuali δP_i dei punti P_i, si intendono calcolati non tenendo conto del tempo t esplicito che, eventualmente, può comparire nella espressione (4) di P_i. Cioè, precisando il concetto generico di spostamento virtuale, al quale abbiamo accennato nel n. 3 e in a), stabiliamo [cfr. c), (a')] che:

$$(5) \qquad \delta P_i = \frac{\partial P_i}{\partial q_1} \delta q_1 + \frac{\partial P_i}{\partial q_2} \delta q_2 + \cdots + \frac{\partial P_i}{\partial q_n} \delta q_n.$$

Invece per lo *spostamento effettivo* dP_i, supposto che S sia in moto, si ha :

$$(5') \qquad dP_i = \frac{\partial P_i}{\partial t} dt + \frac{\partial P_i}{\partial q_1} dq_1 + \cdots + \frac{\partial P_i}{\partial q_n} dq_n.$$

Risulta, dalla (5), essendo le δq del tutto arbitrarie, che : *in un sistema olonomo gli spostamenti virtuali, compatibili con i vincoli, sono tutti invertibili.*

Se nei secondi membri delle (4) non figura esplicitamente il tempo t, i vincoli si dicono *fissi*; in caso contrario si dicono *mobili*, o *variabili col tempo*.

Nel caso di vincoli fissi, si ha $\partial P_i / \partial t = 0$, perciò la (5'), che in tal caso non differisce dalla (5), mostra che *gli spostamenti effettivi sono pure spostamenti virtuali del sistema.*

Si noti che le (5) sono un caso particolare delle (3); ma non viceversa, perchè nelle (5) i secondi membri sono differenziali esatti delle f_i, il che non ha luogo, in generale, per le (3).

Allorquando le espressioni (3) delle δP_i non sono integrabili, cioè i secondi membri delle (3) non sono differenziali esatti, si dice che il sistema è *anolonomo*, cioè *non olonomo.*

Se si ha, dunque, un sistema olonomo, con n gradi di libertà, allora i vari suoi punti P_i si possono esprimere con formule del tipo (4), in guisa che, noti i valori degli n parametri q, la posizione d'ogni punto del sistema è determinata.

Se invece il sistema, pur avendo n gradi di libertà, è tale che la posizione dei suoi punti non è determinata dai valori degli n parametri q, vuol dire che esso è anolonomo.

La maggior parte dei sistemi che si presentano nelle applicazioni sono olonomi.

Un corpo rigido libero; un corpo rigido avente un punto od un asse fisso; un punto ritenuto da una linea o da una superficie; due punti collegati con un'asta rigida; un'asta rigida, appoggiata per le sue estremità al suolo e ad una parete (scala a piuoli); il corpo rigido che si appoggia per un suo punto ad un piano fisso [cfr. a)]; il ponte levatoio; ecc. sono esempi di sistemi *olonomi.*

Il *cerchio* considerato negli esempi a); una sfera che

rotola senza strisciare sopra un piano fisso; offrono esempi di sistemi *non olonomi*, cioè *anolonomi*.

Un punto che può occupare una qualsiasi posizione nello spazio, costituisce un sistema *olonomo* con tre gradi di libertà. Ma se (individuando il punto, ad es., mediante le coordinate cartesiane x, y, z) si pone la condizione, non integrabile:

$$a\,\delta x + b\,\delta y + c\,\delta z = 0,$$

allora si ha un sistema anolonomo.

c) Un vincolo del sistema materiale S si può porre sotto la forma:

$$(a) \qquad f(t, P_1, P_2, \dots, P_i, \dots) \gtreqless 0,$$

essendo f simbolo di funzione numerica; per certe configurazioni valendo il segno $=$, per altre il segno $<$; convenendo [cfr. a), b)], che la variazione δf di f, dipendente dagli spostamenti virtuali δP_i dei punti P_i, si calcoli non tenendo conto del t esplicito che, eventualmente, comparisce in f, cioè che si abbia:

$$(a') \qquad \delta f = \Sigma \operatorname{grad}_{Pi} f \times \delta P_i.$$

Se per una configurazione si ha $f = 0$ e, dopo dati ai punti di essa gli spostamenti δP_i, la configurazione diviene tale che $f < 0$, allora si ha pure $\delta f < 0$, cioè:

$$\operatorname{grad}_{P_1} f \times \delta P_1 + \operatorname{grad}_{P_2} f \times \delta P_2 + \dots \; < 0.$$

In tal caso gli spostamenti δP_i non sono, in generale invertibili, ed i vincoli (a) diconsi *unilaterali*.

I vincoli si dicono *bilaterali* nel caso contrario.

Il punto P stà sulla superficie di una sfera solida (impenetrabile) di centro O e raggio a. Si ha:

$$f = (P - O)^2 - a^2, \quad \text{e quindi} \quad \delta f = 2(P - O) \times \delta P.$$

Gli spostamenti invertibili δP, sul piano tangente in P, sono tali che $P + \delta P$ sodisfa alla $f = 0$, cioè si ha $\delta f = 0$; invece per gli spostamenti non invertibili, che allontanano P da O, si ha $\delta f > 0$, perchè ang $(P - O, \delta P)$ ò acuto.

Se, invece, con la stessa sfera, è impenetrabile lo spazio esterno ad essa, e libero quello interno, allora $\delta f = 0$ per gli spostamenti invertibili (normali a $P - O$), e $\delta f < 0$ per quelli non invertibili, perchè ang $(P - O, \delta P)$ è ottuso.

Un corpo appoggiato contro un piano fisso per tre, o più punti, è sistema soggetto a vincoli unilaterali.

5. Forza; punto di applicazione e vettore di una forza.

L'esperienza quotidiana ha dato all'uomo la prima nozione di *forza* sotto la sua forma particolare di sforzo muscolare, diretto od indiretto, su di un corpo fisico, per deformarlo, o metterlo in movimento, od impedirne o modificarne il movimento. Il concetto, puramente materiale, si è esteso ai fenomeni fisici dipendenti dalla *gravità*, dalla *pressione* dei liquidi o dei gas, dalla *attrazione* (esperienze di Cavendish), nei quali veramente manca l'azione muscolare diretta, od indiretta esercitata mediante una fune tesa, ecc. Si è così giunti al concetto *generico* di *forza*, quale *agente fisico atto a produrre, o modificare, fenomeni di moto o di quiete*, i cui effetti si ritiene possano riprodursi (come modello), od impedirsi, mediante tensione di fili (possibilità effettiva, o puramente ipotetica).

Questi concetti generici *non definiscono*, certamente, le forze; ma forniscono di esse alcuni elementi essenziali. L'*azione* di una forza f su di un corpo, o sistema materiale S, si intende esercitata in un punto P del corpo, o, come si dice, la f è *applicata* al punto P; inoltre tale azione deve avere una *grandezza* (intensità della forza), una *direzione* (quella del filo teso), un *verso* (dal punto P al punto nel quale si tiene il filo per tenderlo). Si può dunque ritenere che: *una forza f è una funzione di un punto P e di un vettore f, cioè una funzione della coppia $(P; f)$.* Il punto P ed il vettore f, che si chiamano, rispettivamente, *punto di applicazione della forza f* e *vettore della forza f*, dànno, appunto, gli elementi prima considerati, cioè il *punto nel quale la forza viene applicata*, la *grandezza*, *direzione* e *verso della forza*.

La retta che passa per P (punto di applicazione) ed è parallela ad f (vettore della forza) chiamasi *linea di azione della forza*.

La funzione della coppia $(P; f)$ che dà la forza f, varia di *specie*, cioè ha caratteri diversi, secondochè, come stabiliremo in seguito, si intende applicata ad un corpo *rigido* o *deformabile*. Se f, f_1 sono forze funzioni delle coppie $(P; f)$, $(P_1; f_1)$, vedremo che la condizione di identità $f = f_1$ assume queste due forme: per un corpo *deformabile* si ha $f = f_1$, solamente quando $f = f_1$ e $P = P_1$; per un corpo *rigido* si ha $f = f_1$, solamente quando $f = f_1$, ed essendo P_1 invariabilmente collegato con P, si ha che f e f_1 hanno la stessa linea di azione.

6. Sistema di forze applicato ad un sistema materiale.

a) **Sistema di forze; notazione.** Sia $S \equiv (m_i, P_i)$ un sistema materiale in quiete od in movimento [confrontare n. 1, 2]. Per ogni punto P_i di S, sia dato un vettore f_i funzione di P_i. Le forze [cfr. n. 5] funzioni delle coppie $(P_i; f_i)$, formano una *classe di forze F* che chiameremo: *sistema di forze applicato al sistema materiale S.*

Per esprimere che il sistema F è formato dalle funzioni delle coppie $(P_i; f_i)$ scriveremo, in forma simbolica, $F \equiv (P_i, f_i)$.

b) **Sistema nullo; opposto; risultante.** Il sistema di forze $F \equiv (P_i, f_i)$ si dirà che è *nullo*, quando $f_i = 0$, qualunque sia i; cioè $F \equiv (P_i, 0)$ è un sistema nullo.

Chiameremo *sistema opposto* di F, e lo indicheremo con la notazione $-F$, il sistema di forze che ha i medesimi punti di applicazione di F, ma i cui vettori sono opposti a quelli di F; cioè se $F \equiv (P_i, f_i)$ si ha $-F \equiv (P_i, -f_i)$.

Se $F \equiv (P_i, f_i)$, $G \equiv (P_i, g_i)$, sono sistemi di forze applicati allo stesso sistema materiale $S \equiv (m_i, P_i)$, chiamasi *risultante* dei sistemi F, G, e lo indicheremo con $F + G$, il sistema di forze, applicato ad S, tale che $F + G \equiv (P_i, f_i + g_i)$. Analogamente per tre o più sistemi. Per la risultante vale la legge *commutativa* e la legge *associativa*.

Come pure porremo $F - G \equiv (P_i, f_i - g_i)$ per indicare il sistema risultante di F e dell'opposto di G. È evidente che $F - F \equiv (P_i, 0)$, cioè $F - F$ è un sistema nullo di forze.

c) **Azione di un sistema di forze su di un sistema materiale.** Il sistema di forze $F \equiv (P_i, f_i)$, esercita sul sistema materiale $S \equiv (m_i, P_i)$ cui è applicato, un'*azione*; se S è in quiete, F può o lasciarlo in quiete, o porlo in movimento; se S è in moto, F può, o lasciare invariato o modificare il movimento, oppure farlo cessare, cioè porre S in quiete. Esamineremo in seguito le leggi secondo le quali avvengono, o possono avvenire, i fatti ora indicati. Per esporre tali leggi è opportuno introdurre il concetto di *lavoro virtuale*.

d) **Lavoro virtuale.** Nel punto P sia applicata la forza di vettore f e si dia a P uno spostamento virtuale δP. Il numero:

$$f \times \delta P$$

si chiama *lavoro virtuale della forza* (P, f), *rispetto allo spostamento virtuale* δP *di* P.

Se ora, ai punti P_i del sistema $S \equiv (m_i, P_i)$ cui è applicato il sistema di forze $F \equiv (P_i, f_i)$, si dànno gli spostamenti virtuali δP_i, la somma dei lavori $f_i \times \delta P_i$ si chiamerà: *lavoro virtuale del sistema di forze* F *rispetto allo spostamento* δS *di* S, e porremo:

$$(6) \qquad \mathrm{lav}\,(F, \delta S) = \Sigma f_i \times \delta P_i.$$

Si noti che il lavoro ora definito è indipendente dalle masse di S.

Avendo F, G il precedente significato, si ha:

$$(7) \quad \mathrm{lav}\,(F \pm G,\ \delta S) = \mathrm{lav}\,(F,\ \delta S) \pm \mathrm{lav}\,(G,\ \delta S),$$

e se F è sistema nullo, si ha $\mathrm{lav}\,(F,\ \delta S) = 0$.

7. Equilibrio; principio dei lavori virtuali e di solidificazione.

Si dirà che il sistema $S \equiv (m_i,\ P_i)$ è in *equilibrio* sotto l'azione [cfr. n. 6, c)] del sistema di forze $F \equiv (P_i,\ f_i)$ agente su S, quando: l'azione di F su S è *nulla*, cioè quando: *lo stato di quiete, o di moto di S, **non viene modificato** dall'applicazione di F.*

La parola *equilibrio*, si riferisce ad S cui sia applicato F; ma spesso, nell'uso comune, la si riferisce ad F (applicata ad S sottinteso), cioè si parla di *equilibrio di un sistema di forze*, il che, in via assoluta, è privo di significato.

Per riconoscere se S è in equilibrio sotto l'azione di F, conviene far uso del seguente principio generale, noto sotto il nome di **principio dei lavori virtuali.**

*Affinchè il sistema $S \equiv (m_i,\ P_i)$ sia in **equilibrio** sotto l'azione del sistema di forze $F \equiv (P_i,\ f_i)$, cioè sotto tale azione non venga modificato il suo stato di quiete o di moto, è **necessario** e **sufficiente** che: il lavoro virtuale di F, rispetto a qualsiasi sistema di spostamenti (compatibili con i vincoli) **invertibili** di S sia **nullo**, e rispetto agli spostamenti **non invertibili** sia **negativo**. Cioè si abbia sempre:*

$$(8) \quad \begin{cases} \mathrm{lav}\,(F,\ \delta S) = \Sigma f_i \times \delta P_i = 0, \\ \mathrm{lav}\,(F,\ \delta S) = \Sigma f_i \times \delta P_i < 0; \end{cases}$$

secondochè, rispettivamente, gli spostamenti δP_i *sono* **invertibili** *oppure* **non invertibili.**

Si noti che le condizioni (8) per l'equilibrio di S sotto l'azione del sistema di forze F, sono indipendenti dalle masse dei singoli elementi di S.

Risulta che : *se gli spostamenti* δP_i *dei punti di S, compatibili con i vincoli, sono tutti invertibili, allora S è in equilibrio sotto l'azione d'un sistema nullo;* perchè se $f_i = 0$, è verificata la prima delle (8).

Si deduce pure dalle (8) il seguente **principio di solidificazione.**

Se il sistema S è in equilibrio sotto l'azione del sistema di forze F, rimane ancora in equilibrio, F restando invariato, se si assoggetta S a nuovi vincoli compatibili con quelli eventualmente esistenti, o anche, irrigidendo il sistema S.

Con l'aggiunta dei nuovi vincoli, si *limita* il campo degli spostamenti δP_i, ma *non lo si estende*, cioè : i nuovi spostamenti possibili δP_i vengono assunti nel campo dei precedenti, e quindi le (8), valevoli per tutti i sistemi di spostamenti δP_i, compatibili con i vincoli, continuano a sussistere ; quindi S, anche con i nuovi vincoli, è in equilibrio sotto l'azione del sistema di forze F.

Conviene osservare che il principio opposto non è vero ; cioè, se S è in equilibrio sotto l'azione di F, allora, sopprimendo dei vincoli per S, l'equilibrio può non sussistere più.

Ad es. Il sistema S, libero, sia formato da due punti P_1, P_2 collegati con un'asta rigida (vincolo), e F sia formato dalle due forze, applicate in P_1, P_2, di vettori $\boldsymbol{f}_1 = P_2 - P_1$, $\boldsymbol{f}_2 = P_1 - P_2$. Il sistema S è in equilibrio sotto l'azione di F, perchè, essendo $(P_1 - P_2)^2 = \text{cost.}$, si ha:

$$(P_2 - P_1) \times \delta P_1 + (P_1 - P_2) \times \delta P_2 = 0 \, ,$$

cioè è verificata la prima delle (8). Se ora al vincolo *asta rigida*, sostituiamo un filo flessibile ed inestendibile, allora S non è più in equilibrio sotto l'azione di F. Si noti che se fosse $\boldsymbol{f}_1 = P_1 - P_2$, $\boldsymbol{f}_2 = P_2 - P_1$, allora S sarebbe in equilibrio sotto l'azione di F, indifferentemente per il vincolo *asta rigida* o *filo*.

8. Azione simultanea di due, o più, sistemi di forze su di uno stesso sistema materiale (postulato della risultante). Alcune conseguenze per l'equilibrio.

In un sistema materiale possono agire, *contemporaneamente, simultaneamente*, due, o più, sistemi di forze. Il sistema materiale si comporterà come se fosse sotto l'azione di un unico sistema di forze, in base al seguente ***principio della risultante.***

Il sistema materiale $S \equiv (m_i, P_i)$, *sotto l'azione* ***simultanea*** *dei sistemi di forze* $F \equiv (P_i, \boldsymbol{f}_i)$, $G \equiv (P_i, \boldsymbol{g}_i)$, ..., *si comporta come se fosse sotto l'azione dell'unico sistema di forze:*

$$F + G + \ldots \equiv (P_i, \boldsymbol{f}_i + \boldsymbol{g}_i + \ldots)$$

risultante [cfr. n. 6, *b*)] *dei sistemi* F, G, ...

Se nel punto P, applichiamo le forze di vettori $\boldsymbol{f}$, $\boldsymbol{g}$, ..., si ottiene lo stesso risultato che si ha applicando, nel punto P, la forza il cui vettore è $\boldsymbol{f} + \boldsymbol{g} + \ldots$, cioè: la *composizione delle forze* applicate ad uno stesso punto, si fà con la stessa costruzione della *somma dei vettori*; vale a dire si ha il *poligono delle forze*, o, per due sole, il *parallelogrammo delle forze*.

Da questo *principio della risultante*, e da quello dei *lavori virtuali* per l'*equilibrio*, risultano alcune proprietà importanti che ora esponiamo.

a) Se il sistema materiale S è in equilibrio sotto l'azione di ciascuno dei sistemi di forze F, G, ..., allora: esso è in equilibrio anche sotto l'azione del sistema risultante F + G + ...

Infatti. Si ha, per ipotesi:

$$\Sigma f_i \times \delta P_i \gtrless 0, \quad \Sigma g_i \times \delta P_i \gtrless 0, \quad ...,$$

e quindi sommando:

$$\Sigma (f_i + g_i + ...) \times \delta P_i \gtrless 0,$$

separatamente per $=$ o $<$, e, in conseguenza, S è in equilibrio [cfr. (8)] sotto l'azione del sistema risultante $F+G+...$

Questo teorema esprime, sotto altra forma, che: *L'equilibrio del sistema materiale S sotto l'azione di un sistema F di forze, non è alterato unendo (risultante) ad F un altro sistema di forze G sotto la cui azione S è pure in equilibrio* (**principio di sovrapposizione**).

Non si può, peraltro, in generale, mantenere l'equilibrio di S dovuto al sistema $F+G$, sopprimendo il sistema F che da solo mantiene S in equilibrio [confrontare *b*)]; come risulta dal seguente esempio.

Il sistema S è formato da due punti P_1, P_2 estremi di un filo flessibile e inestendibile (vincolo). Essendo f vettore non nullo, avente a comune con $P_1 - P_2$ la *direzione* ed il *verso*, si formi il sistema F con le forze, applicate in P_1, P_2, di vettori f, $-f$, ed il sistema G con le forze, applicate in P_1, P_2, di vettori $-mf$, mf, essendo m numero reale positivo minore di uno. Il sistema S è in equilibrio sotto l'azione, separata, di ciascuno dei sistemi di forze $F+G$, F, ma *non* è in equilibrio sotto l'azione del solo sistema G, che si ottiene da $F+G$ sopprimendo F.

b) Se S è in equilibrio sotto l'azione, separata, del sistema di forze $F+G$ e dell'opposto, $-G$, di G, allora S è pure in equilibrio sotto l'azione soltanto del sistema di forze F.

Infatti. Da *a*) risulta che F è in equilibrio sotto l'azione del sistema $F+G-G=F$.

c) Se S è, o pur no, in equilibrio sotto l'azione del sistema di forze F, allora S rimane, o pur no, in equilibrio, aggiungendo (risultante) ad F, contemporaneamente, un sistema qualunque di forze G ed il suo opposto $-G$.

Infatti: si ha $F+G-G=F$ e quindi le (8) valgono, o pur no, tanto per F quanto per $F+G-G$.

*d) Supposto che gli spostamenti virtuali, δP_i, dei punti del sistema materiale S siano **tutti invertibili**, allora si ha:*

Se S è in equilibrio, o pur no, sotto l'azione del sistema di forze F, esso è anche in equilibrio, o pur no, sotto l'azione del sistema opposto $-F$.

Se S è in equilibrio sotto l'azione della risultante,

F + G, *dei due sistemi di forze F, G, ed è, o pur no, in equilibrio sotto l'azione di G soltanto, esso è in equilibrio, o pur no, sotto l'azione del solo sistema di forze F.*

Si deducono immediatamente dalla prima delle (8).

e) Altre notevoli conseguenze per l'equilibrio dei *corpi rigidi* e composizione delle forze applicate a tali corpi, saranno ampiamente esaminate in seguito [confrontare Cap. VIII].

9. Leggi fondamentali della Dinamica.

a) **Principio di D'Alembert.** Il *principio fondamentale* della *Dinamica*, dal quale tutti gli altri si deducono, è il seguente:

Se $S \equiv (m_i, P_i)$ *è sistema materiale in moto, libero o vincolato, i vincoli potendo anche variare col tempo, e* $F \equiv (P_i, f_i)$, *funzione di S ed eventualmente anche funzione esplicita del tempo t, è in ogni istante sistema di forze agenti su S, allora il moto di S è* **prodotto dall'azione di F su** *S quando: S è, in ogni istante, e compatibilmente con i vincoli, in* **equilibrio** *sotto l'azione* **simultanea** *del sistema di forze F e del sistema opposto di* $I \equiv (P_i, m_i P_i'')$. *Vale a dire:*

$$(9) \quad \begin{cases} \Sigma (f_i - m_i P_i'') \times \delta P_i = 0, & \text{ovvero} \\ \Sigma (f_i - m_i P_i'') \times \delta P_i < 0, \end{cases}$$

secondochè gli spostamenti δP_i *sono invertibili o pur no.*

Questo è, in sostanza, il **principio di D'Alembert.**

Il sistema $F \equiv (P_i, f_i)$, con i vettori f_i funzioni, in generale, di S ed esplicitamente di t, chiamasi *sistema delle forze **agenti** su S.*

Il sistema $I \equiv (P_i, m_i P_i'')$, essendo P_i'' l'accelerazione del punto P_i [cfr. Cap. I, n. 1, d)], chiamasi, invece, *sistema delle **forze d'inerzia** applicato ad S.*

Con queste due denominazioni, il principio di D'Alembert può enunciarsi sotto la forma generica seguente:

Un sistema materiale in movimento è, in ogni istante, e tenuto conto dei vincoli, in equilibrio sotto l'azione simultanea del sistema delle forze agenti e dell'opposto del sistema delle forze d'inerzia.

Se di S e F diamo l'espressione effettiva di posizione e velocità per un valore (iniziale) t_0 di t, allora le (9) determinano, in generale, dati i vincoli, gli elementi di S e F in funzione del tempo t, e si ha così il moto di S sotto l'azione del sistema di forze F. Le (9) sono dunque le *equazioni fondamentali della Dinamica*, equazioni (o condizioni) differenziali del secondo ordine.

Vedremo in seguito le varie forme di queste equazioni differenziali, ed il modo di integrarle, quando è possibile.

Per S sistema a spostamenti virtuali invertibili, l'equazione fondamentale del moto è data dalla prima delle condizioni (9), cioè:

$$\Sigma (f_i - m_i P_i'') \times \delta P_i = 0,$$

la quale, essendo sodisfatta da $f_i = m_i P_i''$, prova, in particolare, che: *Il sistema S, a spostamenti virtuali in-*

*vertibili, e che è in moto in virtù dell'azione di un
sistema qualunque di forze, assume lo stesso moto
anche se su di esso agisce soltanto il sistema delle
forze d'inerzia.*

b) **Pressioni o reazioni vincolari.** Se, stando le ipotesi *a*), poniamo:

$$(10) \qquad r_i = m_i P_i'' - f_i, \quad R \equiv (P_i, r_i),$$

diremo che R è il sistema delle *pressioni o reazioni
vincolari su S*, e *l'opposto*, $-R$, è il sistema delle
azioni vincolari, o sistema delle *forze perdute.*

Si ha dalle (9), (10):

$$(11) \quad \begin{cases} \mathrm{lav}\,(R, \delta S) = \Sigma\, r_i \times \delta P_i \gtreqless 0, \quad \text{e anche} \\ \mathrm{lav}\,(-R, \delta S) = \Sigma\,(-r_i) \times \delta P_i \lesseqgtr 0, \end{cases}$$

e quindi:

*Se il sistema materiale S è in moto in virtù dell'azione del sistema F, in ogni istante il sistema R
delle reazioni vincolari fà lavoro virtuale nullo o
positivo; cioè, in ogni istante, il sistema S è in equilibrio sotto l'azione dell'opposto del sistema delle
reazioni vincolari (sistema delle azioni vincolari, o
delle forze perdute).*

c) **Legge d'inerzia.** *Ogni corpo persevera nel proprio
stato di quiete o di moto rettilineo ed uniforme finchè
non interviene una forza esterna* [" *Corpus omne
perseverare in statu suo quiescendi vel movendi uniformiter in directum, nisi quatenus a viribus impressis illum mutare* ". Newton, Philos. nat., 1687].

Per S ridotto ad un solo punto-massa libero, si abbia:

$$P = P_0 + v_0 t\, a \quad \text{da cui} \quad P'' = 0,$$

essendo P_0, v_0, a, delle costanti (punto, numero, vettore). Di qui risulta la legge d'inerzia, almeno per un punto-massa, perchè, per F sistema nullo, la prima delle (9) è sodisfatta.

Si ha ancora: *Se il sistema, libero, S, si riduce ad un punto P con la massa m, non è sollecitato da forze ed è in moto, allora esso ha movimento rettilineo uniforme.*

Infatti. La prima delle (9) dà $mP'' \times \delta P = 0$ che dovendo essere verificata per δP arbitrario, dà $P'' = 0$, cioè integrando:

$$P' = v = \text{cost.}, \quad P = P_0 + t v.$$

d) **Legge dell'accelerazione.** Considerando un sistema materiale ridotto ad un solo punto P con massa m positiva, si ha: *Il cambiamento di moto (cioè accelerazione) è proporzionale alla intensità della forza direttamente applicata, ed ha luogo nella direzione e verso secondo le quali agisce la forza* [" *Mutationem motus proportionalem esse vi motrici impressæ, et fieri secundum lineam rectam qua vis illa imprimitur* ". Newton, l. c.].

Infatti, come in *c)*, si ha $mP'' = f$, essendo f il vettore della forza direttamente applicata.

Sia da questa legge [cfr. n. 8] che da quella della risultante, segue che: *L'accelerazione dovuta a più*

*forze direttamente applicate in P, è la somma (vetto-
riale) delle accelerazioni prodotte dalle singole forze.*

Inoltre si ha: *Un punto materiale su cui agisce
una forza costante, ed è inizialmente in riposo, o
dotato di velocità parallela alla forza, assume un
moto rettilineo uniformemente accelerato.*

Infatti. Come in *c*), si ha $mP'' = f$, con f costante, e
integrando, supposto $m = 1$:

$$P' = v_0 + tf, \quad P = P_0 + tv_0 + (t^2/2)f,$$

che, per essere v_0 o nullo o parallelo ad f, dimostra il teorema.

e) **Forze interne; principio della azione e reazione.**
Si consideri il sistema $S \equiv (m_i, P_i)$ in moto in virtù
dell'azione del sistema $F \equiv (P_i, f_i)$ agente su di esso.
Si scomponga S in due sistemi S_1, S_2, e si scomponga F
nei due corrispondenti F_1, F_2:

$$S_1 \equiv (m_{1i}, P_{1i}), \quad F_1 \equiv (P_{1i}, f_{1i}),$$
$$S_2 \equiv (m_{2i}, P_{2i}), \quad F_2 \equiv (P_{2i}, f_{2i}),$$

avendosi, in virtù delle (9):

$$(a) \quad \Sigma(f_{1i} - m_{1i}P_{1i}'') \times \delta P_{1i} + \Sigma(f_{2i} - m_{2i}P_{2i}'') \times \delta P_{2i} \gtreqless 0.$$

Il sistema S_1 può, in virtù dell'azione di F_1, acquistare un moto *diverso* da quello che esso ha quando
è unito al sistema totale S; lo stesso per S_2 in virtù
dell'azione di F_2.

Siano ora:

$$G_1 \equiv (P_{1i}, g_{1i}), \quad G_2 \equiv (P_{2i}, g_{2i}),$$

rispettivamente, i sistemi di forze che si devono applicare a S_1, S_2, insieme (composizione) ai sistemi F_1, F_2,
affinchè S_1 e S_2 abbiano lo stesso moto che hanno
quando appartengono all'unico sistema S; cioè si abbia:

$$(b) \qquad \begin{cases} \Sigma\,(f_{1i} + g_{1i} - m_{1i}P_{1i}'') \times \delta P_{1i} \gtreqless 0, \\ \Sigma\,(f_{2i} + g_{2i} - m_{2i}P_{2i}'') \times \delta P_{2i} \gtreqless 0, \end{cases}$$

le P'' essendo le stesse che compariscono nella (*a*).

Diremo che il sistema G_1 *emana* dal sistema S_2
attraendo o *respingendo* S_1, in modo che unito (composizione) al sistema F_1, dà ad S_1 lo stesso movimento
che questo ha nel sistema S e indipendentemente dal
sistema F_2. Analogamente per G_2 rispetto ad S_1.

I sistemi G_1, G_2 si chiamano *sistemi delle forze
interne*, od anche *sistemi attrattivi o repulsivi*.

È chiaro che G_1, G_2, se esistono, possono variare col
variare della scomposizione di S nelle due parti S_1, S_2.
In particolare S_1 (e anche S_2) può essere formato con
un solo punto P_j di S con la relativa massa m_j.

Se i sistemi S, S_1, S_2 sono a vincoli che ammettono
spostamenti virtuali tutti invertibili, allora nelle (*a*), (*b*)
si ha soltanto il segno $=$ e si ottiene subito:

$$(c) \qquad \Sigma\,g_{1i} \times \delta P_{1i} + \Sigma\,g_{2i} \times \delta P_{2i} = 0,$$

vale a dire: *il sistema S è in equilibrio rispetto al
sistema complessivo delle forze interne.*

La (*c*), nelle ipotesi fatte per S, S_1, S_2, esprime sotto
forma generale il **principio dell'azione e reazione.**

Ma tale principio lo si dà, e lo si esprime, nel caso particolare che il sistema S si riduca a due soli punti distinti P_1, P_2. Allora detti g_1, g_2 i vettori delle forze interne sopra considerate e supposti invertibili gli spostamenti virtuali, la (*c*) diviene:

$$(c') \qquad g_1 \times \delta P_1 + g_2 \times \delta P_2 = 0,$$

dalla quale si deduce:

$$(c'') \qquad g_1 + g_2 = 0, \quad g_1 \wedge (P_1 - P_2) = 0,$$

cioè: g_1, g_2 *sono vettori opposti e paralleli alla retta che congiunge i punti* $P_1 P_2$.

Infatti. Se il sistema S è rigido [cfr (2)] o pur no, si può sempre porre, ad esempio:

$$\delta P_1 = \delta P_2 + \omega \wedge (P_1 - P_2),$$

ove ω è vettore infinitesimo arbitrario. Moltiplicando ($\times$) per g_1, indi aggiungendo $g_2 \times \delta P_2$ e tenendo conto della (*c'*), si ha:

$$(g_1 + g_2) \times \delta P_2 + \omega \times (P_1 - P_2) \wedge g_1 = 0,$$

che, per l'arbitrarietà di δP_2 ed ω, dà appunto le (*c''*).

È precisamente dalle (*c''*) che risulta l'ordinario, e particolare, **principio dell'azione e reazione**:

Ad ogni azione corrisponde sempre una reazione contraria. ["*Actioni contrariam semper et æqualem esse reactionem: sive corporum duorum actiones in se mutuo semper esse æquales et in partes contrarias dirigi*". NEWTON, l. c.].

f) **Sistema speciale di forze interne attrattive.** Occorre spesso di considerare uno *speciale* sistema di *forze interne* applicato al sistema materiale S in moto o in quiete, sistema che è così formato.

Siano P_i, P_j due punti qualunque, distinti, di S e sia $r_{ij} = r_{ji}$ la loro distanza. Il punto P_j *attragga* P_i con una forza, applicata in P_i, diretta da P_i a P_j e la cui intensità sia f_{ij}; nello stesso tempo P_i *attragga* P_j con una forza, applicata in P_j, diretta da P_j a P_i e la cui intensità sia $f_{ji} = f_{ij}$. Vale a dire: nel punto generico P_i di S siano applicate *le forze interne*:

$$(d) \quad [P_i,\, f_{ij}(P_j - P_i)/r_{ij}] \quad \text{con} \quad r_{ij} = r_{ji}, \quad f_{ij} = f_{ji},$$

variando comunque P_j in S, purchè diverso da P_i.

Giova notare che: *il lavoro virtuale del sistema di forze interne* (d) *è:*

$$(e) \qquad\qquad - \Sigma_i \Sigma_j f_{ij} \delta r_{ij}.$$

Infatti. Considerando il lavoro virtuale delle sole *due* forze attrattive tra P_i e P_j, tale lavoro parziale è:

$$f_{ij} \frac{P_j - P_i}{r_{ij}} \times \delta P_i - f_{ij} \frac{P_j - P_i}{r_{ij}} \times \delta P_j =$$

$$= - f_{ij} \frac{P_j - P_i}{r_{ij}} \times \delta(P_j - P_i) = - f_{ij} \frac{\delta r_{ij}^2}{2 r_{ij}} = - f_{ij} \delta r_{ij};$$

sommando rispetto ad i e j si ha la (e).

10. Grandezze fisico-meccaniche.

a) **Grandezze fondamentali e derivate.** Una qualsiasi classe U di *grandezze* fisico-meccaniche, oltre essere *omogenea* *), è tale che il suo elemento generico u è, o può esser ritenuto con approssimazione sperimentale, una funzione della terna (l, m, t), variando l, m, t comunque nelle classi di grandezze, L *lunghezza*, M *massa*, T *tempo*, che sono chiamate *grandezze fondamentali*.

La classe U viene sempre *definita direttamente* mediante leggi fisico-meccaniche atte a caratterizzarla. Queste *leggi* individuano, insieme alla classe U, tre numeri reali relativi p, q, r tali che: se l'elemento, non nullo, u_0 di U è individuato dalla terna (l_0, m_0, t_0) formata da elementi, non nulli, delle classi L, M, T, allora l'elemento, generico, u di U, dipende dalla terna generica (l, m, t) con la legge espressa dalla condizione:

$$(12) \qquad u / u_0 = (l/l_0)^p (m/m_0)^q (t/t_0)^r;$$

ed inoltre l, ovvero m, ovvero t, non può esser nullo, quando, rispettivamente, p, ovvero q, ovvero r è negativo.

Si suole esprimere brevemente la (12) sotto forma simbolica scrivendo:

$$(13) \qquad U = L^p M^q T^r,$$

che si chiama *equazione di dimensione* della U, essendo precisamente p, q, r le *dimensioni* di U rispetto alle classi L, M, T. Le grandezze (13) si chiamano *grandezze derivate*.

------

*) Esiste l'operazione somma, $+$, con le ordinarie proprietà che ha per le grandezze geometriche ed i numeri reali. Cfr. C. Burali-Forti. *Logica Matematica*, Cap. V, § 1 (Manuali Hoepli; 2ª ediz., 1919).

Quando uno dei numeri p, q, r è nullo, nella espressione (13) di U manca [cfr. (12)] la corrispondente grandezza L, M, T; se tutti e tre sono nulli, U è la classe dei numeri reali. Ad esempio:

Numero reale $\equiv L^0 M^0 T^0$	$(0, 0,\ \ 0)$
Area $\equiv L^2$	$(2, 0,\ \ 0)$
Volume $\equiv L^3$	$(3, 0,\ \ 0)$
Velocità angolare $\equiv T^{-1}$	$(0, 0, -1)$
Accelerazione angolare $\equiv T^{-2}$	$(0, 0, -2)$
Raggio d'inerzia $\equiv L$	$(1, 0,\ \ 0)$
Velocità d'un punto (grand. della) $\equiv L\,T^{-1}$	$(1, 0, -1)$
Acceleraz. tangenz. (grand. della) $\equiv L\,T^{-2}$	$(1, 0, -2)$
Densità $\equiv L^{-3}M$	$(-3, 1,\ \ 0)$
Momento d'inerzia $\equiv L^2 M$	$(2, 1,\ \ 0)$
Forza (grand. della) $\equiv L M\,T^{-2}$	$(1, 1, -2)$
Pressione su di una superficie $\equiv L^{-1}M\,T^{-2}$	$(-1, 1, -2)$
Quantità di moto (grand. della) $\equiv L M\,T^{-1}$	$(1, 1, -1)$
Momento di una coppia $\equiv L^2 M\,T^{-2}$	$(2, 1, -2)$
Forza viva $\equiv L^2 M\,T^{-2}$	$(2, 1, -2)$
Lavoro $\equiv L^2 M\,T^{-2}$	$(2, 1, -2)$
Potenza $\equiv L^2 M\,T^{-3}$	$(2, 1, -3)$
Peso specifico $\equiv L^{-2}M\,T^{-2}$	$(-2, 1, -2)$
Percossa (grand. della) $\equiv L M\,T^{-1}$	$(1, 1, -1)$

In particolare si può dire che U è *proporzionale* ad L, M, T secondo i numeri p, q, r; proporzionalità *diretta* pei numeri positivi, *inversa* pei numeri negativi. Così, ad es., se $U \equiv L^2 M\,T^{-2}$ si ha che U varia proporzionalmente (proporzionalità diretta) al quadrato della *lunghezza* ed alla *massa* ed in proporzionalità inversa al quadrato del *tempo*.

Si noti peraltro che la equazione di dimensione (13) non individua la classe U. Ad es., *velocità* e *resistenza elettrica* hanno, pur essendo distinte, la stessa equazione di dimensione $L\,T^{-1}$.

b) **Prodotti, potenze, rapporti**. Per una classe U' si abbia:

$$(14) \qquad U' \equiv L^{p'}\,M^{q'}\,T^{r'},$$

ed essendo h numero reale esistano le grandezze A, B, C, tali che:

$$(15) \quad \begin{cases} A \equiv L^{p+p'}\,M^{q+q'}\,T^{r+r'}, \quad B \equiv L^{hp}\,M^{hq}\,T^{hr}, \\ C \equiv L^{p-p'}\,M^{q-q'}\,T^{r-r'}. \end{cases}$$

Si dirà che: A è uno dei *prodotti* di U per U'; B è una delle *potenze* h^{esime} di U; C è uno dei *rapporti* di U ad U'; e si porrà, sotto la forma simbolica:

$$(16) \qquad A \equiv U \times U', \quad B \equiv U^h, \quad C \equiv U/U'.$$

Queste notazioni possono, ovviamente, estendersi subito, con le solite leggi algebriche, al prodotto di tre o più grandezze. Risulta che la grandezza generica U data dalla (13), è uno dei prodotti delle potenze, rispettivamente, p, q, r^{esime} di L, M, T.

Prodotti, potenze, rapporti, hanno algoritmo identico a quello ordinario algebrico; peraltro sono tra loro di specie diversa *).

In base alle precedenti convenzioni, si hanno le eguaglianze seguenti, ove, scrivendo brevemente, velocità, accelerazione, forza, ecc. intenderemo di considerare soltanto le *grandezze* di questi elementi.

Velocità $=$ lunghezza / tempo ;
Accelerazione $=$ velocità / tempo ;
Velocità angolare $=$ velocità / lunghezza $=$ 1 / tempo ;
Forza $=$ massa $\times$ accelerazione ;
Momento d'una forza $=$ forza $\times$ lunghezza ;
Quantità di moto $=$ massa $\times$ velocità ;
Forza viva $=$ metà massa $\times$ quadrato di velocità ;
Lavoro $=$ forza $\times$ lunghezza ;
Potenza $=$ lavoro / tempo ;
Densità $=$ massa / volume ;
Peso specifico $=$ peso / volume ;
Momento d'inerzia $=$ massa $\times$ quadrato di lunghezza ;
Percossa $=$ forza $\times$ tempo.

c) **Cambiamento di unità.** Se nella (12) poniamo, essendo a, b, c numeri reali :

$$ l = a l_0, \quad m = b m_0, \quad t = c t_0, $$

---

*) Per ulteriori schiarimenti cfr.:
A. Pensa. *Sull'algoritmo dei prodotti e delle potenze per le grandezze* (« Il Bollettino di Matematica »; anno XII, 1913).
C. Burali-Forti. *Logica Matematica*, Cap. V, § 6 (Manuali Hoepli, 2ª ediz., 1919).

si ha subito:

$$(17) \qquad u / u_0 = a^p \, b^q \, c^r,$$

che dà la misura di u mediante l'*unità* u_0 che corrisponde alle unità l_0, m_0, t_0 fissate per L, M, T.

Il cambiamento delle unità di misura si fà con le solite leggi algebriche. Se dalle unità l_0, m_0, t_0 si passa alle unità l_1, m_1, t_1 tali che:

$$l_1 = \lambda l_0, \quad m_1 = \mu m_0, \quad t_1 = \tau t_0,$$

allora dalla (12), si ha:

$$(18) \qquad u_1 / u_0 = \lambda^p \mu^q \tau^r,$$

che può anche scriversi:

$$(19) \qquad u / u_1 = (u / u_0) / (\lambda^p \mu^q \tau^r),$$

e siamo così passati dalla unità u_0 alla unità u_1.

d) **Sistema assoluto.** Il sistema di misure, generalmente adottato in Fisica, nelle ricerche teoriche, è il sistema *centimetro-grammo-secondo*, che si abbrevia colla notazione c, g, s, e che viene anche chiamato *sistema assoluto* di unità.

L'unità di lunghezza, c, è il centimetro, che è ben noto; l'unità di tempo, s, è il minuto secondo di tempo solare medio; l'unità di massa, g, è il grammo e precisamente il *grammo-massa*, che è la millesima parte della massa del chilogrammo-campione depositato a Parigi negli archivi dell'ufficio « Pesi e misure ».

Il grammo-massa rappresenta la massa di un centimetro cubo d'acqua distillata al punto di massima densità (circa 4° centigradi) e alla pressione atmosferica normale.

Mediante le unità fondamentali c, g, s, si possono esprimere facilmente le unità delle grandezze derivate. Ecco alcuni esempi.

Unità di velocità $= \mathrm{cs}^{-1} = \mathrm{c/s}$, che si legge « centimetro al secondo »;

Unità di accelerazione $= \mathrm{cs}^{-2} = \mathrm{c/s}^2$, che si legge « centimetro al secondo quadrato »;

Accelerazione di gravità che si indica con g e vale:

$$g = [980{,}62 - 2{,}6 \cos(2\lambda) - 0{,}000003\,h]\,\mathrm{c/s}^2,$$

ove λ è la latitudine ed h la misura (in c) dell'altezza sul livello del mare; in particolare, alla latitudine di 45° e al livello del mare, si ha il valore, comunemente adoperato, $g = 980{,}62\ \mathrm{c/s}^2$;

Unità d'intensità di forza $=$ dine $= \mathrm{cgs}^{-2} =$ intensità di quella forza che agendo sempre nella stessa direzione, imprime all'unità di massa, inizialmente in quiete, l'accelerazione unitaria, cioè tale massa acquista dopo 1s la velocità di 1c/s;

Unità di lavoro $=$ erg $= \mathrm{c}^2\mathrm{g\,s}^{-2}$; joule $= 10^7$ erg;

Unità di potenza $= \mathrm{c}^2\mathrm{g\,s}^{-3}$;

Watt $=$ joule/s $= 10^7\,\mathrm{c}^2\mathrm{g\,s}^{-3}$.

Osservazione. Il *grammo-peso* è una grandezza fisica completamente diversa dal grammo-massa, perchè esso è una *forza*, e precisamente la forza che imprime al grammo-massa un'accelerazione uguale a quella della gravità; perciò, col valore già adottato per g, avremo:

$$\text{grammo-peso} = 980{,}62 \text{ cgs}^{-2} = 980{,}62 \text{ dine.}$$

e) **Sistema pratico.** Nelle applicazioni pratiche della Fisica, non si ricorre di solito alle unità di misura del sistema c, g, s, ma ad altre unità che costituiscono il cosiddetto *sistema pratico*.

Nel sistema pratico l'unità di tempo è ancora il minuto secondo, s, di tempo solare medio; l'unità di lunghezza è il metro, m; e l'unità d'intensità di forza è il chilogrammo-peso, kg, cioè la forza esercitata dall'attrazione terrestre (peso) sul chilogrammo-massa, cioè sulla massa del chilogrammo-campione prima considerato.

L'unità di massa è una unità derivata; dalla relazione dinamica fondamentale [cfr. n. 9, *d*], $mP'' = f$, si deduce:

$$\text{massa} = \text{forza}/\text{accelerazione} = \text{peso}/g,$$

perciò l'unità di massa è quella tale massa a cui applicando la forza di 1 chilogrammo (peso) acquista l'accelerazione di $1\,\text{m}/\text{s}^2$.

Possiamo pure dire che l'unità di massa è la massa d'un corpo avente il peso di g chilogrammi, od anche che vale il chilogrammo-massa diviso per g, ove si abbia $g = 9{,}8062\,\text{m}/\text{s}^2$.

L'unità di lavoro è il *chilogrammetro*, kgm, ed è il lavoro fatto per innalzare di 1m il peso di 1kg; perciò si avrà $\text{kgm} = \text{kg} \times \text{m}$.

L'unità di potenza è il *cavallo-vapore*, HP, e rappresenta la potenza sviluppata per fare, in un secondo, un lavoro di 75 kgm; perciò:

$$HP = 75 \text{ kgm}/\text{s}.$$

In Termodinamica si usa spesso, come unità di lavoro, la *caloria*, che è il lavoro necessario per riscaldare da 15° a 16° (centigradi) la massa di 1 kg d'acqua. Dalla Fisica è noto che:

$$\text{caloria} = 427 \text{ kgm}.$$

In base a quanto è stato detto precedentemente, si ottengono subito le relazioni fra le unità del sistema pratico e quelle del sistema assoluto. Esse sono le seguenti:

$$\text{chilogrammo-peso} = g \times 10^3 \, g = 980620 \text{ dine},$$
$$\text{kgm} = g \times 10^3 \, gm = 98062000 \, \text{erg} = 9{,}8062 \, \text{joule},$$
$$HP = 75 \, g \times 10^3 \, gm/s = 75 \times 9{,}8062 \, \text{watt},$$
$$\text{caloria} = 427 \times 9{,}8062 \, \text{joule},$$

le quali permettono di passare da un sistema all'altro.

f) **Omogeneità delle formule.** Mentre nelle applicazioni pratiche occorre sempre riferire le grandezze fisiche che si adoperano, ad un determinato sistema di unità di misure (sistema pratico), ciò non è punto necessario nelle ricerche teoriche, in cui anzi si preferisce lasciare indeterminate le unità fondamentali, in guisa da potere poi, all'occorrenza, applicare le formule ottenute a qualsiasi sistema d'unità.

È allora facile vedere che le formule risolutive di qualsiasi problema fisico devono essere *omogenee* rispetto alle unità di lunghezza, di massa e di tempo; cioè, in altri termini, in ogni equazione esprimente una legge fisica, i due membri devono avere le stesse dimensioni.

Con questo principio si può verificare, parzialmente, l'esattezza delle equazioni meccaniche, e si può anche stabilire qualche proprietà qualitativa di determinati fenomeni fisici.

ESEMPIO. Ammettendo che il periodo t dell'oscillazione (molto piccola) d'un pendolo semplice dipenda solo dalla sua lunghezza l e dall'accelerazione di gravità g, si può ricavare la formula:

$$(a) \qquad\qquad t = k\sqrt{l/g}.$$

ove k è un numero positivo.

Infatti. Supposto $t = f(l, g)$, cambiamo l'unità di lunghezza, prendendone un'altra che sia λ volte più piccola della primitiva; allora le nuove misure della lunghezza del pendolo e dell'accelerazione di gravità saranno λl e λg, quindi avremo pure $t = f(\lambda l, \lambda g) = f(l, g)$. Ne segue che $f(l, g)$ è funzione omogenea di grado 0 delle variabili l, g e perciò è funzione solo di l/g, in guisa che si può scrivere:

$$t = F(l/g).$$

Cambiamo ora l'unità di tempo prendendone un'altra che sia τ volte più piccola; allora le nuove misure del tempo t e dell'accelerazione g saranno τt, e g/τ^2, quindi risulterà:

$$\tau t = F(\tau^2 l/g) = \tau F(l/g),$$

od anche, posto $\tau = \sqrt{\tau_1}$:

$$F(\tau_1 l/g) = \tau_1^{1/2} F(l/g);$$

ne segue che $F(l/g)$ è funzione omogenea di grado $1/2$ dell'argomento l/g, cioè è della forma $k\sqrt{l/g}$, donde segue la (a).

In modo analogo, se si ammette che la velocità v d'un corpo pesante, che cade senza velocità iniziale, dipenda solo dall'altezza h di caduta, e dell'accelerazione g, si può stabilire la formula:

$$v = k\sqrt{gh},$$

ove k è un numero positivo.

Cap. VII. **Centri di massa e momenti d'inerzia.**

1. Generalità sui centri di massa.

Se $S \equiv (m_i, P_i)$ è un sistema materiale (in generale con masse m_i positive) si chiama *centro di massa* di S il baricentro G dei punti P_i con le masse m_i, cioè il punto G tale che:

$$(1) \qquad G = (\Sigma m_i P_i)/m, \quad \text{con} \quad m = \Sigma m_i,$$

ovvero tale che:

$$(1') \qquad m\,(G-O) = \Sigma\, m_i(P_i-O)\,,$$

qualunque sia il punto O.

Se x_i ed x_c sono le distanze (con segno) del punto generico P_i, e del centro di massa G, da un piano α, passante per O, si ha:

$$(1'') \qquad m\,x_c = \Sigma\, m_i x_i\,.$$

Basta infatti moltiplicare scalarmente la (1') per un vettore unitario, normale al piano α.

Il secondo membro della (1'') si chiama spesso *momento statico o di primo grado* del sistema S rispetto al piano α; la (1'') esprime allora che: *il momento statico del punto-massa (m, G) rispetto ad un piano qualunque è uguale al momento statico di S rispetto allo stesso piano.*

Se la figura di S è *continua*, cioè è *linea*, o *super-ficie* o *solido*, allora il Σ delle (1), (1'), (1'') si cambia in un *integrale*, o *semplice*, o *doppio*, o *triplo*.

a) **Teorema di scomposizione.** Si scomponga S nelle parti S', S'', ... con le masse m', m'', ... Se G', G'', ... sono i centri di massa dei sistemi parziali S', S'', ... si ha ovviamente dalla (1):

$$(2) \quad G = (m'G' + m''G'' + ...)/m, \quad \text{con} \quad m' + m'' + ... = m,$$

cioè: *il centro di massa di S è il baricentro dei centri di massa delle sue parti, comunque fissate, con masse eguali alle masse dei sistemi parziali.*

b) **Teoremi di simmetria.** La figura di S sia scomponibile in due parti *simmetriche* rispetto ad un piano α, o ad una retta a, o ad un punto A, i punti simmetrici avendo egual massa. Cioè, del tutto in generale, S si possa scomporre in due parti tali che essendo P_i il punto generico dell'una, esiste nell'altra il solo punto P_j tale che il punto medio tra P_i e P_j giace in α, o a, o A e $m_i = m_j$. In tale ipotesi, il centro G di massa di S giace sul piano α, o sulla retta a, o coincide col punto A.

Infatti, avendosi, poichè $m_i = m_j$:

$$2\,m_i\,Q_i = m_i\,P_i + m_j\,P_j,$$

con Q_i medio tra P_i e P_j, i punti Q_i stanno su α, a, A, rispettivamente e vi stà anche G [cfr. a)] che è baricentro dei punti Q_i con le masse $2\,m_i$.

2. Sistemi continui.

La figura di S sia continua, cioè sia o *linea*, o *superficie*, o *solido*. Il punto generico P di S è, rispettivamente, funzione di *una* variabile numerica u, o di *due* u, v, o di *tre* u, v, w.

Nel punto generico P di S si deve considerare l'*elemento* di *arco ds*, di *area* $d\sigma$, di *volume* $d\tau$, rispettivamente. Per tali elementi si ha, come è noto e come facilmente si verifica:

$$(3) \quad \begin{cases} ds = \operatorname{mod}(dP/du) \,.\, du = \operatorname{mod} dP, \\[6pt] d\sigma = \operatorname{mod}(\partial P/\partial u \wedge \partial P/\partial v) \,.\, du\,dv, \\[6pt] d\tau = \partial P/\partial u \wedge \partial P/\partial v \times \partial P/\partial w \,.\, du\,dv\,dw, \end{cases}$$

notando che, mentre ds è un differenziale, $d\sigma$ e $d\tau$ non sono differenziali, ma elementi infinitesimi di secondo e terzo ordine.

Per le quantità finite $s,\ \sigma,\ \tau$ si ha:

$$(3')\qquad s=\int ds,\quad \sigma=\iint d\sigma,\quad \tau=\iiint d\tau,$$

i limiti degli integrali dipendendo dai campi di variazione delle variabili numeriche $u,\ v,\ w$.

Se la figura di S è piana, allora alla seconda delle (3) si può sostituire la seguente:

$$(3'')\qquad d\sigma=\partial P/\partial u\times i\,\partial P/\partial v\,.\,du\,dv,$$

attribuendo così un *segno* all'area. Dalla (3'') si ottengono le ordinarie formule cartesiane.

Se i punti $P,\ Q$, funzioni della stessa variabile numerica t stanno in un piano, per l'elemento, $d\sigma$, di area descritta dal segmento PQ col variare di t, si ha la formula notevole:

$$(3''')\qquad 2d\sigma=(Q-P)\times i(dP+dQ).$$

Infatti. Il segmento PQ è percorso dal punto $R=P+x(Q-P)$ variando x da 0 ad 1. Le derivate parziali di R rispetto ad x ed a t, sono $Q-P$ e $P'+x(Q'-P')$ e quindi, per la (3'') l'elemento di secondo ordine dell'area è:

$$(Q-P)\times i[P'+x(Q'-P')]\,dt\,dx=$$
$$=(Q-P)\times i[dP+x(dQ-dP)]\,dx;$$

integrando rispetto ad x, da 0 ad 1, ed osservando che:

$$\int_0^1 x\,dx = 1/2, \quad \int_0^1 dx = 1, \quad dP + (dQ - dP)/2 = (dP + dQ)/2,$$

risulta la (3''').

È noto come gli integrali multipli delle (3') si possano, con speciali artifici, ridurre a integrali semplici. Noi supponiamo nota questa parte delle applicazioni geometriche del Calcolo integrale.

Il sistema S abbia figura continua e nel punto P_i sia μ_i, funzione di P_i, la sua *densità*, cioè si abbia:

$$m_i = \mu_i ds, \quad \text{ovvero} \quad m_i = \mu_i d\sigma, \quad \text{ovvero} \quad m_i = \mu_i d\tau.$$

Allora, per il centro di massa G di $\mathcal{S}$, si ha dalla (1), indicando con μ la densità nel punto P:

$$(4) \quad \begin{cases} \displaystyle \int \mu\,ds \cdot G = \int \mu\,P\,ds \\[2mm] \displaystyle \iint \mu\,d\sigma \cdot G = \iint \mu\,P\,d\sigma \\[2mm] \displaystyle \iiint \mu\,d\tau \cdot G = \iiint \mu\,P\,d\tau. \end{cases}$$

3. Sistemi continui omogenei.

Il sistema continuo S si dice *omogeneo* quando la densità μ è costante; ed è, quindi, la stessa in ogni punto di S.

Se S è *continuo* ed *omogeneo*, allora le (4) divengono:

$$(5) \quad sG = \int P\,ds, \quad \sigma G = \iint P\,d\sigma, \quad \tau G = \iiint P\,d\tau,$$

che sono compendiate dall'unica formula :

$$(5') \qquad\qquad m\,G = \int P\,.\,dm\,,$$

essendo m la massa (s, σ, τ) e l'integrale essendo semplice, doppio, triplo, a seconda dei casi.

È chiaro che il centro G dipende, nel caso attuale, solo dalla configurazione geometrica di S (e non dalla densità).

Come il calcolo di $\iint d\sigma$ o di $\iiint d\tau$, si riduce al calcolo di integrali semplici, così anche il calcolo di G si riduce al calcolo di integrali semplici, scomponendo S in parti delle quali si trovano i baricentri e le rispettive masse [cfr. n. 1, *a*)].

Ecco alcuni esempi.

a) **Arco di circonferenza.** Se l'arco di circonferenza è descritto da :

$$P = O + r\,e^{i\varphi}\,a$$

per φ variabile da 0 a φ si ha :

$$G = O + \frac{\operatorname{sen}(\varphi/2)}{\varphi/2}\,r\,e^{i\varphi/2}a\,.$$

Infatti, si ha, com'è ben noto, $ds = r\,d\varphi$, $s = r\varphi$; perciò :

$$s\,G = \int_{0}^{\varphi} P\,ds = s\,O + r^2\!\int_{0}^{\varphi} e^{i\varphi}\,a\,d\varphi = s\,O + r^2\,(e^{i\varphi}-1)\,a\,/\,i =$$

$$= s\,O + 2r^2 \operatorname{sen}(\varphi/2)\,e^{i\varphi/2}a\,;$$

dividendo per $s = r\varphi$, si ha la formula indicata.

Si noti che G stà sulla retta che congiunge O col punto medio dell'arco; come deve avvenire perchè tale retta è asse di simmetria [cfr. n. 1, b)].

b) **Settore ellittico.** Il settore ellittico sia descritto da OQ con:

$$Q = O + a \cos\varphi \cdot a + b \operatorname{sen}\varphi \cdot ia,$$

variando φ da φ_0 a φ_1. Per il suo centro di massa G si ha:

$$G = O + \frac{2}{3} a \frac{\operatorname{sen}\varphi_1 - \operatorname{sen}\varphi_0}{\varphi_1 - \varphi_0} a + \frac{2}{3} b \frac{\cos\varphi_0 - \cos\varphi_1}{\varphi_1 - \varphi_0} ia,$$

$$G = O +$$

$$+ \frac{2}{3} \frac{\operatorname{sen}[(\varphi_1 - \varphi_0)/2]}{(\varphi_1 - \varphi_0)/2} \left[a \cos\frac{\varphi_1 - \varphi_0}{2} a + b \operatorname{sen}\frac{\varphi_1 - \varphi_0}{2} i a \right].$$

Posto $P = O + u(Q - O)$, col variare di u da 0 ad 1, il punto P descrive il segmento OQ. Si ha allora [cfr. (3) o (3'')]:

$$d\sigma = ab\, u\, du\, d\varphi, \quad \sigma = ab \int_0^1 u\, du \int_{\varphi_0}^{\varphi_1} d\varphi = \frac{1}{2} ab(\varphi_1 - \varphi_0);$$

in conseguenza:

$$\sigma G = \int\int P\, d\sigma =$$

$$= \sigma O + a^2 b \int_0^1\int_{\varphi_0}^{\varphi_1} u^2 \cos\varphi\, du\, d\varphi \cdot a + ab^2 \int_0^1\int_{\varphi_0}^{\varphi_1} u^2 \operatorname{sen}\varphi\, du\, d\varphi \cdot ia,$$

e calcolati gli integrali doppi si ottiene l'indicata espressione di G.

c) **Segmento parabolico.** Il centro di massa di un segmento parabolico stà sulla mediana di esso, e dista dal vertice di 3/5 della mediana stessa.

Infatti, se i, j sono vettori unitari costanti, il punto definito dalla :

$$P = O + u v i + v^2 j,$$

ove u varia da 0 ad 1, e v varia da $-a$ ad a, descrive un segmento parabolico, la cui mediana è lunga a^2 e giace sulla retta Oj, e la base del segmento è lunga $2a$ ed è parallela ad i.

Si ha dalla (3''), chiamando α l'angolo dei vettori i, j :

$$d\sigma = 2 v^2 i \times i j \, du \, dv = 2 v^2 \operatorname{sen} \alpha \, du \, dv,$$

perciò :

$$\sigma = 2 \operatorname{sen} \alpha \int_0^1 du \int_{-a}^a v^2 dv = 4 \operatorname{sen} \alpha . a^3 / 3 .$$

Poi :

$$\sigma G = \iint P \, d\sigma = \sigma O + 2 \operatorname{sen} \alpha \int_0^1 u \, du \int_{-a}^a v^3 \, dv . i + 2 \operatorname{sen} \alpha \int_0^1 du \int_{-a}^a v^4 dv . j =$$

$$= \sigma O + 4 \operatorname{sen} \alpha . a^5 j / 5 ,$$

onde :

$$G = O + 3 a^2 j / 5 ,$$

che dimostra la proprietà enunciata.

d) **Parallelogrammo, triangolo e tetraedro.** Per il parallelogrammo (area) $ABCD$, per l'area triangolare ABC e il volume del tetraedro $ABCD$ si ha rispettivamente :

$$2G = A + C = B + D, \quad 3G = A + B + C,$$

$$4G = A + B + C + D .$$

Basta infatti considerare il parallelogrammo e il triangolo come composti di tante striscie infinitesime parallele ad AB, i cui punti medi stanno in una retta (mediana) che deve contenere G [cfr. n. 1, *b*)], ecc. Analogamente per il tetraedro con sezioni triangolari parallele ad una faccia.

Ne risulta subito che: il baricentro di un tetraedro stà sul segmento congiungente il vertice col baricentro della base, e dista dal vertice di $3/4$ del segmento stesso.

e) **Figura sferica.** È notevole la proprietà: La distanza del centro di massa di una figura omogenea σ, situata su una superficie sferica, da un piano diametrale α, è la quarta proporzionale dopo l'area della figura, quella della sua proiezione σ' sul piano α e il raggio R della sfera.

Infatti, se O è il centro della sfera, si ha dalla (1''):

$$\sigma x_c = \iint x \, d\sigma \, ;$$

ma se $d\sigma'$ è la proiezione di $d\sigma$ sul piano α, si ha $d\sigma' = d\sigma . \cos\varphi$, ove φ è l'angolo del piano tangente alla sfera in P col piano α; siccome $\cos\varphi = x/R$, risulta $x\,d\sigma = R\,d\sigma'$, onde:

$$\sigma x_c = \iint R \, d\sigma' = R\sigma' .$$

Ne segue subito che il centro di massa di una *zona sferica* è il punto medio dell'altezza.

Infatti, se le basi della zona hanno i raggi r_1, r_2 (con $r_1 > r_2$), e le distanze h_1, h_2 dal centro, e si suppone, per fissar le idee, che il piano α sia parallelo alle basi della zona e non la tagli, si ha:

$$2\pi R\,(h_2 - h_1)\,x_c = R\,.\,\pi\,(r_1{}^2 - r_2{}^2)\,;$$

e siccome $r_1{}^2 - r_2{}^2 = h_2{}^2 - h_1{}^2$, si ricava $x_c = (h_1 + h_2)\,/\,2$.

f) **Cono e cilindro.** Il baricentro della superficie laterale, o del volume, di un cono (o piramide) stà sul segmento che unisce il vertice col baricentro della curva che limita la base, o col baricentro dell'area base, e dista dal vertice di $2/3$, o di $3/4$, del segmento stesso.

Infatti, siccome le sezioni fatte nel cono da piani paralleli alla base sono figure simili, i baricentri dei loro perimetri, o aree, stanno su una retta l passante per il vertice; su questa retta quindi dovrà stare G. In secondo luogo, se si considerano i coni infinitesimi, che dal vertice proiettano gli elementi d'arco o di area, della base, i loro baricentri avranno dal vertice una distanza eguale ai $2/3$, o ai $3/4$ della congiungente il vertice con l'elemento [cfr. d)]; perciò tali baricentri stanno su un piano parallelo alla base e che ha dal vertice una distanza eguale ai $2/3$, o ai $3/4$, dell'altezza del cono, e che deve contenere il punto G.

Il baricentro della superficie laterale, o del volume di un cilindro (o prisma), a basi parallele, equidista dalle basi e stà sulla parallela, alle generatrici, che passa per il baricentro del contorno, o dell'area, di una base.

Si dimostra come il precedente.

g) **Teorema di Darboux.** Un solido, in campo finito, sia tale che la sua sezione generica con un piano di giacitura fissa, abbia area σ funzione intera, di grado non superiore al secondo, della distanza x del piano

di σ da un punto fisso. È allora noto (teorema di Cavalieri-Simpson) che: se σ_1, σ_2 sono le aree (anche nulle)
delle sezioni estreme, h la loro distanza, e σ_0 l'area
della sezione mediana (tra σ_1 e σ_2), per il volume τ del
solido si ha:

$$(a) \qquad \tau = \frac{h}{6}\,(\sigma_1 + 4\sigma_0 + \sigma_2)\ {}^*).$$

Se G_1, G_0, G_2 sono i centri di massa delle sezioni,
ora considerate, σ_1, σ_0, σ_2 (superficie omogenee) e:

$$(b) \qquad H = \frac{h}{6\tau}\,(\sigma_1\,G_1 + 4\sigma_0\,G_0 + \sigma_2\,G_2)$$

è il baricentro dei punti G_1, G_0, G_2 con le masse σ_1,
$4\sigma_0$, σ_2, allora il centro di massa G_τ del solido (omogeneo) considerato, ed il predetto punto H, stanno su
una retta parallela alle sezioni σ.

In particolare:

se i punti G_τ, G_1, G_0, G_2 sono collineari; ovvero:

*se la superficie laterale (che unisce σ_1 e σ_2) di τ
è rigata, allora $G_\tau = H$, cioè* [per la (a)],

$$(c)\quad G_\tau = \frac{h}{6\tau}(\sigma_1 G_1 + 4\sigma_0 G_0 + \sigma_2 G_2) = \frac{\sigma_1 G_1 + 4\sigma_0 G_0 + \sigma_2 G_2}{\sigma_1 + 4\sigma_0 + \sigma_2}.$$

Supponiamo che: O_1 sia un punto fisso del piano di σ_1;
a un vettore unitario normale alle sezioni σ di τ; $O = O_1 + xa$
il punto nel quale la retta $O_1 a$ taglia il piano della sezione
generica σ; G il centro di massa della sezione σ.

---

*) Lo stesso anche quando σ è funzione del terzo grado
di x; ma allora non valgono più le proprietà seguenti.

Si ha, essendo σdx l'elemento di volume del solido, cioè essendo $\tau = \int_0^h \sigma\, dx$:

$$\tau G_\tau = \int_0^h \sigma G\, dx, \quad \text{ovvero} \quad \tau(G_\tau - O_1) = \int_0^h \sigma(G - O_1)\, dx\,;$$

ora osservando che $(G - O_1) \times a = x$, si ha:

$$\tau(G_\tau - O_1) \times a = \int_0^h \sigma x\, dx\,;$$

ma σx è funzione di x d'ordine non superiore al terzo, e quindi (teorema di CAVALIERI-SIMPSON):

$$\tau(G_\tau - O_1) \times a = \frac{h}{6}\,[(\sigma x)_{x=0} + 4\,(\sigma x)_{x=h/2} + (\sigma x)_{x=h}] =$$

$$= \frac{h}{6}\,[\sigma_1(G_1 - O_1) + 4\sigma_0(G_0 - O_1) + \sigma_2(G_2 - O_1)] \times a,$$

da cui si ha subito, tenendo conto dell'espressione di H:

$$(G_\tau - H) \times a = 0,$$

che dimostra la *prima* parte del teorema.

Se i punti G_τ, G_1, G_0, G_2 sono collineari, essi non possono stare su di una retta parallela a σ; quindi, affinchè valga la proprietà precedente, dev'essere $G_\tau = H$ il che dimostra la *seconda* parte del teorema.

Il punto P, funzione delle variabili indipendenti x, u, descriva il contorno di σ. Il settore infinitesimo di vertice O e di base $P_u'du$, ha per area e per baricentro, rispettivamente:

$$\frac{1}{2}\,(P - O) \times i P_u'.\,du, \quad O + \frac{2}{3}\,(P - O),$$

e quindi si ha:

$$\sigma G = \int \frac{1}{2}\,(P - O) \times i\,P_{u}'.\left[O + \frac{2}{3}\,(P - O)\right].du,$$

l'integrazione essendo estesa all'intervallo nel quale varia u perchè P descriva (per x fisso) l'intero contorno di σ.

Se ora P è funzione di primo grado di x, σG è funzione di grado non superiore al terzo, e quindi (teorema di Cavalieri-Simpson), si ha:

$$\tau\,G_\tau = \int_0^h \sigma G\,dx = \frac{h}{6}\,[\sigma_1\,G_1 + 4\,\sigma_0\,G_0 + \sigma_2\,G_2],$$

cioè vale la (*c*).

La superficie che collega σ_1 e σ_2 sia rigata. Essendo P_1, P_2 i punti dei contorni di σ_1, σ_2 sulla stessa generatrice, funzioni di una stessa variabile numerica u, per i punti P del contorno di σ si ha:

$$P = P_1 + \frac{x}{h}\,(P_2 - P_1),$$

e quindi P è funzione di primo grado di x. Ne segue che σ è di secondo grado in x; vale a dire siamo nel caso precedente, e resta così dimostrata anche la *terza* parte del teorema.

Ad es., si ha dalla (*c*) che: *per un cono qualsiasi, o piramide, il punto G_τ stà sul segmento che ha per estremi il vertice e il centro di massa della base, e dista dal vertice dei 3/4 del segmento stesso* [cfr. *f*)].

Si noti che: *la (c) è applicabile alle* **quadriche** (*superficie del secondo ordine*); e ciò risulta in due modi: perchè i punti G_τ, G_1, G_0, G_2 sono collineari, stando sul diametro coniugato alla giacitura delle sezioni σ; ovvero perchè una quadrica è superficie rigata, a generatrici reali o pur no.

Si ha ancora il teorema:

Se a_1, a_2, a_τ, sono le distanze, con segno, delle sezioni σ_1, σ_2 e del punto G_τ da un piano fisso parallelo alle sezioni σ, allora:

$$(d) \qquad a_\tau = \frac{(\sigma_1 + 2\sigma_0)\, a_1 + (2\sigma_0 + \sigma_2)\, a_2}{\sigma_1 + 4\sigma_0 + \sigma_2}.$$

Infatti. Qualunque sia il punto O, si ha dalla (c):

$$(\sigma_1 + 4\,\sigma_0 + \sigma_2)(G_\tau - O) =$$
$$= \sigma_1(G_1 - O) + 4\,\sigma_0(G_0 - O) + \sigma_2(G_2 - O).$$

Se, ora, a è vettore unitario normale a σ, e O stà nel piano fisso considerato, si ha:

$$(G_1 - O) \times a = a_1, \quad (G_2 - O) \times a = a_2,$$
$$(G_\tau - O) \times a = a_\tau, \quad (G_0 - O) \times a = (a_1 + a_2)/2;$$

moltiplicando ($\times$) l'eguaglianza precedente per a si ha appunto la (d).

Così, ad es., per un segmento sferico a due basi, le cui distanze, con segno, dal centro sono a, b (con $b > a$) si ricava dalla (d) che la distanza di G_τ dal centro della sfera vale:

$$\frac{3(a+b)(2r^2 - a^2 - b^2)}{4(3r^2 - a^2 - ab - b^2)},$$

essendo r il raggio della sfera. In particolare, per un emisfero $(a = 0, b = r)$ tale distanza vale $3r/8$.

h) **Teoremi di Guldino.** Se una linea od una superficie, piane, ruotano intorno ad una retta del loro piano che non le taglia, allora l'area descritta dalla linea, od il volume descritto dalla superficie, è il prodotto della lunghezza della linea, o dell'area della superficie, per il cammino percorso dal centro di massa G della linea, o della superficie.

Sia O un punto dell'asse e k un vettore unitario normale all'asse e parallelo al piano della figura. Si ha, come è ben noto [cfr. n. 1, (1')]:

$$\int (P - O)\,dm = m\,(G - O).$$

Se la rotazione infinitesima è di $d\varphi$ radianti si ha, come area o volume, osservando che $(P - O) \times k$ è la distanza di P dall'asse:

$$\iint (P - O) \times k \,.\, d\varphi\,dm = \int_0^\varphi d\varphi \,.\, \int (P - O)\,dm \times k =$$

$$= m\,[\varphi \,.\, (G - O) \times k],$$

che dimostra il teorema.

Lo stesso risultato, si ottiene applicando la (1") osservando che: per k sul piano della figura e normale all'asse di rotazione, si ha $(P - O) \times k = x$, $(G - O) \times k = x_c$.

4. Momento e omografia d'inerzia.

Consideriamo il solito sistema materiale $S \equiv (m_i, P_i)$, con masse positive, continuo o pur no. Il simbolo Σ, somma, che vale per i sistemi non continui, si intende cambiato in integrale, semplice, doppio, triplo secondochè la figura di S è linea, superficie, solido. Essendo O un punto ed u un vettore, non nullo, indicheremo, brevemente, con Ou la retta che passa per O ed è parallela ad u.

a) **Momento e raggio d'inerzia rispetto ad un asse; omografia d'inerzia rispetto ad un punto.** Sia u una *retta* che individuiamo anche mediante un suo punto O ed un vettore unitario u parallelo ad essa.

Si chiama *momento d'inerzia di S rispetto all'asse u*, la: *somma dei prodotti delle masse m_i dei punti P_i di S, per i quadrati delle distanze r_i dei punti P_i dalla retta u.*

Indicando con $\mathfrak{I}$ tale momento di inerzia (numero *positivo*, e nullo solo nel caso che la figura di S stia tutta sull'asse u) ed osservando che le distanze r_i sono date da $r_i = \mathrm{mod}\,[(P_i - O) \wedge u]$, si ha:

$$(7) \qquad \mathfrak{I} = \Sigma\, m_i r_i^2 = \Sigma\, m_i\, [(P_i - O) \wedge u]^2.$$

Il numero $\mathfrak{R}$ tale che:

$$(8) \qquad \mathfrak{I} = m\mathfrak{R}^2, \quad \text{con} \quad m = \Sigma\, m_i,$$

si chiama *raggio d'inerzia di S rispetto alla retta u.*

È ovvio che: *se il punto P dista di $\mathfrak{R}$ da u, il punto-massa (m, P) ha lo stesso momento d'inerzia $\mathfrak{I}$ di S rispetto ad u.*

Si chiama *omografia d'inerzia di S rispetto al punto O* la omografia, η, definita ponendo:

$$(9) \qquad \eta = -\Sigma\, m_i\,[(P - O) \wedge]\,[(P_i - O)\wedge] =$$
$$= -\Sigma\, m_i\,[(P_i - O)\wedge]^2,$$

ovvero, ricordando [cfr. Intr. II, n. 2, d), (3')] che si ha la formula $(a \wedge)^2 = H(a, a) - a^2$,

$$(9') \qquad \eta = \Sigma m_i [(P_i - O)^2 - H(P_i - O, P_i - O)].$$

La omografia d'inerzia è una dilatazione; perchè sono dilatazioni le due parti del secondo membro della (9').

La grande importanza della omografia d'inerzia η, risulta subito osservando che: *se u è vettore unitario, per il momento d'inerzia, $\mathfrak{I}$, di S rispetto all'asse Ou si ha:*

$$(10) \qquad \mathfrak{I} = u \times \eta u, \quad \text{con} \quad u^2 = 1.$$

Infatti. Dalle (7) e (9), si ha:

$$\mathfrak{I} = \Sigma m_i [(P_i - O) \wedge u] \times [(P_i - O) \wedge u] =$$
$$= - \Sigma m_i . u \times (P_i - O) \wedge [(P_i - O) \wedge u] =$$
$$= - u \times \Sigma m_i [(P_i - O) \wedge]^2 u = u \times \eta u.$$

Se il sistema S si scompone nelle parti S', S'', ..., e $\mathfrak{I}'$, $\mathfrak{I}''$, ..., sono i momenti d'inerzia di tali parti rispetto allo stesso asse u e η', η'', ..., le omografie d'inerzia di tali parti rispetto allo stesso punto O, allora:

$$(11) \qquad \mathfrak{I} = \mathfrak{I}' + \mathfrak{I}'' + ..., \quad \eta = \eta' + \eta'' + ...$$

Ciò risulta, in modo ovvio, dalle (7), (9), ovvero (9').

Quando per gli elementi $\mathfrak{I}$, $\mathfrak{R}$, η si debba tener conto esplicitamente degli elementi S, Ou, O dai quali dipendono, allora si scriverà, con notazione completa:

$$\mathfrak{I}(S, Ou), \quad \mathfrak{R}(S, Ou), \quad \eta(S, O),$$

ovvero:

$$\mathfrak{I}_{S,\,Ou}, \quad \mathfrak{R}_{S,\,Ou}, \quad \eta_{S,\,O};$$

e quando si possa sottintendere S si scriverà:

$$\mathfrak{I}(Ou), \quad \mathfrak{R}(Ou), \quad \eta(O), \quad \text{ovvero:} \quad \mathfrak{I}_{Ou}, \quad \mathfrak{R}_{Ou}, \quad \eta_O.$$

    $b)$ **Riduzione al centro di massa.** *Se G è il centro di massa del sistema S e O è un punto qualunque, allora tra le omografie d'inerzia, η_O, η_G, relative ad O e G, si ha la seguente notevole ed importante relazione:*

$$(12) \qquad \eta_O = \eta_G - m\,[(G-O)\wedge]^2 =$$
$$= \eta_G + m\,(G-O)^2 - m\,\mathrm{H}\,(G-O,\,G-O).$$

Infatti. Dalla formula (9) e tenuto conto che, per la formula (1'), $\Sigma\, m_i(P_i - G) = m(G - G) = 0$, si ha:

$$\eta_O u = -\Sigma\, m_i[(P_i-G)+(G-O)]\wedge[(P_i-G)\wedge u + (G-O)\wedge u] =$$
$$= -\Sigma\, m_i(P_i-G)\wedge[(P_i-G)\wedge u] - m(G-O)\wedge[(G-O)\wedge u] =$$
$$= \eta_G u - m\,[(G-O)\wedge]^2 u,$$

e poichè il vettore u è arbitrario, resta dimostrata la (12).

    Ne segue che: *basta conoscere la η_G, perchè si possa calcolare la η_O rispetto a qualsiasi punto O.*

    Più in generale, se A, B sono punti qualunque, si ha:

$$(12') \qquad \eta_B = \eta_A - m\,[(A-B)\wedge]\,[(G-B)\wedge] -$$
$$- m\,[(G-A)\wedge]\,[(A-B)\wedge],$$

che per $A = G$ e $B = O$ dà la prima forma della (12).

Si può ottenere la (12') dalla (12), scrivendo questa per B ed A, sottraendo e facendo alcune riduzioni. Oppure direttamente, dalla seconda forma della (9), così:

$$\eta_B = -\Sigma\, m_i[(P_i - B)\wedge]^2 = -\Sigma\, m_i[(P_i - A + A - B)\wedge]^2 =$$
$$= \eta_A - m[(G - A)\wedge][(A - B)\wedge] -$$
$$- m[(A - B)\wedge][(G - A)\wedge] - m[(A - B)\wedge]^2 =$$
$$= \eta_A - m[(A - B)\wedge][(G - B)\wedge] - m[(G - A)\wedge][(A - B)\wedge].$$

Si ha la formula notevole:

$$(13) \qquad \Im_{Ou} = \Im_{Gu} + m[(G - O)\wedge \boldsymbol{u}]^2,$$

la quale prova che: *il momento d'inerzia di S rispetto ad $O\boldsymbol{u}$ è la somma del momento d'inerzia di S rispetto a $G\boldsymbol{u}$ (asse parallelo al primo, uscente dal centro di massa) col momento d'inerzia rispetto ad $O\boldsymbol{u}$ del punto-massa (m, G), essendo G il centro di massa di S ed m la massa totale del sistema S.*

Infatti, nella dimostrazione della [12], abbiamo trovato che:

$$\eta_O\boldsymbol{u} = \eta_G\boldsymbol{u} - m(G - O)\wedge[(G - O)\wedge\boldsymbol{u}],$$
quindi:

$$\boldsymbol{u} \times \eta_O\boldsymbol{u} = \boldsymbol{u} \times \eta_G\boldsymbol{u} - m[\boldsymbol{u}\wedge(G - O)]\times[(G - O)\wedge\boldsymbol{u}],$$

da cui segue la (13).

c) Alcune formule. Introducendo [cfr. (8)] il raggio d'inerzia, la (13) diviene:

$$(13') \qquad \Re^2_{Ou} = \Re^2_{Gu} + \delta^2 \quad \text{con } \delta \text{ distanza tra } O\boldsymbol{u} \text{ e } G\boldsymbol{u}.$$

Se i, j, k è terna unitaria-ortogonale-destra, si ha:

$$(14) \qquad \mathfrak{I}_{Oi} + \mathfrak{I}_{Oj} + \mathfrak{I}_{Ok} = \mathrm{I}_1 \eta_0 = 2 \Sigma m_i (P_i - O)^2,$$

$$(15) \qquad \mathfrak{I}_{Oi} + \mathfrak{I}_{Oj} = \mathfrak{I}_{Ok} + 2 \Sigma m_i [(P_i - O) \times k]^2 \; *)$$

ed altre due analoghe alla (15) per j, k e k, i. In particolare, se S ha figura piana giacente nel piano Oij, allora:

$$(15') \qquad\qquad \mathfrak{I}_{Oi} + \mathfrak{I}_{Oj} = \mathfrak{I}_{Ok} \;;$$

cioè: la somma dei momenti d'inerzia rispetto a due assi, uscenti da O, ortogonali e giacenti nel piano di S, eguaglia il momento d'inerzia rispetto all'asse, uscente pure da O, normale al piano.

---

*) Il numero $\Sigma m_i [(P_i - O) \times k]^2$ si chiama anche momento d'inerzia di S rispetto al *piano* uscente da O e normale a k. Non consideriamo esplicitamente tali momenti perchè poco utili.

Indicando con $\mathfrak{I}^*$ il momento d'inerzia rispetto al piano che passa per O, ed è normale al vettore u, unitario, ed osservando che:

$$\Sigma m_i (P_i - O)^2 - \Sigma m_i [(P_i - O) \wedge u]^2 = \Sigma m_i [(P_i - O) \times u]^2,$$

si ha [cfr. a), (7), (10); c), (14)]:

$$\mathfrak{I}^* = \mathrm{I}_1 \eta / 2 \,.\, u \times u - u \times \eta u,$$

vale a dire:

$$\mathfrak{I}^* = u \times (\mathrm{I}_1 \eta / 2 - \eta) u.$$

Si ha così una nuova omografia d'inerzia $\mathrm{I}_1 \eta / 2 - \eta$, rispetto al punto O, che dà i momenti d'inerzia rispetto a piani passanti per O. Tale omografia è pure una dilatazione e la sua quadrica indicatrice è l'*ellissoide di* Binet, che è coassiale dell'*ellissoide di* Poinsot [cfr. d)].

Dalla (9'), si ha:

$$I_1 \eta_O = \Sigma\, m_i [3(P_i - O)^2 - (P_i - O)^2] = 2\Sigma\, m_i (P_i - O)^2;$$

per la (10), si ha:

$$I_1 \eta_O = i \times \eta_O i + j \times \eta_O j + k \times \eta_O k = \mathfrak{I}_{Oi} + \mathfrak{I}_{Oj} + \mathfrak{I}_{Ok};$$

il che dimostra le (14).

Dalle (14) e (7), si ha:

$$\mathfrak{I}_{Oi} + \mathfrak{I}_{Oj} = \mathfrak{I}_{Ok} + 2\,\Sigma\, m^i \big\{ (P_i - O)^2 - [(P_i - O) \wedge k]^2 \big\} =$$
$$= \mathfrak{I}_{Ok} + 2\,\Sigma\, m_i [(P_i - O) \times k]^2.$$

d) **Assi principali d'inerzia relativi ad un punto ; ellissoidi di inerzia.** La omografia d'inerzia, η_O, relativa al punto O è una dilatazione. Essa ammette dunque almeno tre *direzioni unite* ortogonali; queste siano date dal sistema unitario-ortogonale-destro i, j, k. Esistono i numeri A, B, C per i quali si ha:

$$(16) \qquad \eta_O i = A i, \quad \eta_O j = B j, \quad \eta_O k = C k$$

e si ha evidentemente [cfr. (10)] :

$$(16') \qquad A = i \times \eta_O i = \mathfrak{I}_{Oi}, \quad B = j \times \eta_O j = \mathfrak{I}_{Oj},$$

$$C = k \times \eta_O k = \mathfrak{I}_{Ok},$$

ed in conseguenza [cfr. (14)] :

$$(17) \qquad A + B + C = I_1 \eta_O = 2\Sigma\, m_i (P_i - O)^2.$$

Ma si ha anche (il che prova che A, B, C non possono esser dati ad arbitrio) :

$$(18) \qquad B + C > A, \quad C + A > B, \quad A + B > C.$$

Infatti. Dalle (17), (16), (7), si ha:

$$B + C - A = 2\Sigma m_i (P_i - O)^2 - 2\Sigma m_i [(P_i - O) \wedge i]^2 =$$
$$= 2\Sigma m_i [(P_i - O) \times i]^2 > 0.$$

Le rette Oi, Oj, Ok, parallele alle direzioni unite della omografia d'inerzia relativa ad O, diconsi *assi principali d'inerzia di S rispetto ad O*.

I numeri A, B, C sono detti [cfr. (16)] *momenti principali d'inerzia rispetto ad O*.

Questi assi principali d'inerzia sono gli assi di una qualsiasi *quadrica indicatrice* di η_O, descritta dal punto N tale che:

$$(19) \qquad (N - O) \times \eta_O (N - O) = h^2,$$

essendo h una costante arbitraria; quadrica che è un *ellissoide* perchè le A, B, C sono positive.

Se, ad es., $A = B$, l'ellissoide è di *rotazione* intorno all'asse Ok.

Se $A = B = C$ l'ellissoide è una *sfera*.

Uno qualunque degli ellissoidi (19) chiamasi *ellissoide d'inerzia* (ellissoide di POINSOT) *di S rispetto ad O*.

Come è noto : *il vettore $\eta(N-O)$ è parallelo alla normale in N all'ellissoide d'inerzia;* cioè: *è normale al piano diametrale coniugato ad $N-O$.*

Inoltre dalle (19) e (10) si ha subito:

$$(20) \qquad N - O = \left(h / \sqrt{\mathfrak{J}_{O_u}} \right) u,$$

e quindi i vettori $N - O$, con N variabile sull'ellissoide d'inerzia, dànno, indirettamente, il momento d'inerzia rispetto all'asse ON.

Dalla (20) risulta pure che le quadriche (19) sono *ellissoidi*, perchè il vettore $N - O$ ha sempre modulo finito.

e) **Alcuni teoremi.** Teorema I. Se una retta è asse principale d'inerzia rispetto [cfr. *d*)] a due suoi punti distinti, allora essa passa per il centro di massa G, ed è asse principale d'inerzia rispetto a ciascuno dei suoi punti.

Siano U, V i due punti distinti, con $V = U + xi$ e $i^2 = 1$. Se i è direzione unita per η_U e η_V, allora, indicando con A il momento d'inerzia rispetto all'asse UV, si avrà [cfr. (9), (16)]:

$$(a) \qquad \eta_U i = \Sigma m_i [(P_i - U) \wedge i] \wedge (P_i - U) = Ai,$$

$$\eta_V i = \Sigma m_i [(P_i - V) \wedge i] \wedge (P_i - V) = Ai,$$

ovvero, ricordando che $V - U = xi$ con $x \neq 0$,

$$(b) \qquad \Sigma m_i [(P_i - U) \wedge i] \wedge (P_i - V) = Ai.$$

Togliendo (*b*) da (*a*) si ha [cfr. (1')]:

$$\Sigma m_i [(P_i - U) \wedge i] \wedge i = 0,$$

cioè:

$$[(G - U) \wedge i] \wedge i = 0, \quad \text{quindi} \quad (G - U) \wedge i = 0,$$

il che prova che G stà sulla retta UV. Ecc.

È spesso importante riconoscere se sopra una retta data esiste, o pur no, un punto tale che l'ellissoide d'inerzia rispetto a tale punto abbia uno degli assi su quella retta.

Ciò si fà coi teoremi seguenti.

Teorema II. Essendo i vettore unitario, si vogliono trovare tutti i punti O tali che Oi è asse principale d'inerzia, cioè tali che i è direzione unita per η_O.

Se i è direzione unita per η_G, cioè $i \wedge \eta_G i = 0$, allora i punti O sono tutti quelli del piano uscente da G e normale ad i, e della retta uscente da G e parallela ad i.

Se i non è direzione unita per η_G, cioè $i \wedge \eta_G i \neq 0$, allora i punti O sono quelli di una iperbole equilatera di centro G, i cui asintoti sono paralleli ai vettori i, $i \wedge (i \wedge \eta_G i)$ e che ha $G . \eta_G i$ per un diametro trasverso.

Dalla (12) si ha che $i \wedge \eta_O i = 0$, solamente quando:

$$(a) \qquad i \wedge \eta_G i = m (G - O) \times i . i \wedge (G - O).$$

Se $i \wedge \eta_G i = 0$, allora:

$(G - O) \times i = 0, \quad O$ stà sul piano normale ad i uscente da G,

$i \wedge (G - O) = 0, \quad$ " sulla retta parallela "   "   "

Sia $i \wedge \eta_G i \neq 0$. Moltiplicando $(\times)$ la (a) per $G - O$ si ha $i \wedge \eta_G i \times (G - O) = 0$, vale a dire O stà sul piano $G . i . \eta_G i$.

Posto:
$$G - O = x . i + y . i \wedge (i \wedge \eta_G i),$$

si ha dalla (a), $xy = -1/m$, e quindi O stà sull'iperbole equilatera indicata. Posto $G - O = x . \eta_G i$, e sostituendo nella (a) si trova $x > 0$ e quindi $G . \eta_G i$ è diametro trasverso.

Teorema III. Se la retta u è parallela ad un asse della quadrica indicatrice di η_G, allora esiste un solo punto (o tutti se u passa per G) rispetto al quale u è asse principale d'inerzia, ed è il punto nel quale u taglia il piano diametrale normale ad u.

Se la retta u non è parallela ad un asse della quadrica indicatrice di η_G, allora non può essere asse principale d'inerzia rispetto ad un punto, o lo è rispetto ad un punto dell'iperbole considerata nel Teor. II, quando essa giace nel piano di tale iperbole.

Si deduce in modo ovvio dal Teor. II, perchè la retta u deve essere parallela al vettore i cioè ad un asintoto dell'iperbole.

5. Metodi generali per il calcolo dei momenti ed omografie d'inerzia per i sistemi continui omogenei.

Il sistema S che si considera sia *continuo* e *omogeneo* [cfr. n. 3].

a) Fissato un vettore unitario u ed un punto O, mediante la (7) si può calcolare il momento d'inerzia $\mathfrak{I}_{Ou}$, di S rispetto all'asse Ou, con integrazioni semplici o multiple. Ciò fatto si ottiene, mediante la (13) il momento d'inerzia di S rispetto a qualsiasi asse *parallelo ad u* e sotto *forma finita*, cioè *senza nuove integrazioni*. Ma se si vuole il momento d'inerzia rispetto ad assi paralleli ad altro vettore v, non parallelo ad u, occorre fare nuove integrazioni, ripetere cioè per l'asse Ov il calcolo già fatto per l'asse Ou.

b) È dunque più semplice calcolare la omografia d'inerzia, η_O, di S rispetto ad un punto O, o, meglio, calcolare l'omografia d'inerzia, η_G, di S rispetto al centro di massa, G, di S, poichè ottenuta la η_G si ha, per la (12), la η_O generica, indi, per la (10) il momento d'inerzia rispetto a qualsiasi asse.

c) Il calcolo della omografia d'inerzia di un solido si può ridurre al calcolo della omografia d'inerzia di aree piane.

*Sia O un punto fisso e **a** un vettore unitario. Si tagli il solido S con un piano normale alla retta O**a**, alla distanza x da O e sia s_x il sistema materiale sezione. Si ha* [cfr. n. 4, *a*)]:

$$(21) \qquad \eta(S, O) = \int \eta(s_x, O)\, dx$$

e quindi nota la $\eta(s_x, O)$ *per ogni x, si ottiene* $\eta(S, O)$ *con un integrale semplice.*

Infatti. Se $d\lambda$ è l'elemento di area nel punto generico P di s_x, per l'elemento di volume dm di S in P si ha $dm = d\lambda\, dx$. Allora, si ha [cfr. n. 4, (9)]:

$$\eta(S, O) = -\iiint [(P-O)\wedge]^2\, d\lambda\, dx = -\int dx \iint [(P-O)\wedge]^2\, d\lambda,$$

che dimostra la (21), poichè l'$\iint$ è appunto $-\eta(s_x, O)$.

La riduzione ad integrale semplice si può anche fare con altri artifici.

d) In modo analogo a *c*) si può fare per l'omografia d'inerzia di un'area piana, riducendo alle omografie d'inerzia di segmenti normali ad O**a**. Si può ottenere lo stesso risultato per aree piane, o pur no, con speciali artifici che il lettore può trovare, caso per caso, da sè in modo assai semplice.

6. Calcolo di alcune omografie d'inerzia.

a) **Parallelepipedo.** Se O è un vertice del parallele-pipedo e $O+a$, $O+b$, $O+c$ sono i tre vertici conse-cutivi, essendo a, b, c vettori non complanari, per la omografia d'inerzia, η_G, relativa al baricentro, G, del parallelepipedo, si ha:

$$(22) \quad \eta_G = -\frac{m}{12}\left[(a\wedge)^2 + (b\wedge)^2 + (c\wedge)^2\right] =$$

$$= \frac{m}{12}\left[a^2 + b^2 + c^2 - \mathrm{H}(a,a) - \mathrm{H}(b,b) - \mathrm{H}(c,c)\right],$$

essendo m il volume del parallelepipedo, cioè la massa del solido S.

Si ha ovviamente:

$$G = O + a/2 + b/2 + c/2,$$

e quindi, per il punto generico P di S:

$$P = G + xa + yb + zc,$$

le x, y, z variando, indipendentemente l'una dall'altra da $-1/2$ ad $1/2$.

Per l'elemento di volume dm in P, si ha [cfr. n. 2, (3)]:

$$dm = m\,dx\,dy\,dz$$

(poichè $\iiint dx\,dy\,dz = 1$) e quindi [cfr. n. 4, (9)]:

$$-\eta_G = m\iiint (x.a\wedge + y.b\wedge + z.c\wedge)^2\,dx\,dy\,dz =$$

$$= m(a\wedge)^2\iiint x^2\,dx\,dy\,dz + \ldots + m(a\wedge)(b\wedge)\iiint xy\,dx\,dy\,dz + \ldots ;$$

osservando che:

$$\iiint x^2\, dx\, dy\, dz = 1/12 , \quad \ldots, \quad \iiint xy\, dx\, dy\, dz = 0 , \quad \ldots$$

si ha appunto la formula (22).

In particolare, per il *cubo*, a, b, c sono due a due ortogonali ed hanno lo stesso modulo l e la (22) dà $\eta_G = l^5/6$, perciò la quadrica d'inerzia è una *superficie sferica*.

b) **Parallelogrammo.** Se O è un vertice del parallelogrammo e $O + a$, $O + b$ sono i due vertici consecutivi, essendo a, b vettori non paralleli, per la omografia d'inerzia, η_G, relativa al baricentro, G, del parallelogrammo, si ha:

$$(23) \qquad \eta_G = -\frac{m}{12}\left[(a \wedge)^2 + (b \wedge)^2\right] =$$

$$= \frac{m}{12}\left[a^2 + b^2 - \mathrm{H}(a, a) - \mathrm{H}(b, b)\right],$$

essendo m l'area del parallelogrammo, cioè la massa di S.

Si può ripetere il calcolo *a*) osservando che $G = O + a/2 + b/2$ e $P = G + xa + yb$ con x, y variabili, indipendenti, da $-1/2$ ad $1/2$. Ma si ottiene subito dalla (22) per $c = 0$, cambiando m nell'area del parallelogrammo.

Per il momento d'inerzia rispetto all'asse Gk normale al piano del parallelogrammo, si ha subito dalla formula (23) [cfr. n. 4, (10)]:

$$(23') \qquad \mathfrak{I}_{Gk} = k \times \eta_G k = m(a^2 + b^2)/12 .$$

In particolare, per il *quadrato* di lato l si ha:

$$(23'') \qquad \eta_G = \frac{l^4}{12} \left[1 + \mathrm{H}(k, k) \right]$$

e l'ellissoide d'inerzia è superficie di rotazione intorno all'asse Gk; ecc.

    c) **Triangolo.** Se A è un vertice del triangolo, gli altri due vertici sono $A + b$, $A + c$, G è centro di massa e m è l'area del triangolo, si ha:

$$(24) \qquad \eta_G = \frac{m}{36} \left[2b^2 + 2c^2 - 2b \times c - \right.$$

$$\left. - 2\mathrm{H}(b, b) - 2\mathrm{H}(c, c) + \mathrm{H}(b, c) + \mathrm{H}(c, b) \right] =$$

$$= - \frac{m}{36} \left[2(b\wedge)^2 + 2(c\wedge)^2 - (b\wedge)(c\wedge) - (c\wedge)(b\wedge) \right].$$

Si può operare direttamente, come per il parallelogrammo, osservando che $P = A + xb + yc$ per x variabile da 0 ad 1, y variabile da 0 ad $1 - x$, $dm = 2m\,dx\,dy$ e $G = A + b/3 + c/3$.

Ma è più semplice dedurre la (24) dalla (23).

Se M è il punto medio del lato opposto ad A, si ha:

$$M = A + b/2 + c/2, \quad G = A + b/3 + c/3,$$
$$G - M = - b/6 - c/6;$$

allora dalla (23), e per m area del triangolo si ha, rispetto al triangolo:

$$\eta_M = \frac{m}{12} \left[b^2 + c^2 - \mathrm{H}(b, b) - \mathrm{H}(c, c) \right],$$

e, in conseguenza [cfr. n. 4, *b)*, (12)]:

$$\eta_G = \eta_M - \frac{m}{36} (b + c)^2 + \frac{m}{36} \mathrm{H}(b + c, b + c),$$

che, sviluppata e ridotta, dà appunto la (24).

Per k normale al piano del triangolo ABC, $k^2=1$, ed avendo a, b, c il solito significato per ABC, si può ricavare dalla (24):

$$(24') \qquad \mathfrak{I}_{Gk} = k \times \eta_G k = m(a^2+b^2+c^2)/36 \,.$$

d) **Segmento.** Se A è un estremo del segmento, $A+a$ è l'altro estremo, G il centro di massa (medio tra A e $A+a$) e m la lunghezza del segmento, si ha:

$$(25) \qquad \eta_G = \frac{m}{12}[a^2 - \mathrm{H}(a, a)] = -\frac{m}{12}(a\wedge)^2 \,.$$

Si ottiene, col solito metodo, per $G = A+a/2$, $P = G+xa$, $dm = m\,dx$ con x variabile da $-1/2$ ad $1/2$. Più semplicemente dalla (22) per $b = c = 0$.

e) **Circonferenza.** Per la circonferenza di centro G, raggio r, ed il cui piano è normale al vettore unitario k si ha:

$$(26) \quad \eta_G = \pi r^3 [1 + \mathrm{H}(k, k)] = \frac{m}{2} r^2 [1 + \mathrm{H}(k, k)] \,;$$

e per il punto $O = G + hk$ si ha:

$$(26') \qquad \eta_O = \pi r\,[r^2 + 2h^2 + (r^2 - 2h^2)\,\mathrm{H}(k, k)] \,.$$

Essendo a vettore unitario normale a k, si ha:

$$P = G + r\cos\varphi\,.\,a + r\,\mathrm{sen}\,\varphi\,.\,ia, \quad dm = r\,d\varphi \,,$$

con φ variabile da 0 a 2π. Allora:

$$\eta_G = r\int_0^{2\pi} [r^2 - r^2\,\mathrm{H}(\cos\varphi\,.\,a + \mathrm{sen}\,\varphi\,.\,ia, \quad \cos\varphi\,.\,a + \mathrm{sen}\,\varphi\,.\,ia]\,d\varphi \,;$$

sviluppando la H ed osservando che:

$$\int_0^{2\pi}\cos^2\varphi\,d\varphi = 4\int_0^{\pi/2}\cos^2\varphi\,d\varphi = \pi,\ \text{ecc.}, \quad \int_0^{2\pi}\operatorname{sen}\varphi\cos\varphi\,d\varphi = 0,$$

si ha:

$$\eta_G = \pi r^3[2 - H(a,\,a) - H(ia,\,ia)];$$

e poichè $H(a,\,a) + H(ia,\,ia) + H(k,\,k) = 1$, risulta la (26). La (26') si ottiene dalla (26) e dalla (12).

f) **Ellisse (area) e Cerchio.** Per l'area dell'ellisse di centro G e della quale i vettori $a,\,b$ individuano due semi assi, si ha:

$$(27)\quad \eta_G = -\frac{\pi\,\operatorname{mod}a\,.\,\operatorname{mod}b}{4}\,[(a\wedge)^2 + (b\wedge)^2] =$$

$$= \frac{\pi\,\operatorname{mod}a\,.\,\operatorname{mod}b}{4}\,[a^2 + b^2 - H(a,a) - H(b,b)].$$

In particolare per il cerchio limitato dalla circonferenza considerata in e), e per $O = G + hk$ si ha:

$$(27')\quad \eta_G = \frac{\pi}{4}\,r^4[1 + H(k,\,k)] = \frac{m\,r^2}{4}\,[1 + H(k,\,k)],$$

$$(27'')\quad \eta_O = \frac{\pi}{4}\,r^2[r^2 + 4h^2 + (r^2 - 4h^2)\,H(k,\,k)].$$

Per il punto generico P dell'area dell'ellisse, si ha:

$$P = G + x\cos\varphi\,.\,a + x\operatorname{sen}\varphi\,.\,b,$$

con x variabile da 0 ad 1 e φ variabile da 0 a 2π. L'elemento di area, dm, è quindi [cfr. n. 2, (3'')]:

$$dm = x \bmod \boldsymbol{a} \cdot \bmod \boldsymbol{b} \cdot dx \, d\varphi.$$

Si ha allora:

$$\eta_G = -\iint [(x\cos\varphi \cdot \boldsymbol{a} + x\,\mathrm{sen}\,\varphi \cdot \boldsymbol{b})\wedge]^2 \, x \bmod \boldsymbol{a} \cdot \bmod \boldsymbol{b} \cdot dx \, d\varphi;$$

sviluppando ed osservando che:

$$\iint x^3 \cos^2\varphi \, d\varphi \, dx = 4\int_0^1 x^3 \, dx \int_0^{\pi/2} \cos^2\varphi \, d\varphi = \pi/4,$$

$$\iint x^3 \, \mathrm{sen}\,\varphi \cos\varphi \, d\varphi \, dx = \int_0^1 x^3 \, dx \int_0^{2\pi} \mathrm{sen}\,\varphi \cos\varphi \, d\varphi = 0, \quad \text{ecc.},$$

si ha con semplici riduzioni la (27).

Se nella (27) si pone $\boldsymbol{a} = r\boldsymbol{i}$, $\boldsymbol{b} = r\boldsymbol{ii}$ si ottiene la (27'), indi la (27'') [cfr. n. 4, (12)].

Per ottenere la [27'] indipendentemente dalla (27) si può operare semplicemente così. Si consideri la circonferenza di centro G e raggio y; si ha [cfr. n. 5, *d*)] dalla prima forma della formula (26):

$$\eta_G = \int_0^r \pi y^3 [1 + \mathrm{H}(\boldsymbol{k}, \boldsymbol{k})] \, dy = \quad \text{ecc.}$$

g) **Sfera (volume).** Per il volume della sfera di centro G e raggio r, si ha:

$$(28) \qquad\qquad \eta_G = \frac{8}{15}\,\pi r^5.$$

Essendo k vettore unitario arbitrario, si consideri il cerchio di centro $O = G + x k$, appartenente alla sfera (piano normale a k). Dalla (27'') si ha [cfr. n. 5, c)]:

$$\eta_G = \int_{-r}^{+r} \frac{\pi}{4} \, (r^2 - x^2)\,[r^2 + 3x^2 + (r^2 - 5x^2)\,\mathrm{H}\,(k,\,k)]\,dx \, ;$$

osservando che:

$$\int_{-r}^{+r}(r^2 - x^2)(r^2 + 3x^2)\,dx = 32\,r^5/15, \quad \int_{-r}^{+r}(r^2 - x^2)(r^2 - 5x^2)\,dx = 0,$$

si ha la formula (28).

h) **Superficie sferica.** Per la superficie sferica di centro G e raggio r si ha:

$$(29) \qquad\qquad \eta_G = \frac{8}{3}\,\pi\,r^4.$$

Se poniamo $Q = G + x(P - G)$, variando P sulla superficie sferica e x da 0 ad 1, allora l'elemento di volume della sfera in Q è $rx^2\,d\sigma\,dx$ essendo $d\sigma$ l'elemento di superficie sferica in P. Allora dalla (28) si ha ovviamente:

$$-\frac{8}{15}\,\pi r^5 = r\iiint [(Q - G)\wedge\,]^2 x^2\,d\sigma\,dx =$$
$$= r\iiint [(P - G)\wedge\,]^2 x^4\,d\sigma\,dx =$$
$$= r\int_0^1 x^4\,dx \iint [(P - G)\wedge\,]^2 d\sigma =$$
$$= -\frac{r}{5}\,\eta_G \, ,$$

che dimostra la (29).

Si può ottenere in altro modo la (29) osservando che l'ellissoide d'inerzia rispetto a G è ovviamente una sfera, perciò dalla (17) risulta:

$$\eta_G = 2\,\Sigma\,m_i(P_i - G)^2/3 = 2\,m\,r^2/3 = 8\pi r^4/3\,.$$

Dalla (29) si può ricavare subito la (28) osservando che la η_G per il solido sferico si può scrivere:

$$\eta_G = \int_0^r (8\pi x^4/3)\,dx = 8\pi r^5/15\,.$$

i) **Cono e cilindro.** Per il *volume* del cono circolare retto, di vertice V, con raggio di base r, altezza h, e l'asse parallelo al vettore unitario k, si ha:

$$(30) \qquad \eta_V = \frac{\pi}{20}\, r^2 h\,[r^2 + 4h^2 + (r^2 - 4h^2)\,\mathrm{H}(k, k)]\,,$$

$$(30') \qquad \eta_G = \frac{\pi}{80}\, r^2 h\,[4r^2 + h^2 + (4r^2 - h^2)\,\mathrm{H}(k, k)]\,,$$

Per la *superficie laterale* dello stesso cono, essendone $l = \sqrt{r^2 + h^2}$ il lato, si ha:

$$(31) \qquad \eta_V = \frac{\pi}{3}\, rl\,[r^2 + 2h^2 + (r^2 - 2h^2)\,\mathrm{H}(k, k)]\,,$$

$$(31') \qquad \eta_G = \frac{\pi}{9}\, rl\,[3r^2 + 2h^2 + (3r^2 - 2h^2)\,\mathrm{H}(k, k)]\,.$$

Per il *volume* del cilindro circolare retto, di altezza h, raggio di base r e asse parallelo al vettore k, si ha:

$$(32) \qquad \eta_G = \frac{\pi}{12}\, r^2 h\,[3r^2 + h^2 + (3r^2 - h^2)\,\mathrm{H}(k, k)]\,.$$

Per la *superficie laterale* dello stesso cilindro si ha :

$$(33) \quad \eta_G = \frac{\pi}{6}\, rh\, [6r^2 + h^2 + (6r^2 - h^2)\, \mathrm{H}\,(k,\, k)]\,.$$

Tagliando il cono con un piano parallelo alla base e distante xh dal vertice, si ottiene come sezione un cerchio di raggio xr; l'elemento di volume è $\pi x^2 r^2 . h\, dx$ che, variando x da 0 ad 1, dà, appunto, $\pi r^2 h/3$ come volume totale. Allora per la η_V si ha [cfr. n. 5, *c*); n. 6, *f*), (27'')] :

$$\eta_V = \int_0^1 \frac{\pi}{4}\, x^2 r^2 [x^2 r^2 + 4 x^2 h^2 + (x^2 r^2 - 4 x^2 h^2)\, \mathrm{H}\,(k, k)]\, h\, dx\,,$$

che, effettuata l'integrazione, dà subito la (30). Osservando che [cfr. n. 3, *g*)] $G = V + 3h\,k/4$, si ha [cfr. n. 4, *b*), (12)], dopo alcune riduzioni, la (30'). In modo analogo si ottengono le (31), (31'), per la superficie laterale del cono. Giova notare che per il cono conviene calcolare prima la η rispetto al vertice V e dedurne la η rispetto al baricentro G.

Per il cilindro [cfr. n. 3, *g*)] si calcola direttamente la η_G con le sezioni di raggio r distanti xh da G, variando x da $-1/2$ ad $1/2$. Il lettore può fare il calcolo per esercizio.

Cap. VIII. **Statica dei corpi rigidi.**

1. **Generalità sui sistemi di forze.**

a) **Vettore risultante e (vettore) momento rispetto ad un punto, di un sistema di forze.** Sia $F \equiv (P_i, f_i)$ un sistema di forze applicato al sistema materiale $S \equiv (m_i, P_i)$ rigido o pur no.

Si chiamano *vettore risultante di F* (o, semplicemente *risultante*, quando non possa esservi luogo ad equivoco) e *(vettore) momento di F rispetto al punto O*, rispettivamente, i vettori $\boldsymbol{R}$, $\boldsymbol{M}$ definiti ponendo:

$$(1) \qquad \boldsymbol{R} = \Sigma f_i,$$

$$(2) \qquad \boldsymbol{M} = \Sigma (P_i - O) \wedge f_i,$$

che diconsi anche *coordinate di F*.

La coordinata $\boldsymbol{R}$ è *assoluta*, cioè è funzione di F soltanto. La coordinata $\boldsymbol{M}$ è, invece, funzione di F e del punto O, cioè è *relativa* ad O che chiamasi *centro di riduzione*. Inoltre si noti che: $\boldsymbol{R}$ è indipendente dai punti P_i e quindi da S; $\boldsymbol{M}$ dipende dai punti P_i, e dal punto arbitrario O, e quindi dipende dalla figura di S, ma *non* dalle *masse* di S.

Le notazioni dei secondi membri delle (1), (2) sono *complete*; non così le notazioni $\boldsymbol{R}$, $\boldsymbol{M}$ dei primi membri. Quando ci occorra porre in evidenza gli elementi S, F, O, o parte di questi (ritenendo gli altri invariabili), porremo tali elementi come *indici* ai simboli fissi $\boldsymbol{R}$, $\boldsymbol{M}$; scriveremo, cioè, $\boldsymbol{R}_F$, $\boldsymbol{R}_{S,F}$, $\boldsymbol{M}_O$, $\boldsymbol{M}_{F,O}$, $\boldsymbol{M}_{S,F,O}$, ecc.; oppure con *parentesi* $\boldsymbol{M}(F, O)$, ecc.

Dal semplice esame delle formule (1), (2) risulta subito che:

Le coordinate del sistema opposto di F sono le opposte delle coordinate omonime di F, il centro di riduzione restando invariato:

$$\boldsymbol{R}_{-F} = -\boldsymbol{R}_F, \qquad \boldsymbol{M}_{-F,O} = -\boldsymbol{M}_{F,O}.$$

*Le coordinate della risultante dei sistemi F, G, ...,
applicati ad S, sono le somme delle coordinate omonime dei sistemi F, G, ..., il centro di riduzione
restando invariato:*

$$\boldsymbol{R}_{F+G+...} = \boldsymbol{R}_F + \boldsymbol{R}_G + ... ,$$

$$\boldsymbol{M}_{F+G+...,\,O} = \boldsymbol{M}_{F,\,O} + \boldsymbol{M}_{G,\,O} + ...$$

a') **Momento di una sola forza.** Se il sistema F è
formato da una sola forza di vettore f applicata al
punto P del sistema S, allora $\boldsymbol{R} = f$ e:

$$(3) \qquad\qquad \boldsymbol{M} = (P - O) \wedge f.$$

Si hanno le proprietà seguenti:

*Il momento $\boldsymbol{M}$ è nullo solamente quando O stà
sulla linea di azione della forza.*

Infatti. Dalla (3) si ha $\boldsymbol{M} = 0$ solamente quando $P - O$
è parallelo ad f, cioè $P - O = hf$, $P = O + hf$.

*Il momento $\boldsymbol{M}$ non varia col variare di O su di
una retta parallela al vettore della forza.*

Infatti, per $O_1 = O + hf$, si ha:

$$(P - O_1) \wedge f = (P - O - hf) \wedge f = (P - O) \wedge f.$$

*Due forze aventi lo stesso vettore e la stessa linea
d'azione hanno egual momento rispetto ad uno stesso
punto.* Più brevemente, ma in modo incompleto: *il
momento non varia col variare del punto di applicazione sulla linea d'azione.*

Infatti, per $P_1 = P + hf$, si ha:

$$(P_1 - O) \wedge f = (P - O + hf) \wedge f = (P - O) \wedge f.$$

b) **Momento d'un sistema di forze rispetto ad un asse.**
Si ha il teorema: *La proiezione ortogonale su di una retta r del momento M di F rispetto ad un punto della retta r, non varia col variare del punto sulla retta stessa.*

Infatti. Sia u vettore unitario parallelo alla retta r e siano O ed $O_1 = O + hu$ due punti arbitrari di r. Le proiezioni ortogonali, sulla retta r, dei momenti di F rispetto ad O e O_1, sono:

$$\Sigma (P_i - O) \wedge f_i \times u . u,$$

$$\Sigma (P_i - O_1) \wedge f_i \times u . u = \Sigma (P_i - O - hu) \wedge f_i \times u . u,$$

che sono eguali, perchè $u \wedge f_i \times u = 0$.

Si chiama *vettore-momento del sistema di forze F rispetto alla retta r (asse r)*, la proiezione ortogonale su r del momento di F rispetto ad un punto arbitrario O di r. Vale a dire, se u è vettore unitario parallelo ad r (ne esistono due opposti) il *vettore-momento* di F rispetto ad r, è:

$$(4) \qquad \Sigma (P_i - O) \wedge f_i \times u . u = M \times u . u.$$

Dal teorema precedente risulta che il *vettore-momento* (4) è una funzione del sistema F e della retta r, cioè è indipendente dal punto O di r e dal verso del vettore unitario u parallelo ad r.

Si chiama, semplicemente, *momento di F rispetto all'asse r* (sottinteso il verso di u) il numero:

$$(5) \qquad \Sigma (P_i - O) \wedge f_i \times u = M \times u,$$

che dà la grandezza, con segno, del *vettore-momento* (4). Si noti peraltro che il *momento* (5) è funzione, oltre che di *F* ed *r*, come il vettore (4), anche d'un *verso*, che è fissato da u, sulla retta *r*.

Gióva notare [cfr. (5)] che: *il momento d'una forza rispetto ad un asse è la misura, con un segno (che vien determinato solo quando si fissi un **verso** mediante u), del sestuplo del volume del tetraedro che ha per spigoli opposti, un segmento sulla linea di azione della forza, di lunghezza eguale alla intensità della forza, e un segmento unitario sull'asse.*

   c) **Relazione tra i momenti di uno stesso sistema di forze rispetto a due punti.** Si ha l'importante teorema:

Se M, M_1 sono i momenti del sistema di forze F rispetto ai punti O, O_1, allora si ha sempre:

$$(6) \qquad M_1 = M + R \wedge (O_1 - O),$$

Infatti, dalle (1), (2) si ha:

$$M_1 = \Sigma (P_i - O_1) \wedge f_i = \Sigma [(P_i - O) - (O_1 - O)] \wedge f_i =$$
$$= \Sigma (P_i - O) \wedge f_i - (O_1 - O) \wedge \Sigma f_i = M - (O_1 - O) \wedge R.$$

Si noti l'analogia della (6) con la *formula fondamentale della Cinematica* [cfr. Cap. III; n. 2; n. 3, c)].

Il momento di F rispetto ad O non varia col variare di O su di una retta parallela al vettore risultante R di F.

Infatti. Se $O_1 = O + hR$ si ha $R \wedge (O_1 - O) = 0$, e quindi dalla formula (6), $M_1 = M$.

Viceversa: *Se i momenti di F rispetto a due punti distinti O, O_1, sono eguali, il vettore risultante R è parallelo alla retta OO_1.*

Infatti: se $M = M_1$, la (6) dà $R \wedge (O_1 - O) = 0$.

Ne segue che: *Se i momenti di F rispetto a tre punti non collineari sono eguali, il vettore risultante R è nullo.*

Se il vettore risultante di F è nullo (F è una coppia), allora il momento di F è indipendente dal centro di riduzione.

Infatti, per $R = 0$, la (6) dà $M_1 = M$.

d) **Invariante d'un sistema di forze.** Moltiplicando $(\times)$ i due membri della (6) per R, si ha $R \times M_1 = R \times M$, e quindi :

Il numero:

$$(7) \qquad\qquad I = R \times M,$$

non varia col variare del centro di riduzione O.

È per questa ragione che il numero I, dato dalla (7), si chiama *invariante del sistema di forze F.* Esso è il prodotto interno delle due coordinate del sistema di forze.

È ovvio che: *un sistema di forze ed il suo opposto hanno lo stesso invariante* [cfr. *a*)]; ma, peraltro, *l'invariante di un sistema risultante non è la somma degli invarianti dei singoli sistemi;* ed inoltre, *l'invariante è nullo, solamente quando* R, M *sono ortogonali (uno, o entrambi nulli, compreso); se il momento di F rispetto ad un punto è normale ad R (o nullo) allora è pure normale ad R (o nullo), il momento di F rispetto a qualsiasi altro punto;* ecc.

e) **Asse centrale d'un sistema di forze.** Si ha il teorema:

Se per il sistema di forze F si ha $R \neq 0$ e M è il momento di F rispetto ad un punto O, allora il punto:

$$(8) \qquad A = O + \frac{1}{R^2} \cdot R \wedge M,$$

varia, col variare di O, su di un'unica retta a parallela ad R; il momento di F rispetto ad un qualsiasi punto di a vale:

$$(9) \qquad \frac{1}{R^2} \cdot R \times M \cdot R = \frac{1}{R^2} \cdot IR,$$

cioè è parallelo ad R, ed i punti di a sono i soli che godano di tale proprietà.

Infatti. Operando sui due membri della (6), a sinistra, con $R \wedge$ si ha dopo semplici riduzioni:

$$O + \frac{1}{R^2} \cdot R \wedge M = O_1 + \frac{1}{R^2} \cdot R \wedge M_1 - \frac{1}{R^2} \cdot R \times (O_1 - O) \cdot R,$$

la quale prova che il punto A definito dalla (8) varia, col variare di O, su di una retta fissa a parallela ad R.

Per il momento di F rispetto ad un punto qualunque $A + hR$ della retta a si ha dalla (6) e dalla (8):

$$M + R \wedge (A - O + hR) = M + R \wedge (A - O) =$$
$$= M + \frac{1}{R^2} R \wedge (R \wedge M) = M + \frac{1}{R^2} R \times M \cdot R - M,$$

che dimostra la (9).

Infine, se anche M_O è parallelo, come M_A, ad R, allora operando con $R \wedge$ nella relazione (6), $M_A = M_O + R \wedge (A - O)$, si ha subito:

$$R \wedge [R \wedge (A - O)] = 0, \quad R \times (A - O) \cdot R = R^2 \cdot (A - O),$$

vale a dire $A - O$ è parallelo ad R, cioè giace sulla retta a.

La retta a, cioè AR, della quale il teorema precedente dimostra la esistenza e l'univocità, si chiama *asse centrale del sistema F*.

L'*asse centrale di F* è dunque: *l'unica retta luogo dei punti O, tali che il momento di F rispetto ad O è parallelo al vettore risultante R (purchè non nullo) di F.*

Si confronti l'analogia dell'*asse centrale* con l'*asse di* Mozzi [Cap. III, n. 3, b)].

f) **Sistema di forze derivanti da un potenziale.** Ciascuno dei vettori f_i del sistema $F \equiv (P_i, f_i)$ sia funzione del punto corrispondente P_i, e per i punti P_i del sistema $S \equiv (m_i, P_i)$ siano possibili spostamenti δP_i del tutto arbitrari nel campo nel quale si considera il sistema S. Inoltre esista un *numero reale U* funzione dei punti P_i di S, tale che:

$$f_i = \mathrm{grad}_{P_i} U,$$

cioè tale che f_i sia il *gradiente* di U rispetto al punto P_i (variando cioè soltanto P_i e rimanendo invariati gli altri).

In tali ipotesi si dice che U è il *potenziale del sistema di forze F* e che il *sistema F deriva dal potenziale U*.

Dalla espressione di f_i risulta:

$$f_i \times \delta P_i = \delta_i U,$$

essendo $\delta_i U$ l'incremento *parziale* di U rispetto al punto P_i.

Allora, se con δU indichiamo la somma (o integrale nel caso del sistema S continuo) degli incrementi parziali $\delta_i U$ si ha:

$$\Sigma f_i \times \delta P_i = \delta U.$$

Ne segue (essendo, per ipotesi, invertibili gli spostamenti δP_i) che la *condizione di equilibrio* di S sotto l'azione di F [cfr. Cap. VI, n. 7] è:

$$\delta U = 0,$$

la quale è sodisfatta se il potenziale U è costante, o massimo, o minimo. Esamineremo meglio in seguito tale questione, insieme alla *stabilità*, o *instabilità*, o *indifferenza* dell'equilibrio.

Per ragioni, che pure vedremo in seguito, il sistema di forze F derivante da un potenziale U, si dice *sistema conservativo*.

2. Sistemi di forze applicati a corpi rigidi e liberi. Equilibrio; equivalenza; coppie.

In tutto questo numero, $S \equiv (m_i, P_i)$ è un sistema

materiale *libero* e *rigido*, cioè tale che, variando comunque la posizione della sua figura, si ottiene una figura congruente alla figura di S. Inoltre si suppone che, $F \equiv (P_i, f_i)$, $F_1 \equiv (P_i, f_{1i})$, ..., $F' \equiv (P_i, f_i')$, ... siano sistemi di forze applicate, o applicabili, al sistema materiale S (libero e rigido).

a) **Spostamenti virtuali dei punti d'un sistema materiale libero e rigido.** Tenuto conto che S è rigido, la formula (2) del Cap. VI, n. 3, fornisce il teorema:

Se il sistema materiale S è rigido, gli spostamenti virtuali di tutti i suoi punti sono determinati dallo spostamento virtuale δO d'un suo punto (fissato ad arbitrio) e da un vettore infinitesimo $\boldsymbol{\omega}$, tali che:

$$(10) \qquad \delta P_i = \delta O + \boldsymbol{\omega} \wedge (P_i - O).$$

Viceversa: *Se S è libero, fissati ad arbitrio δO e $\boldsymbol{\omega}$, la* (10) *dà spostamenti virtuali dei singoli punti P_i di S.*

b) **Equilibrio d'un sistema materiale, libero e rigido, sotto l'azione d'un sistema di forze,** Si hanno i teoremi seguenti.

Teorema I. *Affinchè il sistema materiale, libero e rigido, S sia in equilibrio sotto l'azione del sistema di forze F, è necessario e sufficiente che le coordinate [cfr. n. 1, a)] di F siano nulle:*

$$\boldsymbol{R} = 0, \quad \boldsymbol{M} = 0,$$

il momento $\boldsymbol{M}$ essendo relativo ad un punto scelto arbitrariamente; notando che se $\boldsymbol{R} = 0$ e $\boldsymbol{M}$ è nullo *per un particolare punto, M è pure nullo per qualsiasi altro punto.*

Ovvero, sotto altra forma: *è necessario e sufficiente che siano nulli i momenti rispetto a tre punti non collineari.*

Si ha l'equilibrio solamente quando $\Sigma f_i \times \delta P_i = 0$, per spostamenti virtuali arbitrari [cfr. Cap. VI, n. 7]. Ora per la (10), si ha:

$$\Sigma f_i \times \delta P_i = (\Sigma f_i) \times \delta O + [\Sigma (P_i - O) \wedge f_i] \times \omega ,$$

e quindi [cfr. n. 1, (4), (5)]:

$$R \times \delta O + M \times \omega = 0 ;$$

ma questa dev'essere verificata per O, δO, ω, *arbitrari* e quindi è verificata solamente quando $R = 0$ e $M = 0$ per O arbitrario.

Se $R = 0$ e M è nullo per un particolare punto O esso è pure nullo [cfr. n. 1, *c*)] per qualsiasi altro punto.

Inoltre si è già veduto [cfr. n. 1, *c*)] che se il momento è nullo rispetto a tre punti non collineari, allora $R = 0$ e quindi si ha ancora $R = 0$ e M nullo per un punto arbitrario.

Teorema II. *Se S è in equilibrio sotto l'azione, separatamente, di ciascuno dei sistemi F, F', ... esso è pure in equilibrio sotto l'azione separata dei sistemi opposti $- F$, $-F'$, ... ed è pure in equilibrio sotto la loro azione simultanea, cioè sotto l'azione del sistema risultante $F + F' + ...$*

Infatti le coordinate di $- F$, $-F'$, ..., $F + F' + ...$ sono nulle essendo, per ipotesi, nulle quelle di F, F', ... [confrontare n. 1, *a*)].

Teorema III. *Se il sistema di forze F è formato da due sole forze di vettori f_1, f_2 applicate nei punti P_1, P_2 (anche coincidenti) del sistema S, allora S è in equilibrio sotto l'azione di F, solamente quando: le due forze hanno vettori opposti, $f_1=-f_2$, e le due linee d'azione coincidono, cioè il vettore P_1-P_2 è parallelo ad f_1 ed f_2.*

In particolare:

Se le forze applicate nei due punti di S hanno linee d'azione sghembe, il sistema S non è in equilibrio.

Un punto libero è in equilibrio sotto l'azione di due forze aventi vettori opposti; ovvero, il che equivale, sotto l'azione di $F = F' + F'' + \ldots$ tale che $R = 0$; e solo in tali casi.

Dev'essere $R = f_1 + f_2 = 0$, cioè $f_1 = -f_2$. Deve pure essere $M = 0$ per un centro di riduzione; prendendo come tale centro P_1, si ha $(P_2-P_1)\wedge f_2 = 0$ e quindi P_1-P_2 è parallelo ai vettori f_1 e f_2.

Teorema IV. *Se il sistema di forze F è formato da tre sole forze di vettori, non paralleli, f_1, f_2, f_3 applicate nei punti P_1, P_2, P_3 (anche non distinti) del sistema S, allora S è in equilibrio sotto l'azione di F, solamente quando: uno qualunque dei vettori delle tre forze è l'opposto della somma degli altri due e le linee d'azione delle tre forze hanno a comune un punto proprio, cioè formano un fascio. In particolare si osservi che: per l'equilibrio è* **necessario** *che le linee d'azione delle tre forze siano complanari.*

Per l'equilibrio di S, sotto l'azione di F, è necessario e sufficiente, essendo O punto arbitrario, che:

$$(a) \qquad \boldsymbol{R} = \boldsymbol{f}_1 + \boldsymbol{f}_2 + \boldsymbol{f}_3 = 0,$$

$$(b) \qquad \boldsymbol{M} = (P_1 - O) \wedge \boldsymbol{f}_1 + (P_2 - O) \wedge \boldsymbol{f}_2 + (P_3 - O) \wedge \boldsymbol{f}_3 = 0.$$

La (a) dice appunto che ciascuno dei vettori $\boldsymbol{f}$ è l'opposto della somma degli altri due.

Se O coincide con P_3 risulta, dalle (b):

$$(P_1 - P_3) \wedge \boldsymbol{f}_1 + (P_2 - P_3) \wedge \boldsymbol{f}_2 = 0,$$

e quindi, moltiplicando $(\times)$ per $P_2 - P_3$, ovvero $P_1 - P_3$:

$$(P_1 - P_3) \wedge \boldsymbol{f}_1 \times (P_2 - P_3) = 0, \quad (P_2 - P_3) \wedge \boldsymbol{f}_2 \times (P_1 - P_3) = 0,$$

il che prova che *le tre linee d'azione sono complanari*.

Siccome i vettori $\boldsymbol{f}_1, \boldsymbol{f}_2, \boldsymbol{f}_3$ non sono paralleli, se si suppone che O sia il punto comune alle rette $P_1\boldsymbol{f}_1$, $P_2\boldsymbol{f}_2$, allora i primi due termini della (b) essendo nulli è nullo pure il terzo, cioè anche la retta $P_3\boldsymbol{f}_3$ passa per il punto O.

c) **Equivalenza.** Diremo che il sistema di forze F, applicabile al sistema materiale S rigido e libero, è *equivalente* al sistema di forze F', pure applicabile ad S, quando: *S è in equilibrio sotto l'azione del sistema $F - F'$*, cioè sotto l'azione del sistema risultante di F e dell'opposto di F'.

Osservando [cfr. Cap. VI, n. 7] che se S è in equilibrio sotto l'azione di $F - F'$, è pure in equilibrio sotto l'azione di $-(F - F') = F' - F$, risulta subito che: *se F è equivalente ad F', allora anche F' è equivalente ad F;* quindi possiamo dire: *F e F' sono equivalenti.*

Il teorema fondamentale per l'equivalenza è il seguente:

Teorema I. *Affinchè due sistemi di forze, applicabili ad uno stesso sistema materiale rigido e libero, siano equivalenti, è necessario e sufficiente che essi abbiano le stesse coordinate per un qualsiasi centro di riduzione* [cfr. n. 1, *a*)].

Infatti. Essendo S in equilibrio sotto l'azione di $F - F'$, devono essere nulle, e viceversa [cfr. *b*), Teor. I], le coordinate di $F - F'$ e quindi eguali le coordinate omonime di F e di F' [cfr. n. 1, (*b*)].

Teorema II. *Se, essendo* $S \equiv (m_i, P_i)$, $F \equiv (P_i, f_i)$ *e* h_i *delle costanti arbitrarie, al sistema materiale* $S' \equiv (m_i, P_i + h_i f_i)$ *si applica il sistema di forze* $F' \equiv (P_i + h_i f_i, f_i)$, *allora le coordinate di* F *e di* F' *sono identiche, i momenti essendo calcolati rispetto ad uno stesso punto, cioè* [cfr. n. 1, *a*)]:

$$\boldsymbol{R}(F) = \boldsymbol{\ddot{R}}(F'), \quad \boldsymbol{M}(S, F, O) = \boldsymbol{M}(S', F', O);$$

vale a dire: per il calcolo di $\boldsymbol{R}$ *ed* $\boldsymbol{M}$, *e quando ciò faccia comodo, si può supporre che ogni forza di* F *sia spostata (traslazione) lungo la sua linea d'azione.*

Ciò si suole esprimere brevemente dicendo: *un sistema di forze è equivalente a quello che si ottiene spostando le forze lungo le rispettive linee d'azione.* Ma tale forma è inesatta poichè la equivalenza di due sistemi di forze è definita relativamente all'applicabilità di essi ad *uno stesso sistema materiale*; mentre, in questo enunciato comune, si hanno implicitamente, come risulta dal precedente e *completo* enunciato, *due* sistemi, sia materiali che di forze.

È ovvio che $\boldsymbol{R}(F) = \boldsymbol{R}(F')$. Per i momenti si ha:

$$\boldsymbol{M}(S,\, F,\, O) = \Sigma\,(P_i - O)\wedge f_i,$$

$$\boldsymbol{M}(S',\, F',\, O) = \Sigma\,(P_i - O + h_i\,f_i)\wedge f_i = \Sigma\,(P_i - O)\wedge f_i,$$

e quindi i due momenti, rispetto allo stesso punto O, sono coincidenti.

Risultano poi ovviamente i teoremi seguenti.

Teorema III. *Ogni sistema di forze (applicabile, ecc.) è equivalente a se stesso; due sistemi equivalenti ad un terzo sistema sono equivalenti tra loro. Cioè la relazione di equivalenza gode delle proprietà* **riflessiva, simmetrica e transitiva.**

Teorema IV. *Se i sistemi di forze F, F_1, ... sono, rispettivamente, equivalenti ai sistemi F', F_1', ..., allora, $-F$, $-F_1$, ... sono equivalenti a $-F'$, $-F_1'$, ... e $F + F_1 + ...$ è equivalente a $F' + F_1' + ...$*

Teorema V. *Se i sistemi di forze F, F' sono applicabili ad S, e S è in equilibrio sotto l'azione di F', allora il sistema $F + F'$ è equivalente ad F.*

In particolare, da questo teorema e dal Teor. III di *b*), si ha:

Teorema VI. *Se F è sistema di forze applicabili ad S, e ad F si unisce (composizione) il sistema F' che si ottiene applicando a punti di S (tutti o parte di essi) due forze di vettori opposti, il sistema $F + F'$ è equivalente ad F.*

d) **Coppie.** Un sistema di forze si chiama *coppia* (*meccanica*, non logica) quando il suo vettore risultante [cfr. n. 1, *a*)] è *nullo*; cioè $\boldsymbol{R} = 0$.

Dalla (6) del n. 1, risulta subito, essendo $\boldsymbol{R} = 0$, che: *il momento di una coppia è indipendente dal centro di riduzione;* cioè è *funzione soltanto della coppia* e quindi può chiamarsi: *momento della coppia.*

È poi ovvio che:

Due coppie sono equivalenti solamente quando hanno lo stesso momento;

Il sistema di forze risultante di due o più coppie, è pure una coppia il cui momento è la somma dei momenti delle coppie componenti.

È fondamentale il teorema seguente:

Il sistema di forze F applicato ad S sia una coppia (cioè $\boldsymbol{R} = 0$). Si prendano in S due punti distinti A, B, e un vettore f, tali che per il momento $\boldsymbol{M}$ di F si abbia:

$$(11) \qquad \boldsymbol{M} = (A - B) \wedge f.$$

Si formi il sistema F' di forze applicabili ad S così: in A e B siano applicate le forze di vettori f e $-f$; negli altri punti di S diversi da A e B siano applicate forze nulle. In tali ipotesi si ha che le coppie F, F' sono equivalenti. Più brevemente: *Una coppia può essere ridotta (equivalenza), in infiniti modi, al sistema di due forze applicate a due punti di S ed aventi vettori opposti.*

Infatti. Per F' si ha certamente $\boldsymbol{R'} = f - f = 0$ e quindi F' è una coppia. Preso B come centro di riduzione, per il momento M' di F' si ha $M' = (A - B) \wedge f = M$ e quindi F' è equivalente ad F.

Il momento della coppia F potendosi sempre ridurre alla forma (11), e notando che il piano uscente dalla retta AB e parallelo ad f è normale ad M, viene naturale chiamare *piano di una coppia*, uno qualunque dei piani normali al suo momento.

Il vettore M chiamasi, anche, di solito, *asse-momento* della coppia.

È chiaro che: *la risultante di coppie complanari, cioè con momenti paralleli, è una coppia complanare con le componenti*. Ridotte le coppie alla forma (11), si possono comporre come somme di parallelogrammi tenuto conto dei versi. In generale, per coppie complanari, o pur no, è più rapido sommare i *momenti*, vettori, e con la (11) passare alla forma $(A - B) \wedge f$ della coppia risultante.

Ridotta la coppia alla forma del secondo membro della (11), la distanza delle linee di azione delle due forze applicate in A e B chiamasi *braccio della coppia*.

Se h, f sono le misure del braccio della coppia e dell'intensità della forza applicata in A (il $\mathrm{mod}\, f$), allora hf è la misura del momento M, cioè $hf = \mathrm{mod}\, M$.

3. Riduzione dei sistemi di forze applicati a corpi rigidi e liberi.

Siano ancora: S un sistema materiale rigido e libero, e F un sistema di forze applicato ad S [cfr. n. 2].

    a) **Teoremi fondamentali.** TEOREMA I. *Siano: O un punto arbitrario di S; R il vettore risultante di F;*

M il momento di F rispetto ad O. Il sistema di forze F_1, applicabile ad S, sia così formato: in O è applicata la forza di vettore R; nei punti di S diversi da O sono applicate forze nulle. Il sistema F_2, pure applicabile ad S, sia la coppia di momento M. In tali ipotesi si ha che F è equivalente al sistema risultante di F_1, F_2, cioè F è equivalente a F_1+F_2.

Più brevemente: *Ad un sistema F di forze applicate al sistema rigido e libero S, si può, in infiniti modi, sostituire il sistema costituito da una forza di vettore R applicata in un punto O di S, ed una coppia il cui momento è il momento M di F rispetto ad O.*

Basta dimostrare che i sistemi di forze F, F_1+F_2 hanno le medesime coordinate [cfr. n. 2, *c*)]. Il vettore risultante di F_1 è R e di F_2 è lo zero, quindi il vettore risultante di F_1+F_2 è R che è pure vettore risultante di F. Il momento di F_1 rispetto ad O è nullo; il momento di F_2 è M e quindi il momento di F_1+F_2, rispetto ad O, è M come il momento di F. Dunque F è equivalente ad F_1+F_2.

In particolare risulta che:

Teorema II. *Una forza di vettore f applicata in un punto P di S, è equivalente alla forza di vettore f applicata in un altro punto O di S, alla quale si unisca (composizione), la coppia il cui momento è il momento della forza (P, f) rispetto ad O.* Ovvero sotto forma generica: *trasportando una forza parallelamente a se stessa, si dà origine ad una coppia.*

Si può notare che il Teor. I è conseguenza del Teor. II e della composizione dei sistemi di forze, poichè nel Teor. I si sono, appunto, trasportate tutte le forze dando ad esse l'unico punto di applicazione O, originando così la coppia risultante di momento M.

Teorema III. *Il sistema di forze F applicato ad S è sempre riduttibile (equivalenza) al sistema di due sole forze applicabili a due punti distinti di S.*

La riduzione si fà così. *Si scelgano due punti distinti A, B di S in modo da poter ridurre* [cfr. Teor. I] *il sistema F alla forza di vettore R applicata in A e ad*

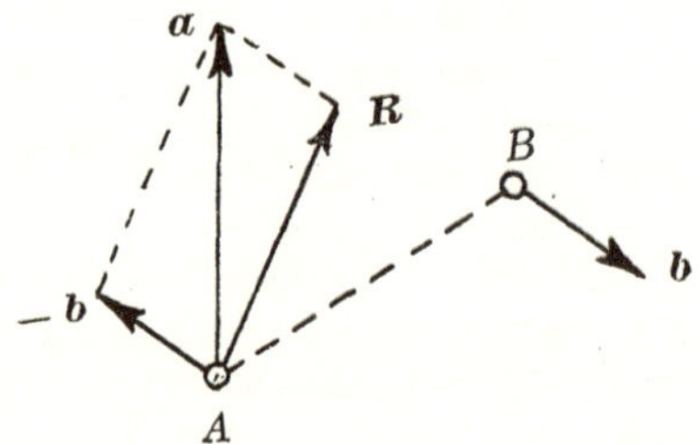

Fig. 19

una coppia, che, fissato b in modo conveniente [cfr. d)], *abbia* $(B-A)\wedge b$ *per momento; si ponga* $a=R-b$; *il sistema F'' formato dalle due forze di vettori a, b applicate in A e B è equivalente ad F.*

Infatti. Risulta dal Teor. I che F è risultante del sistema formato dalla forza (A, R) e del sistema formato dalle due forze $(A, -b)$, (B, b); componendo si ha, appunto, il sistema indicato.

Il sistema di forze F può essere ridotto o ad *una sola coppia*, o ad *una sola forza*, o alla *risultante di una forza e di una coppia (risultante non riduttibile ad una sola coppia o ad una sola forza)*. Si riconosce quali di questi casi si presenta esaminando se è nullo, o pur no, l'invariante, I, e il vettore risultante, R, di F, come indicano i teoremi seguenti.

TEOREMA IV. *Se l'invariante di F è nullo, $I = 0$, allora il sistema F è riduttibile ad **una sola coppia**, o ad **una sola forza**, secondochè $R = 0$, ovvero $R \neq 0$; e viceversa.*

Se $R = 0$, allora è ben noto che F è una coppia.

Se $R \neq 0$, allora, ricordando che si ha $I = R \times M = 0$, risulta che il piano della coppia di momento M è parallelo ad R. Si può dunque [cfr. Teor. I] ridurre F alle forze (O, R), $(O, -R)$, (A, R), purchè $(O-A) \wedge R = M$, cioè all'unica forza (A, R).

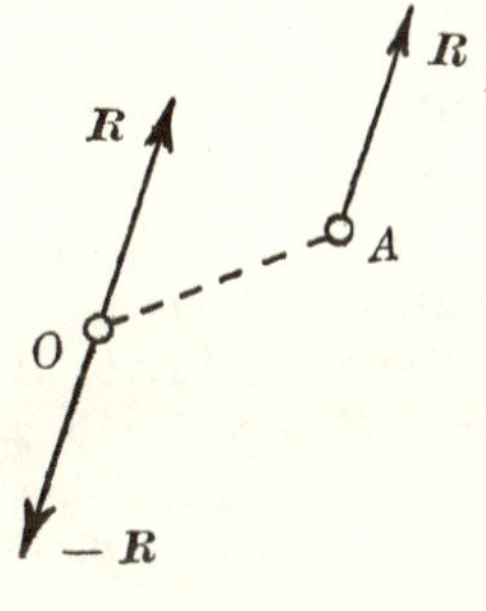

Fig. 20

TEOREMA V. *Se l'invariante di F non è nullo, cioè $I \neq 0$ [e necessariamente $R \neq 0$, cfr. n. 1, d), (7)], allora F è riduttibile, in infiniti modi [cfr. Teor. I], ad una forza di vettore R e ad una coppia; ma non può essere ridotto ad una sola coppia o ad una sola forza; e viceversa. Se $I \neq 0$, allora F si può ridurre ad una forza (di vettore F) avente l'asse centrale [cfr. n. 1, e)] come linea d'azione; in tale* *caso il piano della coppia è normale ad* R *e il suo momento ha minimo modulo.*

La prima parte del teorema risulta subito dai Teor. I e IV. La seconda si dimostra così. Se O stà sull'asse centrale e M è il momento di F rispetto ad O, allora [cfr. n. 1, *e*), (9)], $M = (I/R^2) R$ e quindi il piano della coppia [cfr. n. 2, *d*)] è normale ad R. Se O_1 è un punto non situato sull'asse centrale e M_1 è il momento di F rispetto ad O_1, allora, dall'essere $I = R \times M = R \times M_1$ risulta che M e M_1 hanno egual proiezione su R; e poichè M_1 non è parallelo ad R, risulta che $\operatorname{mod} M_1 > \operatorname{mod} M$.

Il sistema ridotto ad *una forza sull'asse centrale* e ad *una coppia normale all'asse* (necessariamente per $R \neq 0$) dicesi, ma soltanto rispetto al modo di riduzione, una *diname*.

Teorema VI. *Se il sistema* F *è ridotto a due sole forze di vettori* a, b *applicate nei punti distinti A, B* [cfr. Teor. III], *allora* F *è una coppia, o è riduttibile ad una sola forza, solamente quando le linee di azione delle due forze sono complanari. Se* a, b *sono opposti, allora* F *è una coppia e viceversa. Se* a, b *non sono opposti, allora* F *è riduttibile ad una sola forza, il cui vettore è, ovviamente,* $a + b$ *e la cui linea di azione si costruisce come indica chiaramente la Fig. 21, mediante le due forze ausiliari* $(A, u), (B, -u)$, *con* u *parallelo a* $B - A$, *che non alterano il sistema* F *[cfr. n. 2, b), Teor. III]; forze ausiliari necessarie quando* a, b *sono paralleli, utili quando le due rette Aa, Bb si incontrano in un punto O fuori del* *campo del disegno, ovvero si incontrano sotto angolo troppo acuto.*

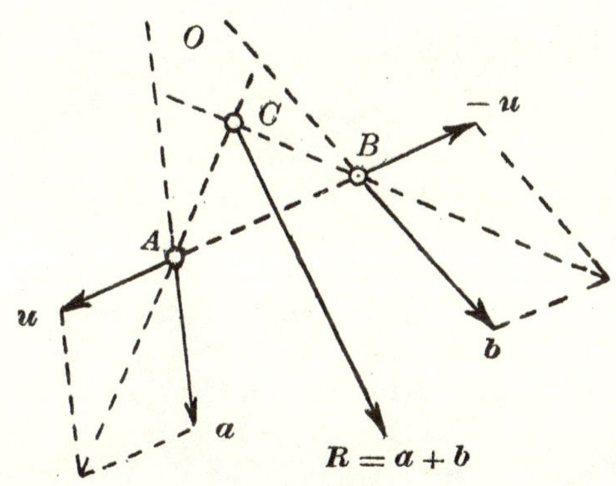

Fig. 21

Se M_B è il momento di F rispetto a B, si ha:

$$M_B = (A - B) \wedge a, \quad I = (a + b) \times M_B = (A - B) \times a \wedge b ;$$

si ha, dunque, $I = 0$ solamente quando $A - B$, a, b sono complanari, cioè sono complanari le rette Aa, Bb; il che dimostra [cfr. Teor. IV] la prima parte del teorema.

La parte che riguarda a, b opposti è evidente.

Infine è pure evidente l'ultima parte del teorema in virtù della Fig. 21.

b) **Sistema di forze parallele.** Le forze del sistema F siano tutte parallele al vettore unitario k. Si porrà:

$$(12) \quad \begin{cases} f_i = f_i \times k & \text{da cui segue} & f_i = f_i k, \\ f = \Sigma f_i & \text{\quad \quad \quad} & R = f k . \end{cases}$$

Per il momento $\boldsymbol{M}$ di F rispetto ad O, si ha:

$$(13) \qquad \boldsymbol{M} = [\Sigma f_i (P_i - O)] \wedge \boldsymbol{k},$$

e quindi per l'invariante:

$$(14) \qquad\qquad I = 0.$$

Infatti. Per le (12) si ha:

$$\boldsymbol{M} = \Sigma (P_i - O) \wedge f_i = [\Sigma f_i (P_i - O)] \wedge \boldsymbol{k},$$

$$I = \boldsymbol{M} \times \boldsymbol{R} = [\Sigma f_i (P_i - O)] \wedge \boldsymbol{k} \times f \boldsymbol{k} = 0.$$

Dalla (14) segue subito [cfr. *a*), Teor. IV e la formula (13)] che:

Il sistema F è sempre riduttibile ad una coppia o ad una forza; per $\boldsymbol{R} = 0$, cioè $f = 0$, ad una coppia il cui piano è parallelo a $\boldsymbol{k}$; per $\boldsymbol{R} \neq 0$ ad una sola forza parallela a $\boldsymbol{k}$.

Interessa esaminare ulteriormente il caso $\boldsymbol{R} \neq 0$, cioè $f \neq 0$.

In tale ipotesi, sia G il baricentro dei punti P_i con le masse f_i, cioè:

$$(15) \quad \begin{cases} G = (\Sigma f_i P_i)/f, & \text{che per } O \text{ punto arbitrario dà} \\ f(G - O) = \Sigma f_i (P_i - O), \end{cases}$$

notando che G è punto funzione della *figura di S* (non delle masse) e delle *intensità f_i delle forze di F*.

Dalla (13), dalla seconda (15) e dalle (12), si ha subito:

$$(13') \qquad\qquad \boldsymbol{M} = (G - O) \wedge \boldsymbol{R},$$

vale a dire: *il momento di F rispetto ad O è il momento rispetto ad O della forza di vettore **R** applicata in G.*

Ne segue che: *il sistema F è riduttibile alla forza di vettore **R** applicata in G.*

È evidente che cambiando comunque la direzione delle forze f_i di F, cioè la direzione di k, ma lasciandone inalterate le intensità (le f_i), il punto G non varia. È per questa ragione che G si chiama *centro del sistema F di forze parallele.*

c) **Caso del sistema continuo ed omogeneo soggetto ad un sistema di forze parallele.** Se il sistema S è *continuo* ed *omogeneo* [cfr. Cap. VII, n. 3] e le forze, parallele, del sistema F hanno intensità f_i proporzionali agli elementi $d\tau$ di volume (o $d\sigma$ di area, o ds di lunghezza) nel punto generico P di applicazione, allora risulta ovviamente da *b)* [cfr. anche Cap. VII, n. 3] che: *il centro delle forze parallele del sistema F coincide col centro di massa del sistema S.*

d) **Corpi pesanti e teorema di Torricelli.** Nel sistema continuo ed omogeneo, di densità costante μ, agiscano soltanto *forze di gravità* (corpo *pesante*). Tali forze hanno i vettori paralleli ad un vettore costante k (direzione verticale) che supponiamo di *verso* dal *basso* all'*alto*. Si ha allora, per il vettore f della forza applicata nel punto generico P,

$$(16) \qquad f = -\mu k \cdot d\tau.$$

In tali ipotesi si ha che: *Il sistema delle forze di gravità, applicato al corpo S, è sistema conservativo e deriva dal potenziale* [cfr. n. 1, *f*)]

$$(17) \qquad U = -\mu m \zeta,$$

essendo ζ la distanza, con segno, del centro di massa, o delle forze parallele, da un piano orizzontale fissato ad arbitrio.

Infatti. Se x è la distanza del punto P da un piano orizzontale si ha dalla (16) [cfr. Intr. I, n. 7]:

$$f \times \delta P = -\mu . k \times \delta P . d\tau = -\mu . \mathrm{grad}_P x \times \delta P . d\tau =$$
$$= -\mu . \delta x . d\tau = \delta(-\mu . x . d\tau);$$

in conseguenza [cfr. Cap. VII, n. 1, (1")] la f deriva dal potenziale:

$$U = -\int \mu . x . d\tau = -\mu m \zeta.$$

Ne segue che: *Nel caso del corpo pesante, la condizione di equilibrio è* [cfr. n. 1. *f*)] $\delta\zeta = 0$; *perciò si ha equilibrio per quelle posizioni nelle quali il centro di massa ha distanza costante, ovvero è alla massima o minima distanza, da un piano orizzontale fisso* (teorema di Torricelli).

e) **Costruzioni grafiche.** Nelle parti *a*), *b*) abbiamo dato le norme fondamentali per la riduzione grafica dei sistemi di forze; i particolari pratici delle varie costruzioni opportune, formano oggetto della *Statica grafica* e noi non possiamo occuparcene.

4. Sistemi in un piano.

La figura del sistema materiale, rigido e libero, S sia una figura piana, giacente in un piano α. Il sistema di forze $F \equiv (P_i, f_i)$, applicato ad S, abbia i vettori f_i delle forze tutti paralleli al piano α. In tali ipotesi diciamo che i sistemi S, F stanno nel piano α *).

Nei n. 1, 2, 3 precedenti non abbiamo escluso il caso che S e F stiano in un piano α; quindi tutto quanto abbiamo esposto nei numeri predetti vale senza eccezione. Solo si presentano alcune semplificazioni, che, tutte, si ricavano dal teorema seguente.

Se S e F stanno in un piano α, allora: R è parallelo ad α; il momento M di F rispetto ad un punto qualsiasi O di α è normale ad α; l'invariante I di F è sempre nullo, $I = 0$; per $R = 0$, F è una coppia del piano α; per $R \neq 0$, F è riduttibile ad una sola forza avente la linea di azione in α.

Infatti. Se k è vettore, non nullo, normale ad α, allora:

$f_i \times k = 0$ e quindi $\Sigma f_i \times k = 0$, cioè $R \times k = 0$, vale a dire R è parallelo ad α;

il vettore $(P_i - O) \wedge f_i$ è normale ad α e quindi M è pure normale ad α;

allora $I = R \times M = 0$, cioè l'invariante è nullo;

dal Teor. IV del n. 3 risultano subito le ultime due parti del teorema.

La *Statica grafica* dà dei notevoli procedimenti di riduzione del sistema F nel caso che S e F stiano in un piano α. Noi non possiamo occuparci di tale questione.

---

*) In generale si può considerare S', di cui S è parte, e F', di cui pure F è parte, tale che le forze di F' applicate ai punti di S' non appartenenti ad S siano nulle.

5. Sistema rigido vincolato (senza attrito).

a) **Generalità sulle condizioni di equilibrio.** Le condizioni, $R = 0$, $M = 0$, necessarie e sufficienti per l'equilibrio di un sistema S, rigido e libero, sotto l'azione di un sistema F di forze, si modificano quando S è comunque vincolato. Le condizioni, nuove, di equilibrio per S vincolato, si possono ottenere con due procedimenti di forma diversa.

Si può applicare direttamente il principio dei lavori virtuali, determinando gli spostamenti virtuali compatibili con i vincoli del sistema.

Si può ritenere S *libero* sotto l'azione di un sistema F' di forze, risultante di F e di altre forze incognite, *reazioni vincolari*. Le condizioni $R = 0$, $M = 0$, relative ad S e F', potranno, in alcuni casi, determinare le reazioni vincolari incognite, in altri casi faranno vedere che tali reazioni non sono completamente determinate.

Noi faremo uso, in generale, dei due metodi insieme; talvolta di uno solo di essi, come sarà più opportuno per la speciale questione che si studia.

b) **Sistema materiale avente un punto fisso.** Il sistema rigido $S \equiv (m_i, P_i)$ abbia un punto fisso O intorno al quale può ruotare liberamente. Se su S agisce il sistema di forze $F \equiv (P_i, f_i)$, allora si ha:

Condizione necessaria e sufficiente per l'equilibrio di S, sotto l'azione del sistema di forze F, è che sia nullo il momento M di F rispetto al punto O. La reazione vincolare del punto fisso O è opposta al vettore risultante R di F.

Gli spostamenti virtuali δP_i, compatibili col vincolo, sono rotazioni infinitesime intorno ad O e quindi [cfr. n. 2, a), (10)]:

$$\delta P_i = \boldsymbol{\omega} \wedge (P_i - O);$$

in conseguenza il principio dei lavori virtuali, $\Sigma f_i \times \delta P_i = 0$, dà:

$$\boldsymbol{\omega} \times \Sigma (P_i - O) \wedge f_i = 0, \quad \text{cioè} \quad \boldsymbol{\omega} \times \boldsymbol{M} = 0,$$

ovvero, per l'arbitrarietà di $\boldsymbol{\omega}$, $\boldsymbol{M} = 0$.

Se, invece, riteniamo S libero sotto l'azione, simultanea, di F e della forza (O, r), reazione del vincolo, allora, osservando che il momento di (O, r) rispetto ad O è nullo, si ha subito [cfr. n. 1, (1), (2)]:

$$\boldsymbol{R} + r = 0, \quad \boldsymbol{M} = 0,$$

che concorda col risultato precedente, e dice, inoltre, che il vettore della reazione vincolare è opposto ad $\boldsymbol{R}$.

Si ha ovviamente che: *per l'equilibrio di S è necessario e sufficiente che le forze F ammettano un'unica risultante la cui linea di azione passi per O.*

Inoltre giova osservare che:

Se sul sistema S agiscono due sole forze, per l'equilibrio di S è necessario e sufficiente che:

1. Le linee di azione delle due forze stiano in un piano passante per O;

2. Le intensità delle due forze siano inversamente proporzionali alle distanze da O delle loro linee di azione, e i loro momenti (vettori) rispetto ad O abbiano versi opposti.

Ciò risulta subito dal Teorema IV del n. 2, *b*) e dal fatto che, essendo $\boldsymbol{M} = 0$, si ha, prendendo i momenti rispetto ad O:

$$(P_1 - O) \wedge f_1 + (P_2 - O) \wedge f_2 = 0 \, ,$$

supposto che (P_1, f_1), (P_2, f_2) siano le due forze applicate ad S.

Se il sistema S, ora considerato, si riduce ad una sbarra rigida, di estremi, P_1, P_2, girevole intorno al punto O, esso prende il nome di *leva* della quale il punto fisso O si chiama *punto di appoggio*, o *fulcro*.

In particolare : *Per un corpo pesante S (soggetto alla gravità) si ha l'equilibrio quando il suo baricentro stà sulla verticale passante per O.*

c) **Sistema con due punti fissi.** Il sistema S abbia due punti fissi, distinti, O, O_1. Sono allora fissi tutti i punti della retta $O\,O_1$ che dicesi *asse fisso* di S. Tale asse fisso può essere individuato da un suo punto arbitrario fisso O e da un vettore unitario k parallelo ad esso. In tali ipotesi, e se su S agisce il sistema di forze F, si ha :

Condizione necessaria e sufficiente per l'equilibrio di S sotto l'azione del sistema F, è che il momento $\mathbf{M}$ di F rispetto ad un punto dell'asse fisso sia normale all'asse stesso (o, se si vuole, sia nullo il momento di F rispetto all'asse). Le reazioni vincolari di due punti qualunque dell'asse fisso risultano determinate a meno di due forze opposte aventi l'asse fisso per linea di azione.

Gli spostamenti virtuali compatibili con i vincoli, sono rotazioni infinitesime intorno all'asse Ok, cioè:

$$\delta P_i = \delta u \,.\, k \wedge (P_i - O) \, .$$

Ne segue che la condizione di equilibrio è:

$$\Sigma \delta P_i \times f_i = \delta u \,.\, \Sigma k \wedge (P_i - O) \times f_i = \delta u \,.\, k \times M = 0,$$

che, per l'arbitrarietà di δu, dà $k \times M = 0$, cioè il momento di F rispetto ad un punto arbitrario dell'asse fisso è normale all'asse.

Se nei punti fissi O, $O_1 = O + hk$ si hanno le reazioni vincolari (O, r), (O_1, r_1), allora, per S libero sotto l'azione di F e delle reazioni del vincolo, si ha, calcolando il momento rispetto ad O:

$$(a) \qquad R + r + r_1 = 0, \quad M + h \,.\, k \wedge r_1 = 0.$$

Moltiplicando ($\times$) la seconda delle (a) per k si ha $k \times M = 0$ che risulta condizione *necessaria* per l'equilibrio. È anche *sufficiente* poichè, se $k \times M = 0$, si può porre $M = - hk \wedge u$ e si ha quindi $k \wedge (r_1 - u) = 0$, cioè $r_1 = u + ak$, che per la prima delle (a) determina r per mezzo degli elementi arbitrari u, a.

Una parte della indeterminazione di r, r_1 si toglie, supponendo che u sia normale a k, cioè $hu = k \wedge M$, e allora rimane soltanto la indeterminazione dovuta ad ak, cioè a due forze opposte aventi l'asse per linea d'azione.

Dalla condizione già trovata per l'equilibrio di S è facile ricavare quest'altra:

Per l'equilibrio di S, sotto l'azione del sistema F, è necessario e sufficiente che il sistema di forze F si possa ridurre a due sole forze le cui linee di azione incontrano l'asse in due punti distinti O, O_1. In tal caso si possono assumere come reazioni del vincolo le forze opposte a queste applicate in O ed O_1.

In particolare: *Se il corpo S è pesante, per l'equi-*

librio è necessario e sufficiente che il suo centro di massa stia sul piano verticale passante per l'asse fisso.

L'indeterminazione che abbiamo incontrata nel calcolo delle reazioni vincolari in O e O_1, è nella natura stessa del problema. Nei problemi della pratica le reazioni vincolari risultano determinate perchè i corpi naturali non essendo perfettamente rigidi, sotto l'azione delle forze subiscono deformazioni che dànno origine a forze elastiche, che, in generale, bastano per determinare le reazioni dei vincoli.

d) **Sistema girevole e scorrevole lungo un asse fisso.** L'asse, fisso, intorno al quale può girare e lungo il quale può scorrere (senza attrito, asse *liscio*) il sistema S, sia individuato da un punto fisso O e da un vettore unitario k parallelo ad esso. Se su S agisce il solito sistema F di forze, allora:

Condizione necessaria e sufficiente per l'equilibrio di S, sotto l'azione del sistema F, è che il vettore risultante $\mathbf{R}$ e il (vettore) momento $\mathbf{M}$, rispetto ad O, di F, siano normali all'asse di rotazione e scorrimento. La reazione vincolare in qualsiasi punto dell'asse è normale a questo.

Per gli spostamenti virtuali δP_i dei punti di S si ha:

$$\delta P_i = \delta u \,.\, k \wedge (P_i - O) + \delta v \,.\, k \,;$$

quindi la condizione d'equilibrio $\Sigma f_i \times \delta P_i = 0$ diviene:

$$\delta u \,.\, k \times \Sigma (P_i - O) \wedge f_i + \delta v \,.\, k \times \Sigma f_i = 0, \text{ cioè:}$$

$$\delta u \,.\, k \times \mathbf{M} + \delta v \,.\, k \times \mathbf{R} = 0 \,;$$

ma questa deve esser verificata per δu, δv, arbitrari e quindi è necessario e sufficiente che sia:

$$k \times R = 0, \quad k \times M = 0,$$

cioè R ed M normali all'asse.

e) **Sistema ritenuto da un piano fisso o semplicemente appoggiato ad un piano fisso.** Il sistema rigido S abbia tre o più punti, non collineari, *ritenuti* (senza attrito) da un piano fisso α normale ad un vettore unitario k. Se S è soggetto al solito sistema di forze, si ha:

Condizione necessaria e sufficiente per l'equilibrio di S, sotto l'azione di F, è che F equivalga, o ad un'unica forza normale ad α, o ad un'unica coppia il cui piano è pure normale ad α (cioè l'asse momento è parallelo ad α).

Gli spostamenti virtuali δP_i compatibili con i vincoli, si ottengono con traslazioni infinitesime parallele ad α e rotazioni infinitesime intorno ad assi normali ad α. Quindi se O è punto di α invariabilmente collegato con S, si ha, essendo k vettore unitario normale ad α:

$$\delta P_i = \delta O + \delta u \cdot k \wedge (P_i - O),$$

e allora la solita condizione d'equilibrio dà subito:

$$R \times \delta O + \delta u \cdot k \times M = 0;$$

o quindi, valendo la formula precedente per δO o δu arbitrarii, si deve avere:

$$R \times \delta O = 0 \quad \text{e} \quad k \times M = 0,$$

vale a dire, poichè δO è normale a k:

$$(a) \qquad\qquad R \wedge k = 0, \quad M \times k = 0;$$

da cui risulta $I = R \times M = 0$, che [cfr. n. 3, Teor. IV] dimostra il teorema.

Si operi ora con le reazioni vincolari. Se $O, O_1, \ldots$ sono i punti di S giacenti in α e $r, r_1, \ldots$ i vettori delle reazioni vincolari, si ha:

$$(b) \qquad\qquad r \wedge k = 0, \quad r_1 \wedge k = 0, \quad \ldots,$$

perchè, essendo il piano α perfettamente liscio, le reazioni vincolari sono normali ad α. Ritenendo ora S libero sotto l'azione delle forze F, (O, r), (O_1, r_1), $\ldots$ si ha, calcolando il momento rispetto al punto O:

$$(c) \quad R + r + r_1 + \ldots = 0, \quad M + (O_1 - O) \wedge r_1 + \ldots = 0.$$

Operando con $\wedge k$ nella prima delle (c) e con $\times k$ nella seconda, poi tenendo conto delle (b) s'ottengono di nuovo le relazioni (a); ecc.

Supponiamo ora che il sistema S sia *semplicemente appoggiato* sul piano α, normale al vettore k, in tre o più punti non allineati; cioè, ad es., S possa staccarsi dal piano nel verso del vettore k. Chiameremo poi *poligono di appoggio*, o *area di appoggio* (quando i punti di S su α formano una figura continua), il *minimo campo convesso che contiene i punti di appoggio*. Si ha:

Condizione necessaria e sufficiente per l'equilibrio di S sotto l'azione di F, è che F sia equivalente ad un'unica forza diretta normalmente contro il piano α, e la cui linea di azione incontri tale piano in un punto interno all'area di appoggio.

Per gli spostamenti virtuali *invertibili* dei punti P_i siamo ancora nel caso del corpo ritenuto dal piano. Dunque le condizioni (*a*) sono *necessarie*; ma non sono sufficienti. Le resistenze dei vincoli, cioè le forze $(O, r)\,(O_1, r_1), \ldots$ sono tutte parallele a k [cfr. *e*)]; esse hanno una risultante, parallela e nel verso di k, che ha per punto di applicazione [cfr. n. 3, *e*)] il baricentro G dei punti $O, O_1, \ldots$ con masse tutte positive; dunque G stà, ovviamente, nell'interno dell'area d'appoggio. Osservando che F deve equilibrare il sistema delle resistenze vincolari, segue, senz'altro, il teorema.

Quanto alle reazioni vincolari si può dire che: *Se il numero dei punti di appoggio è tre, le reazioni sono perfettamente determinate; non lo sono se il numero dei punti d'appoggio è maggiore di tre.*

Infatti, per quanto abbiamo visto, si può porre:

$$r = xk, \quad r_1 = x_1 k, \quad \ldots$$

ove $x, x_1, \ldots$ sono numeri positivi; sostituendo nelle (*c*), e considerando dapprima il caso di tre punti d'appoggio, si ha:

(*d*)
$$R + (x + x_1 + x_2)\,k = 0,$$
$$M + x_1(O_1 - O) \wedge k + x_2(O_2 - O) \wedge k = 0;$$

da quest'ultima si trae:

$$(O_2 - O) \times M + x_1(O_2 - O) \times (O_1 - O) \wedge k = 0,$$
$$(O_1 - O) \times M + x_2(O_1 - O) \times (O_2 - O) \wedge k = 0,$$

dalle quali si possono ricavare x_1 ed x_2, perchè, essendo i punti O, O_1, O_2 non allineati, si ha $(O_1 - O) \times (O_2 - O) \wedge k \neq 0$.

Dopo ciò dalla (*d*) si ricaverà x.

Se si hanno più di tre punti d'appoggio, la resistenza in questi ultimi punti non può determinarsi colle formule precedenti; occorre allora porre qualche nuova ipotesi, ad esempio, tener conto dell'elasticità dei corpi considerati.

In particolare: *Se il corpo S è soggetto alla gravità, per l'equilibrio è necessario e sufficiente che il piano di appoggio sia orizzontale (e sottostante al corpo) e che la proiezione su di esso del baricentro sia interna al poligono d'appoggio.*

Questa proprietà dà, fra altro, la legge di equilibrio delle *torri pendenti*. Occorre però osservare che siccome le torri si prolungano per una parte nel suolo, ove hanno le fondamenta, non basta, in generale, che il baricentro della parte emergente dal suolo abbia semplicemente la proiezione all'interno della sezione a livello del suolo; ma bisogna considerare tutta l'intera torre come appoggiata sul piano delle fondamenta.

6. Punto ritenuto da una linea o una superficie.

Accade spesso nelle applicazioni di considerare un punto-massa che non può muoversi liberamente nello spazio, ma è vincolato a rimanere sopra una data linea o superficie.

Quando ciò avviene, l'esperienza mostra che sul punto agisce, oltre alla forza applicata (data comunque), un'altra forza, che impedisce ad esso di staccarsi dalla linea o superficie. Tale forza è la *resistenza* della linea o superficie.

Un punto-massa ritenuto da una linea, o superficie, rimane in equilibrio [cfr. n. 2, *b*)] quando *la resistenza della linea o superficie, è una forza opposta a quella applicata.*

Indichiamo con (m, P) il punto-massa che si considera, con f il vettore della forza ad esso applicata, e con r il vettore (incognito) della resistenza.

a) **Punto ritenuto, con attrito, da una linea.** Consideriamo dapprima il caso di un punto-massa ritenuto da una linea. Scomponiamo il vettore r della resistenza in due componenti; l'una r_t parallela, l'altra r_n normale alla linea nel punto considerato P.

Riguardo alla r_n, l'esperienza prova che essa può esser qualunque, salvo qualche eventuale limitazione circa il suo verso (ad es., quando il vincolo è unilaterale). Per la r_t, che si chiama *resistenza di attrito*, combinata con la r_n, risulta che per il suo modulo si deve sempre avere:

$$(a) \qquad \operatorname{mod} r_t / \operatorname{mod} r_n \lessgtr h,$$

ove h è un numero positivo che si chiama *coefficiente d'attrito*, e dipende unicamente dalla natura e dallo stato fisico della linea che si considera.

L'angolo acuto, di φ radianti, tale che:

$$(b) \qquad \operatorname{tang} \varphi = h$$

si chiama *angolo di attrito*.

Il cono di rotazione, avente per vertice il punto P, per asse la tangente in P alla linea e per semi-apertura $\pi/2 - \varphi$ si dice *cono d'attrito*.

Se $h = 0$, si ha $\varphi = 0$ e $r_t = 0$. La resistenza di attrito è nulla, il cono d'attrito si riduce al piano normale alla linea $\hat{P}$, ed in tal caso si dice che la linea è *perfettamente liscia.*

Si ha il teorema fondamentale:

Affinchè il punto-massa (m, P) *ritenuto dalla linea sia in equilibrio sotto l'azione della forza* (P, f), *è necessario e sufficiente che la linea di azione,* Pf, *della forza direttamente applicata non sia* **interna** *al cono di attrito.*

Infatti. Se l'equilibrio ha luogo, deve essere:

$$f + r = 0 \,,$$

e chiamando f_t ed f_n le componenti tangenziale e normale di f, si deduce, dalla (a):

$$(c) \qquad\qquad \mathrm{mod}\, f_t / \mathrm{mod}\, f_n \gtrless h \,,$$

se ora si chiama α l'angolo (acuto) che il vettore f forma con f_n, è chiaro che il primo membro vale $\mathrm{tang}\,\alpha$; perciò, ricordando anche la (b), si trae:

$$\mathrm{tang}\,\alpha \gtrless \mathrm{tang}\,\varphi, \quad \text{onde} \quad \alpha \gtrless \varphi \,.$$

Viceversa, se questa condizione ha luogo, sussiste l'equilibrio, e ciò dimostra il teorema.

Se si considera il punto P mobile sulla linea come funzione dell'arco s, e si pone $t = dP/ds$, allora la condizione di equilibrio può scriversi:

$$(d) \qquad\qquad (f \times t)^2 / (f \wedge t)^2 \gtreqless h^2 .$$

Ciò segue senz'altro dalla (c) e dalle definizioni di prodotto interno ed esterno di due vettori [Intr. I, n. 3].

Essendo dato il vettore f lungo la linea, il primo membro della (d) è una funzione conosciuta dell'arco s, che chiameremo $f(s)$, e perciò, indicando con h' un numero positivo non maggiore di h, le radici della equazione $f(s) = h'^2$ determinano le cercate posizioni d'equilibrio di P.

Per $h' = 0$, si ha $f_t = 0$, onde $r_t = 0$, e la linea è perfettamente liscia; si hanno così le posizioni d'equilibrio in assenza di attrito. La forza applicata deve, in tali posizioni, *essere normale alla linea*.

Facendo variare h' da 0 ad h, le anzidette posizioni di equilibrio si spostano sulla linea e ne percorrono alcuni archi, che costituiscono delle *regioni di equilibrio* del punto e sono in generale limitate dai punti della linea tali che $f(s) = h^2$.

Se la linea è data mediante l'equazione differenziale:

$$u \wedge dP = 0,$$

ove u è un vettore funzione data di P, la condizione d'equilibrio diventa:

$$(d') \qquad (f \times u)^2 / (f \wedge u)^2 \lesseqgtr h^2.$$

Infatti i vettori u e t sono paralleli, onde si può, in ogni caso, porre $t = pu$, (con p numero reale), e allora dalla (d) si ricava senz'altro la (d').

Supponendo la linea data come intersezione delle due superficie $u(P) = 0$, $v(P) = 0$, la condizione di equilibrio diventa:

$$(d'') \quad [f \times \operatorname{grad} u \wedge \operatorname{grad} v]^2 / [f \wedge (\operatorname{grad} u \wedge \operatorname{grad} v)]^2 \lesseqgtr h^2.$$

Infatti, si deve avere:

$$\operatorname{grad} u \times dP = 0, \quad \operatorname{grad} v \times dP = 0,$$

perciò dP è parallelo al vettore $u = \operatorname{grad} u \wedge \operatorname{grad} v$, e sostituendo nella (d') si ha la (d'').

Se il vettore f è dato in funzione di P, il primo membro della (d') è una funzione conosciuta di P, che possiamo indicare con $f(P)$, e allora se $0 \lesseqgtr h' \lesseqgtr h$, la equazione $f(P) = h'^2$, rappresenta una superficie che taglia la linea nelle posizioni d'equilibrio cercate.

Così, ad es., se il punto P è soggetto alla gravità e ritenuto con attrito da una retta inclinata di α su un piano orizzontale, il primo membro della (c) vale $\operatorname{tang} \alpha$, quindi per l'equilibrio si trova $\alpha \lesseqgtr \varphi$, perciò l'inclinazione della retta su di un piano orizzontale non deve superare l'angolo d'attrito. Il punto risulta allora in equilibrio in qualunque posizione sulla retta.

    b) **Punto ritenuto, con attrito, da una superficie.** Supponiamo che il punto-massa (m, P) sia ritenuto da una superficie che presenti attrito.

Scomponiamo allora il vettore r della resistenza in due componenti, l'una r_n normale alla superficie, e l'altra r_t tangente alla superficie stessa; per queste componenti valgono le considerazioni esposte in a), e, in particolare, vale la formula (a).

Il cono di rotazione, avente per vertice P, per asse la normale alla superficie, e per semiapertura l'angolo di attrito φ, si dice *cono d'attrito*.

Se $h = 0$, si ha $r_t = 0$, e la superficie è *perfettamente liscia*.

Si ha la proprietà :

Condizione necessaria e sufficiente per l'equilibrio del punto-massa (m, P) *è che la forza applicata ad esso non sia* **esterna** *al cono d'attrito.*

La dimostrazione è perfettamente analoga a quella relativa al caso del punto ritenuto da una linea.

Se si indica con N un vettore unitario, normale alla superficie, allora la condizione d'equilibrio può scriversi

$$(e) \qquad (f \wedge N)^2 / (f \times N)^2 \lessgtr h^2.$$

Ciò risulta subito dalla (c).

Se $u(P) = 0$ è l'equazione della superficie che ritiene il punto, la condizione d'equilibrio diventa :

$$(e') \qquad (f \wedge \mathrm{grad}\, u)^2 / (f \times \mathrm{grad}\, u)^2 \lessgtr h^2.$$

Infatti è noto che il vettore $\mathrm{grad}\, u$ ha la direzione della normale alla superficie, perciò si può scrivere $N = p\, \mathrm{grad}\, u$, con p reale, ed allora dalla (e) si ricava subito la (e').

Supposto dato il vettore f lungo la superficie, il primo membro della (e') è una funzione conosciuta del punto P, che possiamo indicare con $f(P)$; perciò, se $0 \lessgtr h' \lessgtr h$, l'equazione $f(P) = h'^2$ rappresenta una superficie che taglia quella data lungo una linea i cui punti sono tutti posizioni d'equilibrio.

Per $h' = 0$ la superficie è perfettamente liscia, e la (e') porge $f \wedge \mathrm{grad}\, u = 0$, cioè $f = p'\, \mathrm{grad}\, u$, (con p' reale); essa rappresenta una linea che taglia la superficie data nelle cercate posizioni d'equilibrio, in assenza di attrito. La forza applicata deve, in tali posizioni, *essere normale alla superficie.*

Facendo variare h' da 0 ad h, le anzidette posizioni d'equilibrio si spostano e generano sulla superficie delle regioni d'equilibrio del punto che sono, in generale, limitate dalla linea d'intersezione della superficie data con quella di equazione $f(P) = h^2$.

Se, ad es., il punto P è soggetto alla gravità e ritenuto con attrito da un piano inclinato di α su un piano orizzontale, il primo membro della (*c*) vale tangα, e per l'equilibrio deve essere $\alpha \lesseqgtr \varphi$. Il punto risulta allora in equilibrio in qualunque posizione sul piano.

È utile notare che se $S \equiv (m_i, P_i)$ è un sistema rigido appoggiato, per un solo punto A, contro la superficie (non liscia) di un corpo rigido, fisso, impenetrabile, allora è facile dimostrare che:

Condizione necessaria e sufficiente per l'equilibrio di S è che il sistema delle forze applicate ad S ammetta una risultante unica, non esterna al cono di attrito, diretta in guisa da spingere il sistema contro la superficie ed avente la linea d'azione passante per A.

7. Esempi varii.

Mostriamo come si applicano le proprietà generali stabilite precedentemente, alla risoluzione di alcune questioni; qua e là applicheremo opportuni artifici per abbreviare i calcoli.

a) **Sbarra appoggiata su due piani.** Si abbiano due piani, rigidi, perfettamente lisci, inclinati di α e β su di

un piano orizzontale e che si tagliano secondo una retta
orizzontale; una sbarra pesante è appoggiata nei punti P_1
e P_2 contro di essi. Trovare la posizione d'equilibrio
della sbarra, e le reazioni dei due piani.

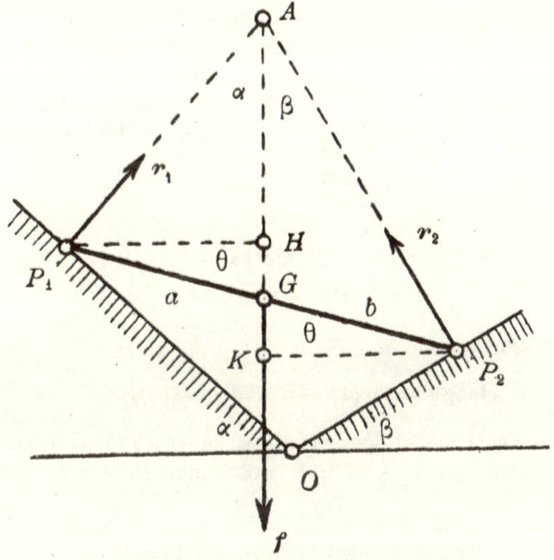

Fig. 22

Determiniamo dapprima l'angolo θ formato dalla sbarra
col piano orizzontale.

Sia *f* il vettore del *peso* della sbarra, peso che è applicato nel baricentro G della sbarra, e siano r_1, r_2 i vettori
delle resistenze dei piani inclinati; tali resistenze sono normali ai piani stessi e dirette verso l'alto.

La sbarra può considerarsi come libera ed in equilibrio sotto l'azione delle forze:

$$(G, f), \quad (P_1, r_1), \quad (P_2, r_2);$$

perciò le linee d'azione di esse devono intanto passare per uno stesso punto A e stare in un piano [cfr. n. 2, *b*), Teor. IV], che risulterà normale alla retta comune ai due piani d'appoggio della sbarra, e quindi sarà un piano verticale *).

Da ciò e dal fatto che la retta AG deve essere verticale, si può ricavare θ. Se P_1H e P_2K sono normali alla AG, si ha intanto, chiamando a e b le distanze di G da P_1 e P_2:

$$KH = (a + b)\,\mathrm{sen}\,\theta;$$

ma d'altra parte:

$$KH = KA - HA = P_2K \cot\beta - P_1H \cot\alpha =$$
$$= b \cos\theta \cot\beta - a \cos\theta \cot\alpha,$$

e in conseguenza:

$$\mathrm{tang}\,\theta = (b \cot\beta - a \cot\alpha)/(a + b).$$

Si possono anche calcolare subito le reazioni vincolari; dovendo essere $f + r_1 + r_2 = 0$, proiettando sulle rette OP_1 e OP_2 si ottiene:

$$\mathrm{mod}\,f \cdot \mathrm{sen}\,\alpha - \mathrm{mod}\,r_2 \cdot \mathrm{sen}\,(\alpha + \beta) = 0,$$

$$\mathrm{mod}\,f \cdot \mathrm{sen}\,\beta - \mathrm{mod}\,r_1 \cdot \mathrm{sen}\,(\alpha + \beta) = 0,$$

da cui si ricavano $\mathrm{mod}\,r_1$ e $\mathrm{mod}\,r_2$.

È però facile vedere che l'equilibrio è instabile.

---

*) Risulta che, se la retta comune ai due piani inclinati *non* è orizzontale, la sbarra non ha posizioni di equilibrio, poichè la forza (G, f) deve avere linea d'azione verticale.

b) **Sbarra appoggiata entro un emisfero.** Si abbia una sbarra pesante, appoggiata per un estremo contro la superficie rigida interna di un emisfero perfettamente liscio, il cui asse è verticale, inoltre appoggiata in un suo punto contro il bordo dell'emisfero, e aventé l'altro

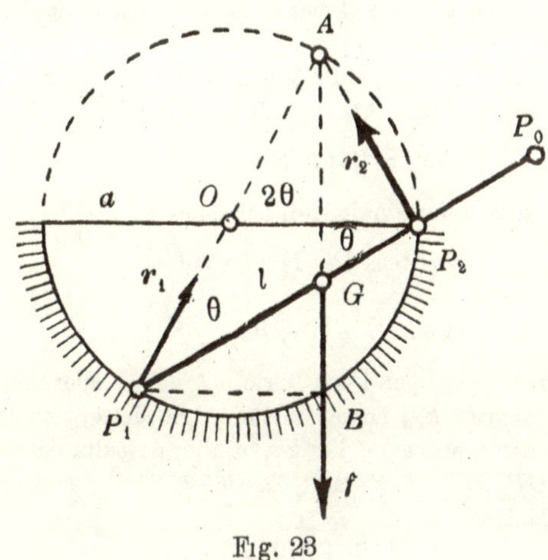

Fig. 23

estremo esterno all'emisfero. Trovare la posizione d'equilibrio e le reazioni vincolari.

Sia θ l'angolo formato dalla sbarra con un piano orizzontale, e siano r_1, r_2 i vettori delle resistenze dell'emisfero nei punti d'appoggio P_1 e P_2; è chiaro che r_1 è diretto da P_1 verso il centro O dell'emisfero ed r_2 normalmente alla sbarra. Se f è il vettore del peso della sbarra, applicato nel baricentro G, essa si può considerare come libera ed in equilibrio sotto l'azione delle forze:

$$(G, f), \quad (P_1, r_1), \quad (P_2, r_2);$$

perciò le linee d'azione di esse devono concorrere in un punto A e stare in un piano.

Ne segue subito che il piano verticale contenente la sbarra deve passare per il centro O, e che la retta GA è verticale. Si noti [cfr. Fig. 23] che il punto A stà sulla circonferenza di centro O che passa per P_1 e P_2.

Chiamando a il raggio dell'emisfero ed l la distanza GP_1, dai triangoli rettangoli ABP_1, GBP_1 si ricava:

$$BP_1 = 2a \cos 2\theta = l \cos \theta;$$

perciò θ risulta determinato dall'equazione:

$$2a(2\cos^2\theta - 1) = l\cos\theta,$$

da cui:

$$\cos\theta = \left(l + \sqrt{l^2 + 32a^2}\right)/(8a).$$

È poi ovvio che, per l'equilibrio, G deve cadere dentro l'emisfero, mentre P_0, come abbiamo già detto, dev'essere esterno ad esso; ne segue $l < 2a$, e allora risulta $\cos\theta < 1$. Posto poi $GP_0 = l_0$, dev'essere $2a\cos\theta < l + l_0$, e se ne deduce la relazione:

$$l^2 + 3ll_0 + 2l_0^2 > 4a^2.$$

Per calcolare le reazioni r_1, r_2, prendiamo i momenti delle forze agenti, rispetto al punto P_1, ed avremo:

$$\mathrm{mod}\, f \,.\, l\cos\theta - \mathrm{mod}\, r_2 \,.\, 2a\cos\theta = 0,$$

da cui risulta:

$$\mathrm{mod}\, r_2 = l \,\mathrm{mod}\, f /(2a).$$

Proiettando invece le forze stesse sulla $P_1 P_2$, si ha:

$$\mathrm{mod}\, f \,.\, \mathrm{sen}\,\theta - \mathrm{mod}\, r_1 \,.\, \cos\theta = 0,$$

e in conseguenza:

$$\operatorname{mod} r_1 = \operatorname{mod} f \cdot \operatorname{tang} \theta.$$

È chiaro che l'equilibrio è stabile.

c) **Emisfero sollecitato da una forza.** Si abbia un emisfero pesante, omogeneo, appoggiato sopra un piano orizzontale, perfettamente liscio, e tirato da un peso

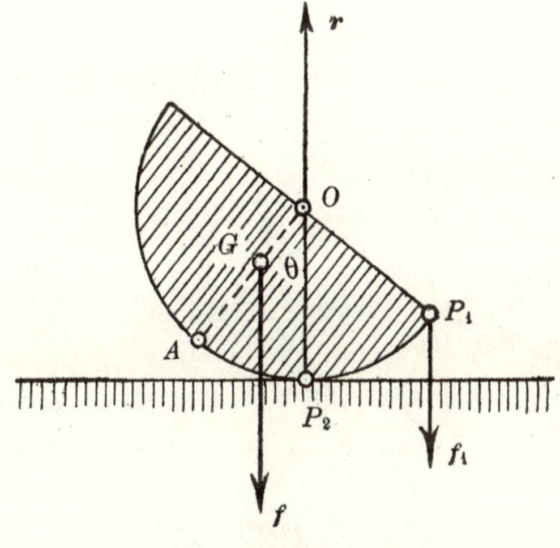

Fig. 24

applicato in un punto dell'orlo. Trovare la posizione d'equilibrio e la reazione del piano.

Sia θ l'angolo che l'asse OA [cfr. Fig. 24] dell'emisfero forma colla verticale, f il vettore del peso dell'emisfero, applicato nel baricentro G di esso, f_1 il vettore del peso applicato nel punto P_1 dell'orlo, ed r il vettore della reazione del piano, reazione che è verticale, quindi passa per il centro O. Prendendo i momenti, rispetto ad O, delle tre forze agenti ed osservando che se a è il raggio dell'emisfero [confrontare Cap. VII, *g*)] la distanza di O da G vale $3\,a/8$, si ha:

$$\mathrm{mod}\boldsymbol{f}.(3a/8)\,\mathrm{sen}\,\theta = \mathrm{mod}\boldsymbol{f}_1.\,a\cos\theta,$$

da cui:

$$\mathrm{tang}\,\theta = 8\,\mathrm{mod}\boldsymbol{f}_1/(3\,\mathrm{mod}\boldsymbol{f}).$$

Si ha poi, ovviamente:

$$\boldsymbol{r} = -\,(\boldsymbol{f}+\boldsymbol{f}_1).$$

d) **Ponte levatoio di De l'Hospital.** Una sbarra pesante OP è mobile in un piano verticale (fisso), intorno all'estremo fisso O; all'estremo P è attaccata una fune, che passa sopra una piccolissima carrucola liscia situata sulla verticale passante per O, e che porta all'altro estremo P_1 un dato contrappeso. Il punto P_1 è mobile sopra una curva, per-

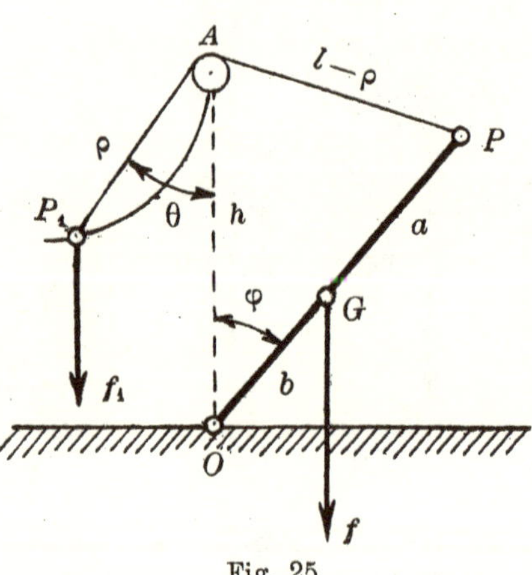

Fig. 25

fettamente liscia, situata nel piano verticale considerato. Trovare questa curva in modo che il sistema sia in equilibrio in qualunque sua posizione. Si ritiene trascurabile il peso della fune.

Applicheremo il principio dei lavori virtuali.
Sia G il baricentro della sbarra, e poniamo:

$$OP = a, \quad OG = b, \quad OA = h, \quad PA + AP_1 = l, \quad AP_1 = \rho;$$

avremo, dal triangolo OPA:

$$(l - \rho)^2 = a^2 + h^2 - 2ah\cos\varphi,$$

da cui:

$$\cos\varphi = \frac{a^2 + h^2}{2ah} - \frac{(l - \rho)^2}{2ah}.$$

L'equazione della curva su cui giace P_1 scriviamola sotto la forma $\cos\theta = f(\rho)$, ove $f(\rho)$ è una funzione da determinarsi; così avremo φ e θ espressi mediante ρ.

Siano p, p_1 le intensità dei pesi applicati nel baricentro G della sbarra, e in P_1, e siano x, x_1 le distanze di G e P_1 dal piano orizzontale passante per O; cioè essendo k vettore unitario verticale diretto dal basso all'alto, si ponga [confrontare Fig. 25]:

$$f = -pk, \quad f_1 = -p_1k, \quad x = (G - O) \times k, \quad x_1 = (P_1 - O) \times k,$$

dalle ultime due traendosi:

$$\delta x = \delta G \times k, \quad \delta x_1 = \delta P_1 \times k.$$

Il principio dei lavori virtuali porge subito, come condizione necessaria e sufficiente per l'equilibrio:

$$f \times \delta G + f_1 \times \delta P_1 = 0,$$

che, per le eguaglianze precedenti, dà:

$$p\,\delta x + p_1\,\delta x_1 = 0, \quad \text{ossia} \quad \delta(px + p_1 x_1) = 0.$$

Ma si ha facilmente:

$$x = b\cos\varphi = \frac{b\,(a^2 + h^2)}{2ah} - \frac{b\,(l - \rho)^2}{2ah}\,,$$

$$x_1 = h - \rho\cos\theta = h - \rho f'(\rho)\,,$$

perciò sostituendo risulta:

$$\frac{d}{d\rho}\left[\frac{pb\,(l - \rho)^2}{2ah} + p_1\,\rho f'(\rho)\right]\cdot \delta\rho = 0\,;$$

ne segue subito:

$$\frac{pb\,(l - \rho)^2}{2ah} + p_1\,\rho f'(\rho) = \text{costante}\,;$$

e poichè $f(\rho) = \cos\theta$, sostituendo, si conclude che l'equazione polare della curva cercata può scriversi:

$$\rho^2 = 2\rho\,(l - b'\cos\theta) + c\,,$$

ove $b' = ahp_1/(pb)$ e c è una costante arbitraria.

Quest'equazione rappresenta un'ovale di Cartesio.

Per semplicità, si suole fare passare la curva per A, e allora è chiaro che $c = 0$; l'equazione della curva diviene:

$$\rho = 2\,(l - b'\cos\theta)\,,$$

e rappresenta una lumaca di Pascal, che è una concoide ed anche una podaria del cerchio *), e quindi è di facilissima costruzione. L'asse della curva è la retta OA.

Se la lumaca dev'essere tangente in A alla retta AO, allora è una cardioide, e perciò $b' = l$, da cui $p_1 = pbl/(ah)$; così abbiamo determinato il contrappeso da applicare in P_1.

---

*) T. Boggio. *Calcolo differenziale*, pag. 225 e 243.

Se si suppone che, quando la sbarra OP è orizzontale, il punto P_1 cada in A, allora $l = \sqrt{h^2 + a^2}$, perciò:

$$p_1 = \frac{pb}{a} \sqrt{1 + \frac{a^2}{h^2}} \, ;$$

ne segue che al crescere di h il contrappeso p_1 diminuisce e per h grandissimo tende al valore pb/a.

e) **Scala appoggiata.** Una sbarra pesante, mobile in un piano verticale (fisso), è appoggiata sopra un

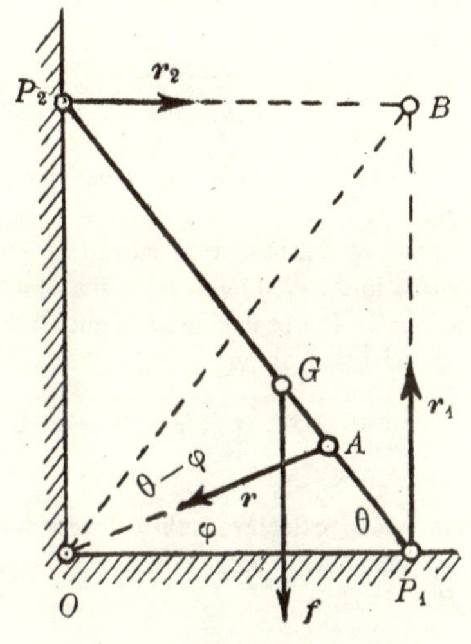

Fig. 26

pavimento orizzontale e contro un muro verticale, per-fettamente lisci; una fune lega un punto A della sbarra al punto O [cfr. Fig. 26]. Trovare la posizione d'equilibrio e la tensione della fune, il cui peso si ritiene trascurabile.

Sia G il baricentro della sbarra e poniamo:

$$P_1 P_2 = OB = l, \quad P_1 A = a, \quad P_1 G = b, \quad OA = c.$$

Dai triangoli $OP_1 P_2$ ed $OP_1 A$, si ricava:

$$OP_1 = l\cos\theta, \quad c^2 = a^2 + l^2\cos^2\theta - 2\,al\cos^2\theta,$$

e supposto $P_1 A < AP_2$, cioè $2a < l$, avremo, per determinare θ l'equazione:

$$\cos^2\theta = \frac{c^2 - a^2}{l(l - 2a)}.$$

Dal triangolo OAP_1 si ottiene poi $\mathrm{sen}\,\varphi / \mathrm{sen}\,\theta = a/c$, da cui si ricava φ.

Sia poi f il vettore del peso applicato in G, r quello della tensione della corda in A, r_1 quello della reazione in P_1 ed r_2 quello della reazione in P_2; prendendo i momenti delle quattro forze considerate, rispetto al punto B, si ha:

$$\mathrm{mod}\,f \cdot b\cos\theta - \mathrm{mod}\,r \cdot l\,\mathrm{sen}(\theta - \varphi) = 0,$$

da cui si può ricavare $\mathrm{mod}\,r$.

Si potrebbero anche calcolare subito le reazioni r_1 ed r_2 dei due piani, proiettando le forze considerate sopra ciascuna delle rette $P_1 B$ e $P_2 B$.

f) **Cilindro appoggiato.** Un cilindro circolare retto, pesante, mobile in un piano verticale (fisso), è appoggiato sopra un pavimento orizzontale e contro un muro

verticale, i quali presentano attrito. Determinare il
minimo angolo d'inclinazione del cilindro (sul piano
orizzontale) per il quale l'equilibrio è ancora possibile.

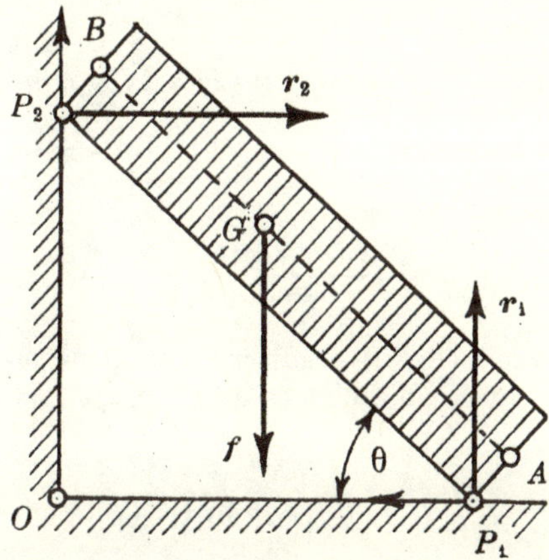

Fig. 27

Sia G il baricentro del cilindro, AB il suo asse, e poniamo:

$$P_1 P_2 = AB = l, \quad P_1 A = a, \quad AG = b.$$

Poichè v'ha attrito, le reazioni dei due piani avranno
anche una componente tangenziale. Chiamando r_1, r_2 i vettori
delle componenti normali delle reazioni, ed h_1, h_2 i coefficienti
d'attrito, i vettori delle componenti tangenziali delle reazioni
sono:

$$- h_1 \operatorname{mod} r_1 \frac{r_2}{\operatorname{mod} r_2}, \quad h_2 \operatorname{mod} r_2 \frac{r_1}{\operatorname{mod} r_1}.$$

Diciamo poi f il vettore del peso del cilindro.

Proiettando le varie forze considerate su ciascuna delle rette OP_1 ed OP_2, si ha:

(a) $$h_1 \bmod r_1 - \bmod r_2 = 0,$$

(b) $$\bmod r_1 + h_2 \bmod r_2 - \bmod f = 0.$$

Prendendo poi i momenti rispetto a P_1 si ottiene:

$$\bmod r_2 . \, l \operatorname{sen} \theta + h_2 \bmod r_2 . \, l \cos \theta - \bmod f (b \cos \theta - a \operatorname{sen} \theta) = 0,$$

da cui si deduce:

$$\bmod r_2 = \frac{\bmod f (b \cos \theta - a \operatorname{sen} \theta)}{l(\operatorname{sen} \theta + h_2 \cos \theta)} .$$

Sostituendo nella (a) si ottiene $\bmod r_1$; sostituendo poi nella (b) si ottiene un'equazione nella sola θ, da cui si ricava facilmente:

$$\operatorname{tang} \theta = \frac{b - h_1 h_2 (l - b)}{(1 + h_1 h_2) a + h_1 l} .$$

Cap. IX. Curve funicolari.

1. Condizioni d'equilibrio.

Si consideri un *filo flessibile ed inestendibile*, e si indichi con s la lunghezza del filo contata da un punto P_0 di esso (un estremo del filo) al punto generico P del filo stesso. Il numero s è essenzialmente positivo e nullo soltanto nel punto P_0.

In ogni punto (generico) P del filo sia applicata

una *forza*, avente *grandezza*, o *intensità*, dello stesso ordine dell'elemento *ds* (positivo) di lunghezza del filo in P. Il vettore di tale forza si può, dunque, indicare con *fds*, essendo *f* un vettore (naturalmente finito) funzione, in generale, del punto P. In tal modo per il sistema (lineare) continuo costituito dal filo, si è fissato un sistema di forze (pure continuo) avente i punti P del filo (non escluso l'estremo P_0) per punti d'applicazione e *fds* per vettori.

Una parte qualunque del filo, dal punto P_0 al punto generico P, assoggettata all'azione del sistema di forze sopra indicato, e di altre forze applicate nei punti estremi P_0, P, se questi non sono fissi, può assumere una *posizione d'equilibrio*. In generale la configurazione d'equilibrio del filo è una linea *curva*, che dicesi appunto *curva funicolare*, per la quale, nel punto generico P, consideriamo i soliti elementi s, ρ, t, n, b delle formule di FRENET [cfr. Intr. I, n. 6].

Distinguendo un particolare punto P_i della curva funicolare, ponendo l'indice generico i a P, converremo che, essendo h una qualsiasi funzione di P, h_i indichi il valore di h nel punto P_i. Si noti che nel punto P_0 si ha $s_0 = 0$.

Per l'equilibrio del filo vale il seguente teorema fondamentale.

La parte da P_0 a P del filo, assoggettata alle forze i cui vettori sono fds e alle forze (composizione) di vettori v_0, u applicate nei punti estremi P_0, P, rispettivamente, è in **equilibrio** *solamente quando: esiste un numero τ, funzione del punto, generico, P,* *per il quale si ha:*

(0) $\tau > 0$,

(1) $v_0 + \tau_0 t_0 = 0$, $u - \tau t = 0$,   (*equazioni ai limiti*),

(2) $f + \dfrac{d}{ds}(\tau t) = 0$,   (*equazione indefinita*).

I punti P_0, P, estremi della parte considerata del filo, si possono ritenere *liberi* sotto l'azione delle due forze di vettori v_0, u; cioè queste forze rappresentano

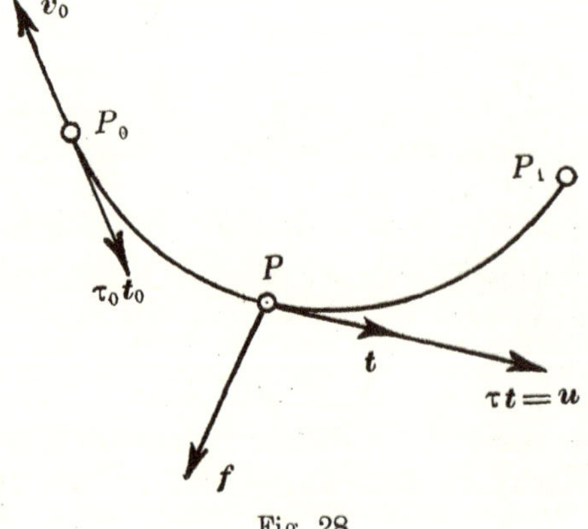

Fig. 28

le reazioni dei *vincoli* ai quali sono soggetti gli *estremi* P_0, P, che possono essere o fissi, o obbligati a restare sopra linee o superficie fisse; ecc.

La forza applicata in P e il cui vettore è $u = \tau t$ si chiama *tensione* del filo nel punto generico P. La tensione in P è dunque parallela alla tangente in $P alla curva funicolare ed ha lo stesso verso (perchè τ è positivo) del vettore $t = dP/ds$, essendo pure ds positivo. In particolare si ha $u_0 = \tau_0 t_0 = -v_0$ nel punto P_0 che, appunto, risulta in equilibrio (la parte di linea funicolare riducendosi al punto P_0) sotto l'azione delle due forze opposte di vettori v_0, u_0.

Dimostriamo ora il teorema fondamentale.

Supposto che il filo abbia la posizione d'equilibrio, *solidifichiamo* il filo [cfr. Cap. VI, n. 7]. Le condizioni d'equilibrio, necessarie e sufficienti per il filo solidificato, e libero sotto l'azione del considerato sistema di forze, sono [confrontare Cap. VIII, n. 2]:

$$(a) \quad \begin{cases} R = v_0 + u + \int_0^{} f\,ds = 0, \\[2ex] M = (P_0 - O) \wedge v_0 + (P - O) \wedge u + \int_0^{} (P - O) \wedge f\,ds = 0, \end{cases}$$

qualunque sia il punto O.

Derivando, rispetto ad s, la prima delle (a), si ha:

$$(b) \qquad du/ds + f = 0;$$

derivando, invece, la seconda delle (a) si ha:

$$t \wedge u + (P - O) \wedge du/ds + (P - O) \wedge f = 0,$$

che per la (b) dà:

$$(c) \qquad t \wedge u = 0, \quad \text{cioè} \quad u = \tau t,$$

con τ numero funzione di P.

Inoltre la prima delle (a) dà, per P coincidente con P_0, e per la seconda (c):

$$(d) \qquad v_0 + \tau_0 t_0 = 0.$$

Le (b), (c), (d) sono certamente *necessarie* per l'equilibrio del filo solidificato. Sono anche *sufficienti*, poichè da. esse si ha facilmente:

$$\boldsymbol{R} = \tau t - \tau_0 t_0 - \int_0 d(\tau t) = 0,$$

$$\boldsymbol{M} = (P - O) \wedge (\tau t) - (P_0 - O) \wedge (\tau_0 t_0) - \int_0 (P - O) \wedge d(\tau t);$$

ma, con integrazione per parti:

$$\int_0 (P - O) \wedge d(\tau t) =$$

$$= (P - O) \wedge (\tau t) - (P_0 - O) \wedge (\tau_0 t_0) - \int_0 dP \wedge (\tau t),$$

ed essendo $dP \wedge t = t\, ds \wedge t = 0$, risulta appunto $\boldsymbol{M} = 0$.

Ne segue che le condizioni (1), (2), la (0) potendo o no essere sodisfatta, sono condizioni *necessarie* per l'equilibrio del filo *non solidificato*, cioè sistema *deformabile*. Resta allora da provare che le (0), (1), (2) sono anche *sufficienti* per l'equilibrio del filo *deformabile*.

Essendo $dP = t\, ds$, il nuovo elemento d'arco, dopo uno spostamento virtuale δP di P, sarà il modulo del vettore $d(P + \delta P)$. Per gli spostamenti δP invertibili la lunghezza d'ogni elemento di filo rimane inalterata; per quelli non invertibili, essendo il filo non estendibile, la lunghezza sarà diminuita, vale a dire si avrà:

$$(dP)^2 \geqq (dP + d\delta P)^2.$$

Sviluppando il secondo membro e trascurando gli infinitesimi d'ordine superiore, si ha $0 \geqq 2 dP \times d\delta P$, ovvero poichè ds è stato supposto positivo:

$$(e) \qquad\qquad t \times d\delta P \lessgtr 0,$$

avendosi il segno $=$, ovvero $<$, secondochè δP è spostamento invertibile o pur no.

Moltiplicando la (e) per τ, che per la (0) è positivo, indi integrando da 0 ad s, si ha:

$$\int_0^s \tau t \times d\delta P \gtreqless 0,$$

con integrazione per parti si ha subito:

$$\tau t \times \delta P - \tau_0 t_0 \times \delta P_0 - \int_0^s d(\tau t) \times \delta P \gtreqless 0,$$

che per le (1), (2) dà:

$$v_0 \times \delta P_0 + u \times \delta P + \int_0^s f\, ds \times \delta P \gtreqless 0,$$

che è appunto la condizione necessaria e sufficiente per l'equilibrio del filo deformabile [cfr. Cap. VI, n. 7, (8)].

2. Equazioni intrinseche e problemi fondamentali.

Se nella (2) si effettua la derivazione e si tiene conto delle formule di Frenet si ha *):

$$(3) \qquad f = -\frac{d\tau}{ds}\, t - \frac{\tau}{\rho}\, n,$$

la quale prova che: *il vettore $f\,ds$ della forza elementare applicata in P, è sempre parallelo al **piano osculatore** della configurazione d'equilibrio in P.*

---

*) Non si confonda il τ, grandezza della tensione del filo in P, col *raggio di torsione* della configurazione d'equilibrio del filo. Quando occorra tener conto del raggio di torsione lo si indichi, ad es., con τ^*.

Moltiplicando ($\times$) la (3), rispettivamente, per i vettori t, n, b, si ha:

$$(4) \quad f \times t = - d\tau/ds, \quad f \times n = - \tau/\rho, \quad f \times b = 0.$$

La (2), ovvero la (3), ovvero le (4), diconsi *equazioni intrinseche dell'equilibrio del filo;* s'intende equazioni *indefinite* [cfr. (2)], occorrendo inoltre le (1) ai limiti e la (0) che esprime esser τ positivo.

I problemi fondamentali da risolvere sono i tre seguenti.

a) Data la configurazione del filo, le forze che lo sollecitano in ogni punto e le forze agli estremi P_0, P_1, forze di vettori v_0, $u_1 = \tau_1 t_1$, ovvero i vincoli agli estremi, verificare se ha luogo l'equilibrio.

I primi membri delle (4) sono noti insieme a ρ. La seconda delle (4) determina τ. Questo valore di τ sostituito nella prima delle (4) deve verificarla. Se, dunque, verificate le (4), si avrà che i valori di τ nei punti P_0, P_1 (per $s = 0$ e $s = l$, con l lunghezza totale del filo) sono precisamente i valori dati τ_0, τ_1, allora l'equilibrio esisterà; altrimenti no.

b) Data la configurazione del filo, determinare le forze capaci di mantenerlo in equilibrio in quella configurazione.

Siccome la f è parallela al piano osculatore in P, si deve avere:
$$(a) \qquad f = f(\cos\varphi \,.\, t + \mathrm{sen}\,\varphi \,.\, n),$$

essendo f, φ le incognite del problema proposto. Da questa posizione di f, e dalle prime due delle (4), si ha:

(*b*) $\qquad\qquad f\cos\varphi = -\,d\tau/ds\,,\quad f\operatorname{sen}\varphi = -\,\tau/\rho\,,$

dalle quali eliminando τ:

(*c*) $\qquad\qquad f\cos\varphi - d(\rho f\operatorname{sen}\varphi)/ds = 0\,.$

In quest'equazione differenziale le incognite sono due:
la f e la φ, e quindi il problema è *indeterminato*, cioè si
può mantenere l'equilibrio, in quella configurazione, con infiniti sistemi di forze.

Se diamo f, ovvero φ, in funzione di s, allora la (*c*) determina φ, ovvero f, in funzione di s e la (*a*) determina f.
In tali ipotesi integrando la (*c*) comparirà una costante arbitraria che si determinerà dando la f_0, cioè il valore di f
per $s = 0$. Una volta determinati f, φ, una qualunque delle (*b*),
meglio la seconda che è finita rispetto a τ, dà il numero τ
in funzione di s. Ecc.

  c) Date le forze che sollecitano un filo, determinare, se esiste, la configurazione d'equilibrio.

Supposto solidificato il filo, è chiaro che f dev'essere considerata come *data* funzione di P, t, s. L'equazione differenziale
indefinita (2) deve dunque determinare P, t, (con $t^2 = 1$) in
funzione di s, e le equazioni ai limiti determineranno, insieme
alla $t^2 = 1$ ed alla (0), le costanti arbitrarie provenienti dalla
integrazione.

Tale integrazione non si sà fare in generale. Si può dimostrare che è possibile far dipendere il problema dall'integrazione di un'equazione differenziale del *sesto* ordine, o che
conduce a *sei* costanti arbitrarie; come era facile prevedere
osservando che il filo solidificato è sistema rigido libero e
quindi ha *sei gradi di libertà*.

3. Alcuni casi particolari.

Abbiamo visto [cfr. n. 2, *c*)] come non si sappiano integrare, in generale, le equazioni di equilibrio del filo. In alcuni casi, abbastanza generali, possiamo dare alcuni integrali primi, o, addirittura integrare la (2).

a) **Le forze sono funzioni del solo arco.** In tal caso, dato il vettore $\tau_0 t_0$, si ha dalla (2), integrando:

$$(5) \qquad \int_0 f\,ds + \tau t = \tau_0 t_0,$$

la quale per essere τ positivo dà:

$$(6) \qquad \tau = \mathrm{mod}\left(\tau_0 t_0 - \int_0 f\,ds\right).$$

Noto così τ, la (5) determina

$$(7) \qquad t = \left(\tau_0 t_0 - \int_0 f\,ds\right)/\tau,$$

e poichè $dP = t\,ds$, si ha, integrando:

$$(8) \qquad P = P_0 + \int_0 \frac{1}{\tau}\left(\tau_0 t_0 - \int_0 f\,ds\right) ds,$$

che dà la configurazione del filo.

b) **Le forze ammettono un potenziale** U. In tal caso, si ha [cfr. Cap. X, n. 1, *b*)]:

$$(9) \qquad f = \mathrm{grad}_P U.$$

Osservando che per la (3),

$$dU = \operatorname{grad} U \times dP = f \times t \,.\, ds = - \,d\tau,$$

risulta subito:

$$(10) \qquad \tau = h - U, \quad \text{con} \quad h = \text{cost}.$$

che ci fà conoscere la grandezza della tensione a meno di una costante.

c) **Le linee d'azione delle forze incontrano una retta fissa.** Se Ok è la retta, si ha $(P - O) \wedge k \times f = 0$, e quindi moltiplicando $(\times)$ la (2) per $(P - O) \wedge k$ si ha:

$$(P - O) \wedge k \times \frac{d(\tau t)}{ds} = 0,$$

che può scriversi:

$$\frac{d}{ds}\,[(P - O) \wedge k \times \tau t] = 0,$$

e che, quindi, dà, come un integrale,

$$(11) \qquad \tau (P - O) \wedge k \times t = \text{cost}.$$

d) **Le forze sono centrali.** Le linee, Pf, d'azione delle forze passino tutte per il punto fisso O. Si ha allora $(P - O) \wedge f = 0$ e per la (2):

$$(P - O) \wedge d(\tau t)/ds = 0, \quad \text{cioè} \quad d[(P - O) \wedge \tau t]/ds = 0,$$

che dà:

$$(12) \qquad \tau (P - O) \wedge t = a = \text{cost},$$

che, in particolare esprime: *la configurazione d'equilibrio stà su d'un piano uscente da O;* il che potrebbe dedursi anche dalla (3), la quale fà vedere che il piano osculatore in P passa per il punto fisso O.

e) **Le forze sono parallele.** Se le f sono parallele al vettore, costante, k, allora, come in *d*), si ha subito:

$$(13) \qquad \tau k \wedge t = \text{cost}.$$

cioè: *la configurazione d'equilibrio stà in un piano parallelo alle forze.*

Se a è vettore unitario normale alle f, allora molti-plicando ($\times$) la (2) per a, poi integrando, si ha:

$$(14) \qquad \tau t \times a = \text{cost.};$$

vale a dire: *se le forze sono parallele allora il vettore della tensione, in qualunque punto P della configurazione d'equilibrio del filo, ha proiezione ortogonale costante su d'una data retta (arbitraria) normale alle forze.*

Se nel piano della configurazione d'equilibrio fis-siamo il sistema cartesiano O, a, ia si ha:

$$(15) \quad k = -ia, \quad f = -\text{mod}f \cdot ia, \quad P = O + xa + zia,$$

allora moltiplicando ($\times$) la (2) per a e ia, e inte-grando, si ha:

$$(16) \quad \tau \cdot t \times a = c = \text{cost.}, \quad \tau \cdot t \times ia = \int \text{mod}f \cdot ds,$$

ovvero, tenendo conto dell'espressione di P, ed es-sendo $dP = t\, ds$:

$$(16') \quad \tau \cdot dx/ds = c = \text{cost.}, \quad \tau \cdot dz/ds = \int \text{mod}f \cdot ds.$$

f) **Catenaria omogenea.** *Una catena omogenea, pesante, sospesa per due punti fissi, P_0, P_1, ha come configurazione d'equilibrio una* **catenaria** *(omogenea) o* **cosinusoide iperbolica,** *nel piano verticale passante per i due punti fissi.*

Siamo nel caso e) con f costante. Fissato nel piano della configurazione d'equilibrio, piano verticale [cfr. e)], il sistema cartesiano O, a, ia si può porre, senza togliere nulla alla generalità, $f = -ia$. Osservando che $\operatorname{grad} z = ia$ risulta $f = -\operatorname{grad} z$ e quindi esiste la funzione potenziale $U = -z$. In conseguenza si ha, dalla (10), $\tau = h + z$, anzi $\tau = z$ poichè si può scegliere O in modo che la costante h sia nulla. Allora la (3) dà:

$$ia = \frac{dz}{ds}\,t + \frac{z}{\rho}\,it, \quad \text{cioè} \quad a = \frac{z}{\rho}\,t - \frac{dz}{ds}\,it,$$

dalla quale, moltiplicando ($\times$) per t, si ricava subito:

$$(a) \qquad\qquad \rho = z/(a \times t);$$

ma $z/(a \times t)$ è la *normale cartesiana* in P e quindi la (a) dice che: *la configurazione d'equilibrio è tale che il raggio di curvatura in P eguaglia la normale cartesiana;* proprietà che è, appunto, *caratteristica* della catenaria d'equazione cartesiana:

$$(b) \qquad\qquad z = \frac{c}{2}\,(e^{x/c} + e^{-x/c}) = c \cosh \frac{x}{c} \;{}^*).$$

---

*) Facendo uso delle espressioni cartesiane ed indicando con gli apici le derivate rispetto ad x, la (a) assume la forma:

$$(1 + x'^2)/x'' = z,$$

La proprietà espressa dalla (14) dice subito che: *nella catenaria omogenea la tensione nel punto più basso è minima.*

Interessa anche osservare che:

*Fra tutte le linee, di lunghezza data l, che hanno per estremi P_0, P_1, e stanno in un piano (verticale) passante per essi, quella che ha il **centro di gravità**, o **centro di massa**, più basso è la catenaria; cioè per la catenaria omogenea si ha sempre la stabilità dell'equilibrio* [cfr. Cap. X, n. 1, f)].

Per la distanza x_c del baricentro G dell'arco l da P_0 a P_1, si ha [cfr. Cap. VII, n. 1, (1'')] $l x_c = \int_0^l x\, ds$. Quindi G sarà il più basso possibile quando:

$$(c) \qquad\qquad \delta \int_0^l x\, ds = 0.$$

---

che integrata dà la (b). Ma facendo uso della prima delle (16') e ricordando che $\tau = x$, si ha la forma più semplice:

$$x = c\sqrt{1 + x'^2},$$

che si integra subito, perchè ponendo $x' = \operatorname{senh} u$, con u funzione di x, si ricava:

$$x = c \cosh u, \quad \text{da cui} \quad x' = c \operatorname{senh} u \cdot u',$$

quindi:

$$c u' = 1, \quad \text{da cui} \quad u = (x - a)/c,$$

ove a è costante, e perciò:

$$x = c \cosh \frac{x - a}{c}.$$

Ora si ha successivamente, applicando regole note :

$$\delta \int_0^l z\, ds = \int_0^l \delta z \cdot ds + \int_0^l z \cdot \delta\, ds =$$

$$= \int_0^l \operatorname{grad} z \times \delta P \cdot ds + \int_0^l z \cdot \delta \operatorname{mod} dP =$$

$$= \; . \; . \; . \; . \; . \; . \; + \int_0^l z \cdot t \times d\delta P =$$

$$= \; . \; . \; . \; . \; . \; . \; + (z t \times \delta P)_0^l - \int_0^l \frac{d(z t)}{ds} \times \delta P \cdot ds =$$

$$= (z t \times \delta P)_0^l + \int_0^l \left(\operatorname{grad} z - \frac{d(z t)}{ds} \right) \times \delta P \cdot ds .$$

Il primo termine è nullo perchè gli estremi P_0, P_1 sono fissi. Perchè sia sempre nullo il secondo dev'essere :

$$\operatorname{grad} z - \frac{d(z t)}{ds} = 0 ,$$

che per $\operatorname{grad} z = -f$ dà appunto la (2), cioè si ha la catenaria.

g). **Catenaria dei ponti pensili.** *Una catena, pesante, sospesa per due punti fissi, P_0, P_1, non omogenea e tale che il peso d'un suo elemento è proporzionale alla proiezione orizzontale dell'elemento stesso, ha come configurazione d'equilibrio una **parabola conica**.*

Le forze (di gravità) sono parallele (verticali); siamo, dunque, nel caso *e*) e la configurazione d'equilibrio della catena è una linea del piano verticale che passa per P_0 e P_1. Per le ipotesi fatte, riguardo al peso d'un elemento della catena, si può porre, senza togliere nulla alla generalità, fissato come in f) il sistema $O,\ a,\ ia$:

$$f = -\,t \times a \,.\, ia\,;$$

allora dalle (16') si ha subito:

$$\tau \,.\, dx/ds = c, \quad \tau \,.\, dz/ds = x - x_0\,;$$

dividendo membro a membro ed integrando:

$$2cz = (x - x_0)^2 + c_1,$$

che è, appunto, l'equazione cartesiana d'una *parabola conica*.

Anche in questo caso [cfr. f)]: *la tensione nel punto più basso è minima*.

Cap. X. Dinamica dei sistemi materiali.

1. Lavoro; forza viva; potenziale ed energia potenziale.

Si consideri il sistema materiale $S \equiv (m_i,\ P_i)$ in moto, e, precisamente, siano le masse m_i costanti ed i punti P_i funzioni del tempo. Il sistema di forze $F \equiv (P_i,\ f_i)$ sia applicato ad S; il moto di S essendo dovuto, o pur no, a seconda dei casi che specificheremo, all'azione di F su S [cfr. Cap. VI, n. 9, a)].

a) **Lavoro.** Si chiama « *lavoro elementare* di F su S » nel tempo dt (cioè da t a $t + dt$) il lavoro infinitesimo [cfr. Cap. VI, n. 6, d)] corrispondente agli spostamenti effettivi dP_i; cioè poniamo :

(1) « lavoro elementare di F su S » $= \Sigma f_i \times dP_i =$
$$= \Sigma f_i \times P_i' \, dt.$$

Chiameremo « *lavoro finito* di F su S nell'intervallo di tempo $t_0 \overset{|-|}{} t$ » la somma (integrale) dei lavori elementari nello stesso intervallo, cioè porremo :

(2) « lavoro finito di F su S nell'intervallo $t_0 \overset{|-|}{} t$ » $=$
$$= \int \Sigma f_i \times dP_i = \Sigma \int f_i \times dP_i = \Sigma \int f_i \times P_i' \, dt ,$$

gli integrali essendo presi corrispondentemente all'intervallo $t_0 \overset{|-|}{} t$.

Risulta in modo ovvio, dalle (1), (2), che : *Se S è sotto l'azione simultanea dei sistemi di forze (componenti) F_1, F_2, ..., tanto il lavoro elementare, quanto il lavoro finito, è la somma dei corrispondenti lavori, relativi, separatamente, ai sistemi F_1, F_2, ...*

Se le forze del sistema F [per le notazioni confrontare Cap. VIII, n. 3, *b*)] sono *parallele* (direzione fissa del vettore k) e il sistema S è *rigido*, allora *il lavoro finito nell'intervallo $t_0 \overset{|-|}{} t$ è:*

$$f \cdot k \times (G - G_0),$$

essendo G, G_0 i centri delle forze parallele nei tempi t, t_0.

Infatti si ha:

$$\int \Sigma f_i \times dP_i = \int \Sigma f_i k \times dP_i = \int k \times d\Sigma(f_i P_i) =$$
$$= k \times \int d(fG) = f \cdot k \times (G - G_0).$$

Se F è lo *speciale sistema di forze interne attrattive* [cfr. Cap. VI, n. 9, f)], si ha subito che:

(3)   «lavoro elementare di F su S» $= - \Sigma_i \Sigma_j f_{ij} dr_{ij}$.

Se il sistema materiale S è rigido, allora il lavoro (3) è nullo perchè le r_{ij} sono costanti.

b) **Potenziale ; sistema conservativo.** Supponiamo che esista un numero U funzione soltanto dei punti P_i (tutti) di S, collegato col sistema di forze F in modo che:

(4) $d_i U = f_i \times d P_i$,   per i arbitrario,

ovvero, il che equivale,

(4') $\operatorname{grad}_{P_i} U = f_i$,

supposto che il differenziale parziale $d_i U$, ed il gradiente parziale $\operatorname{grad}_{P_i} U$, si calcolino facendo variare soltanto P_i, gli altri punti di S essendo considerati come fissi.

Diremo che il numero U è la *funzione potenziale*, o, semplicemente, il *potenziale* del sistema F di forze rispetto al sistema materiale S.

Dalle (1), (4) risulta subito che:

(5)   «lavoro elementare di F su S» $= \Sigma d_i U = dU$,

cioè : *il lavoro elementare è un differenziale esatto e precisamente il differenziale del potenziale.*

Ne segue che:

(6)   «lavoro finito» $= \int dU = U - U_0$,

essendo U_0 il valore di U nel tempo t_0; perciò : *il lavoro finito, nell'intervallo $t_0 |{-}| t$, è la differenza del potenziale nei tempi estremi t, t_0.*

Per il calcolo del lavoro finito con la (2), occorre una quadratura che si può effettuare quando le f_i, che sono, in generale, funzioni di P_i, P_i', t, si sappiano esprimere in funzione di t, cioè quando si sia risolto il problema del moto di S sotto l'azione di F. Invece, quando esiste il potenziale (il che avviene nella maggior parte dei casi che si presentano in natura), risulta dalla (6) che il calcolo del lavoro non esige la conoscenza del moto, bastando conoscere il valore del potenziale nella posizione iniziale (t_0) e finale (t), senza che vi sia bisogno di tener conto delle posizioni intermedie di S. Da ciò l'importanza del potenziale, che, con la differenza dei valori che assume per due posizioni di S, indipendentemente dalle posizioni intermedie, dà il lavoro finito che fanno le forze nel passaggio di S da una posizione all'altra.

Quando il sistema F ammette, rispetto ad S, il potenziale U, si dice che F è un *sistema conservativo*.

La ragione di tale denominazione è data dalla (6) che, come abbiamo osservato, esprime il lavoro finito fatto dalle forze nel passaggio da una ad un'altra posizione, indipendentemente dalle posizioni intermedie.

Sussiste la proprietà inversa, e cioè : *Se il lavoro finito di F su S dipende soltanto dalla configurazione iniziale e finale di S (arbitrarie), allora F è sistema conservativo, vale a dire ammette un potenziale U.*

Infatti. Per ipotesi, il lavoro finito varia soltanto col variare della configurazione finale e quindi è una funzione dei punti P_i di S. Se $U(P_1, P_2, \ldots)$ è il lavoro ora considerato, per il passaggio dei punti di S da P_i a $P_i + dP_i$, il lavoro aumenta di dU, vale a dire il lavoro elementare è il differenziale esatto, dU, d'una funzione dei punti di S, cioè U è il potenziale.

Esaminiamo ora alcuni casi particolari nei quali si presenta il potenziale e determiniamolo.

1° Il sistema $F \equiv (P_i, m_i P_i'')$ formato dalle *forze d'inerzia* [cfr. Cap. VI, n. 9, *a*)], la cui azione basta da sola per dare ad S il moto considerato, è sistema conservativo e per il suo potenziale si ha:

$$U = \frac{1}{2} \Sigma \, m_i P_i'^2 + \text{cost.} = T + \text{cost.},$$

cioè U differisce per una costante dalla *energia cinetica*, o *forza viva* T, del sistema S [cfr. *c*)].

Infatti il lavoro elementare di F su S è, perchè $f_i = m_i P_i''$:

$$\Sigma \, m_i P_i'' \times dP_i = d \, [\Sigma \, m_i P_i'^2] \, / \, 2.$$

2° Le forze del sistema F siano parallele ad un vettore unitario costante k e si abbia:

$$f_i = f_i(z_i) \, k,$$

ove $f_i(z_i)$ è una funzione della distanza z_i di P_i da un piano fisso α. Allora esiste il potenziale U e si ha:

$$U = \int \Sigma f_i(z_i) \, dz_i.$$

Infatti. Se O è un punto fisso di α si ha $x_i = (P_i - O) \times k$, quindi $dx_i = dP_i \times k$; ne segue:

$$\Sigma f_i \times dP_i = \Sigma f_i(x_i) k \times dP_i = \Sigma f_i(x_i) dx_i = d \int \Sigma f_i(x_i) dx_i.$$

3° Se, stando le ipotesi dell'esempio 2°, il sistema S è pesante e k dà la direzione della verticale dall'alto al basso, allora $f_i(z_i) = m_i g$, e quindi:

$$U = m g z_c ,$$

ove $m = \Sigma m_i$ è la massa totale e z_c è la distanza, dal piano α, del centro di massa nel tempo t, supposto che tale centro di massa sia in α nel tempo t_0.

Ne segue che: *il lavoro fatto dai pesi applicati ad un sistema, vale il prodotto del peso totale per lo spostamento verticale del centro di massa.*

4° Il sistema F sia costituito dalle *speciali forze interne attrattive* [cfr. Cap. VI, n. 9, *f*)] e supponiamo che la intensità f_{ij} della forza tra P_i e P_j sia una funzione f della distanza dei punti P_i, P_j, cioè:

$$f_{ij} = f(r_{ij}), \quad \text{per} \quad i \neq j \quad \text{arbitrari.}$$

In tal caso esiste il potenziale e si ha:

$$U = - \Sigma_i \Sigma_j \int f(r_{ij}) \, d r_{ij} .$$

Ciò risulta subito dall'espressione (3) del lavoro elementare.

In particolare, se le forze sono newtoniane, cioè:

$$f(r_{ij}) = c \, m_i m_j / r_{ij}^2 ,$$

ove c è una costante, si ha:

$$U = c\,\Sigma_i\,\Sigma_j\,m_i\,m_j\,/\,r_{ij} + \text{cost}.$$

5° Le forze di F siano *centrali* rispetto ad un punto fisso O, e precisamente:

$$f_i = f(r_i)\,(O-P_i)\,/\,r_i \quad \text{con} \quad r_i = \text{mod}\,(O-P_i).$$

Anche in tal caso il sistema è conservativo e si ha:

$$U = -\Sigma \int f(r_i)\,dr_i.$$

Infatti si ha:

$$f_i \times dP_i = -f(r_i)\,\frac{O-P_i}{r_i}\,d(O-P_i) = -\frac{1}{2}\,f(r_i)\,\frac{d(O-P_i)^2}{r_i} =$$

$$= -\frac{1}{2}\,f(r_i)\,\frac{d\,r_i^2}{r_i} = -f(r_i)\,dr_i.$$

In particolare, per le forze newtoniane:

$$f(r_i) = c\,m_i\,/\,r_i^2, \quad U = c\,\Sigma\,m_i\,/\,r_i + \text{cost}.$$

Risulta da queste che: $U = c\,\Sigma\,m_i\,/\,r_i$ è *il lavoro fatto dalle forze newtoniane, per portare S dall'infinito alla posizione generica*, perchè, tendendo S ad una posizione all'infinito, le r_i tendono all'infinito.

c) **Energia cinetica, o forza viva.** Si chiama *energia cinetica*, o *forza viva* del sistema materiale S in moto, nel tempo generico t, il numero:

$$(7) \qquad\qquad T = \frac{1}{2}\,\Sigma\,m_i\,P_i'^2,$$

cioè : *la metà della somma dei prodotti delle masse per i quadrati delle velocità dei singoli punti del sistema.*

S'intende che la Σ della (7) va cambiata in un integrale (triplo, doppio, semplice) quando il sistema è continuo.

Per il punto-massa (m, P) in moto, si ha:

$$(7') \qquad 2T = m P'^2.$$

In particolare : se il sistema S è *rigido*, Ω è il solito vettore d'istantanea rotazione nel tempo t, O è un punto qualunque di S, η_O l'omografia d'inerzia rispetto al punto O e $\mathfrak{I}_{O\Omega}$ il momento d'inerzia rispetto all'asse $O\Omega$, allora si ha:

$$(8) \quad 2T = m\,O'^2 + 2m\,O' \times \Omega \wedge (G - O) + \Omega \times \eta_O \Omega =$$
$$= m\,O'^2 + 2m\,O' \times \Omega \wedge (G - O) + \Omega^2 . \mathfrak{I}_{O\Omega},$$

e se si prende il baricentro G come punto O, si ha:

$$(8') \qquad 2T = m\,G'^2 + \Omega^2 . \mathfrak{I}_{G\Omega},$$

e se S ha un punto fisso O, allora:

$$(8'') \qquad 2T = \Omega^2 . \mathfrak{I}_{O\Omega}.$$

Infatti. Dalla formula fondamentale della Cinematica:

$$P_i' = O' + \Omega \wedge (P_i - O),$$

e dalla (7) si ha:

$$2T = \Sigma\, m_i \{ O'^2 + 2O' \times \Omega \wedge (P_i - O) + [\Omega \wedge (P_i - O)]^2 \} =$$
$$= mO'^2 + 2mO' \times \Omega \wedge (G - O) - \Omega \times \Sigma\, m_i [(P_i - O) \wedge]^2 \Omega =$$
$$= mO'^2 + 2mO' \times \Omega \wedge (G - O) + \Omega \times \eta_O \Omega = \text{ecc.},$$

che dimostra la (8); e di questa sono casi particolari, ovvi, le formule (8'), (8'').

La (8') esprime che: *l'energia cinetica è eguale a quella del punto-massa (m, G), più l'energia cinetica del moto intorno al baricentro* *).

c') **Equazione ed integrale della forza viva.** È di grande importanza il teorema seguente, noto sotto il nome generico di *equazione differenziale della forza viva.*

Il differenziale della forza viva di un sistema materiale S in moto, supposto che S sia soggetto a vincoli fissi (indipendenti dal tempo) e ammetta spostamenti virtuali tutti invertibili, è eguale al lavoro elementare su S di uno qualunque dei sistemi di forze F, tali che agendo su S producono il moto considerato. Cioè con le solite notazioni:

$$(9) \qquad dT = \text{« lavoro elementare di } F \text{ su } S \text{ ».}$$

Essendo gli spostamenti virtuali tutti invertibili, il principio di D'Alembert [cfr. Cap. VI, n. 9, a)] dà:

$$\Sigma\, m_i P_i'' \times \delta P_i = \Sigma\, f_i \times \delta P_i\,;$$

---

*) Dall'identità $P_i' = G' + (P_i' - G')$ si ha, quadrando:

$$P_i'^2 = G'^2 + (P_i' - G')^2 + 2\,G' \times (P_i' - G')\,;$$

moltiplicando per m_i, sommando e osservando che, come è ben noto, $\Sigma m_i (P_i - G) = 0$, si ha:

$$(a) \qquad\qquad 2T = m\,G'^2 + \Sigma\, m_i (P_i' - G')^2,$$

che, per mezzo dei moti relativi [cfr. Cap. IV] esprime che: *L'energia cinetica d'un sistema è eguale alla somma dell'energia cinetica del punto-massa (m, G) e dell'energia cinetica nel moto relativo al baricentro.*

ma, essendo i vincoli indipendenti dal tempo, questa vale anche per gli spostamenti effettivi $dP_i = P_i'dt$, e quindi:

$$\Sigma\, m_i P_i'' \times dP_i = \Sigma f_i \times dP_i = \text{«lavoro elementare»} \,;$$

ora avendosi [cfr. (7)]:

$$dT = \Sigma\, m_i P_i' \times P_i'' dt = \Sigma\, m_i P_i'' \times dP_i,$$

l'eguaglianza precedente dimostra il teorema.

In particolare, poichè S può assumere il moto considerato sotto l'azione delle sole *forze d'inerzia*, si ha: *L'incremento dell'energia cinetica eguaglia il lavoro elementare delle forze d'inerzia.*

Ciò si ricava anche subito dall'espressione del potenziale U data nell'esempio 1° del n. 1, *b*).

Si noti ancora che se il sistema delle forze interne è costituito dalle *speciali forze interne attrattive* [confrontare Cap. VI, n. 9, *f*)], ed il sistema S è rigido, allora il lavoro elementare delle predette forze interne è nullo [cfr. *a*), (3)] e quindi: dT *è il lavoro elementare delle rimanenti forze (forze esterne).*

Se il sistema di forze F, per la cui azione S è in moto, è *conservativo*, allora il teorema generale della *equazione differenziale della forza viva*, dà luogo al teorema, pure di grande importanza, dell'**integrale della forza viva.**

Se il sistema S, con vincoli fissi, che ammette spostamenti virtuali tutti invertibili, è in moto per l'azione del sistema conservativo di forze F e di poten-

ziale U, allora la (9) *diviene:*

$$(10') \qquad\qquad dT = dU ,$$

che integrata dà (integrale della forza viva):

$$(10) \qquad\qquad T - T_0 = U - U_0 ,$$

essendo T_0, U_0 i valori di T ed U per la configura-zione di S corrispondente ad un valore t_0 di t. Ovvero sotto altra forma:

$$(11) \qquad\qquad T - U = T_0 - U_0 = \text{cost.} ,$$

la quale, stando le ipotesi precedenti, esprime che: **la differenza tra l'energia cinetica ed il potenziale è costante durante tutto il moto.**

Infatti. Dalle (5), (9) si ha subito la (10'). Da questa, integrando si ha la (10) e, ovviamente la (11).

d) **Energia potenziale ed energia totale.** Spesso occorre considerare il numero Π, che chiamasi *energia potenziale*, e che differisce di una costante dal potenziale cambiato di segno. Stabilendo che Π si annulli per la configurazione di S corrispondente al valore, fissato, t_0 di t, l'energia potenziale resta definita ponendo:

$$(12) \qquad\qquad \Pi = U_0 - U .$$

La configurazione S_0, corrispondente al valore t_0 di t, può essere scelta ad arbitrio. Conviene peraltro scegliere quella per la quale U_0 è *massimo*. Allora per la configurazione S_0 si ha, come si è visto, $\Pi_0 = 0$, mentre in tutte le altre configurazioni l'*energia potenziale* Π è positiva.

Si chiama *energia totale* del sistema conservativo, il numero:

$$(13) \qquad E = T + \Pi$$

cioè la *somma* dell'*energia cinetica* con l'*energia potenziale*.

e) **Conservazione dell'energia.** Supponiamo, in ciò che segue, che il sistema S sia in moto in virtù dell'azione simultanea (composizione) di due sistemi di forze; uno conservativo e di potenziale U, l'altro che può essere non conservativo. Il primo sistema, quello conservativo, lo chiameremo sistema delle *forze interne*, e sia, ad es., quello *speciale delle forze interne attrattive* [cfr. Cap. VI, n. 9, *f*)]; l'altro delle *forze esterne o direttamente applicate*. Questi nomi, che hanno scopo abbreviativo, corrispondono ai fenomeni fisici relativi agli stati di forza che diconsi interni ed esterni.

Se l è il lavoro elementare delle forze esterne, allora si ha [cfr. (9)]:

$$dT = dU + l \, ;$$

integrando ed indicando con L il lavoro finito delle forze esterne, risulta:

$$(14') \qquad T - T_0 = U - U_0 + L,$$

che, in virtù delle (12), (13) assume le forme, equivalenti tra loro :

$$(14) \quad \begin{cases} T - T_0 = \Pi_0 - \Pi + L, \\ (T + \Pi) - (T_0 + \Pi_0) = L, \\ E - E_0 = L; \end{cases}$$

e quest'ultima, stando le ipotesi fatte, esprime che : *In un intervallo finito di tempo l'aumento della energia totale eguaglia il lavoro delle forze esterne.*

In particolare, supponiamo che il sistema S sia *isolato*, cioè *non soggetto a forze esterne.* Allora $L = 0$ e l'ultima delle (14) dà:

$$(15) \qquad E = E_0 = \text{cost.} ,$$

la quale esprime che : *Se il sistema S è isolato, l'energia totale è costante.*

La (15), nelle ipotesi fatte, esprime il **principio della conservazione dell'energia.**

Valendo la (15), dalla (13) si ha che : *Se l'energia cinetica diminuisce, aumenta di altrettanto l'energia potenziale, e viceversa.*

Ammesso che il *sistema solare sia isolato,* esso è in moto in virtù delle ·speciali forze interne attrattive newtoniane [cfr. *b*), 4°]; per esso vale il principio della conservazione dell'energia.

Si noti che il principio della conservazione della energia è, per i sistemi isolati e a forze interne conservative, una semplice trasformazione e interpretazione dell'integrale della forza viva [cfr. *c*), (10), (11)], e non và quindi confuso con l'omonimo principio della Fisica che ha una portata molto più generale.

f) **Stabilità dell'equilibrio.** Supponiamo che il moto del sistema materiale S sia dovuto all'azione su di esso d'un sistema conservativo di forze il cui potenziale è U.

Allora, per tutti gli spostamenti virtuali compatibili, il lavoro fatto dal sistema di forze vale δU [confrontare Cap. VIII, n. 1, *f*)]; in conseguenza la condizione d'equilibrio del sistema S è:

$$\delta U = 0 \,,$$

perciò *la funzione U dev'essere costante, o massima, oppure minima, o più in generale massima-minima.*

Le posizioni di S per le quali U è massima, hanno speciale importanza, per quanto riguarda la stabilità dell'equilibrio, come risulta dalle seguenti considerazioni.

Diremo che la configurazione generica S del sistema, nel tempo t, è in *equilibrio stabile*, quando, spostando il sistema da tale configurazione mediante l'applicazione di nuove forze, queste fanno un lavoro *positivo* per produrre spostamenti sufficientemente piccoli.

Ne segue che se l'equilibrio è stabile, occorre spendere lavoro per spostare il sistema dalla sua posizione.

Per l'equilibrio stabile si hanno i teoremi seguenti.

Teorema I (di Dirichlet). *Le configurazioni di equilibrio stabile d'un sistema (soggetto a forze conservative) sono quelle per le quali il **potenziale è massimo**, cioè l'**energia potenziale è minima**.*

Sia S_0 la configurazione in equilibrio stabile e U_0 il valore del potenziale U. Se diamo a S_0 uno spostamento, piccolo, mediante nuove forze, queste dovranno fare un lavoro positivo L. Se, ora, T è la forza viva acquistata dal sistema in tale spostamento e U è il potenziale nella nuova posizione, allora essendo $T_0 = 0$ si ha dalla (14'):

$$T = U - U_0 + L, \quad \text{cioè} \quad U_0 = U + (L - T).$$

Ma, fissate convenientemente le forze addittive che producono lo spostamento, T si può rendere tanto piccolo quanto si vuole; in particolare $T < L$, e poichè $L > 0$, si ha $U_0 > U$, cioè il *potenziale* U_0 *dev'essere* **massimo**.

Viceversa: se il potenziale U_0 è massimo, allora la precedente eguaglianza, che può scriversi:

$$L = (U_0 - U) + T,$$

prova che $L > 0$, cioè che *la configurazione considerata è in equilibrio stabile*.

Teorema II. *Se un sistema si trova in una posizione d'equilibrio stabile, allora spostandolo infinitamente poco da essa, ed essendo pure infinitesima la forza viva dovuta al moto impresso, il moto che ne risulta è sempre infinitesimo.*

Sia U_0 il valore di U nella posizione S_0 d'equilibrio stabile, U_1 il valore di U in una posizione S_1 infinitamente vicina ad S_0 e T_1 la forza viva, infinitesima, acquistata dal sistema materiale nel passaggio da S_0 ad S_1. Applicando la (11) avremo:

$$T - U = T_1 - U_1,$$

da cui si trae:

$$(a) \qquad T + (U_0 - U) = T_1 + (U_0 - U_1).$$

Osservando ora che T_1 od $U_0 - U_1$ sono quantità infinitesime e che $T > 0$, la (a) prova che $U_0 - U$ non può assumere valori finiti positivi. Ora siccome $U_0 - U$ dovrebbe essere finito se il sistema si allontanasse da S_0 con spostamenti finiti, si conclude che gli spostamenti di S dalla posizione S_0 d'equilibrio stabile sono tutti infinitesimi. Dalla (*a*) segue poi, essendo $U_0 > U$, che anche T deve conservarsi infinitesimo.

La proprietà ora dimostrata è *caratteristica* dell'*equilibrio stabile*. Ordinariamente la si assume, senz'altro, per *definire* l'equilibrio stabile *).

È stato dimostrato che, *se in una configurazione d'equilibrio del sistema S, il potenziale è **minimo**, allora l'equilibrio è in generale instabile.*

Se poi, in una configurazione d'equilibrio, U non è nè massimo nè minimo (pure essendo $\delta U = 0$), non si può stabilire alcuna proprietà generale.

Così, ad es., se si ha un corpo rigido pesante, girevole intorno ad un punto fisso O, esso sarà in equilibrio stabile quando il suo baricentro G, che deve stare sulla verticale passante per O [cfr. Cap. VIII, n. 5, *b*)], stà al disotto di O. Se invece G stà al disopra di O, l'equilibrio è instabile.

Infatti, nelle posizioni considerate la U è rispettivamente massima o minima [cfr. Cap. VIII, n. 3, *d*), (17)].

Se poi il baricentro G coincide con O, il corpo è

____

*) Peraltro, facendo così, risulta poi molto difficile provare che: se in una data configurazione d'equilibrio il potenziale non è massimo, spostando infinitamente poco il sistema da tale posizione, e imprimendogli forza viva infinitesima, il moto, in generale, non si conserva infinitesimo.

Il procedimento seguito nel testo è dovuto a MORERA.

ovviamente in equilibrio in qualunque sua posizione, ed allora l'equilibrio si dice *indifferente* od *astatico*.

Come altro esempio, se si ha un corpo rigido pesante, girevole intorno ad un asse fisso, esso sarà in equilibrio stabile quando il suo baricentro G, che deve stare sul piano verticale passante per l'asse fisso [cfr. Cap. VIII, n. 5, *c*)], stà al disotto dell'asse. Se invece G stà al disopra, l'equilibrio è instabile.

Se poi il baricentro G stà sull'asse, il corpo è chiaramente in equilibrio in qualunque sua posizione, e si ha allora l'equilibrio *indifferente* od *astatico*.

Così pure, se si ha una sfera pesante, appoggiata su un piano orizzontale, essa è in equilibrio in qualunque sua posizione; l'equilibrio è quindi *indifferente*.

Nei casi ora considerati, in cui l'equilibrio è indif-ferente, la distanza ζ del baricentro da un piano orizzontale qualunque (e quindi anche U) è costante per qualunque posizione del corpo.

2. Quantità di moto e moto del baricentro.

Consideriamo, come al solito, il sistema $S \equiv (m_i, P_i)$ in moto; precisamente le masse m_i siano costanti ed i punti P_i funzioni del tempo t. Indichiamo, inoltre con $m = \Sigma m_i$ la *massa* di S e con G il *centro di massa*, o *baricentro*, del sistema S, cioè il punto tale che:

$$(0) \quad mG = \Sigma m_i P_i, \quad \text{ovvero} \quad m(G - O) = \Sigma m_i(P_i - O),$$

qualunque sia il punto O.

a) **Quantità di moto.** Chiameremo *quantità di moto*, ovvero *impulso*, nel tempo t, e relativo al sistema S, il sistema di forze:

$$(1) \qquad Q \equiv (P_i, \, m_i P_i'),$$

che ha per punti d'applicazione i punti P_i di S e per vettori relativi ai punti P_i i prodotti delle velocità vettoriali di queste per le relative masse m_i *).

Per il *vettore risultante* e il *momento rispetto al punto O* del sistema di forze Q, quantità di moto, che indicheremo [cfr. Cap. VIII, n. 1, *a)*], in modo generico, con $\boldsymbol{R}^*$ e $\boldsymbol{M}^*$ si avrà:

$$(2) \qquad \begin{cases} \boldsymbol{R}^* = \Sigma \, m_i P_i', \\ \boldsymbol{M}_O^* = \Sigma \, m_i (P_i - O) \wedge P_i', \end{cases}$$

e, quando non possa esservi luogo ad equivoci, scriveremo brevemente $\boldsymbol{M}^*$ al posto di $\boldsymbol{M}_O^*$.

Si osservi che si ha:

$$(2_1) \qquad R^* = m \, G'.$$

Infatti; derivando la prima (0) si ha $m G' = \Sigma \, m_i P_i'$ che, per la prima (2), dà $m G' = \boldsymbol{R}^*$.

Si noti che per il punto-massa (m, P), si ha:

$$(2') \quad Q \equiv (P, \, m P'), \quad \boldsymbol{R}^* = m P', \quad \boldsymbol{M}_O^* = m(P - O) \wedge P'.$$

---

*) Nel comune linguaggio, e trattandosi d'un punto-massa (m, P) in moto, si chiama *quantità di moto* il *prodotto $m v$ della massa per la grandezza della velocità*. Noi preferiamo considerare direttamente il sistema di forze Q definito dalla (1). Vedremo in seguito il significato meccanico del sistema Q.

Se $M_O{}^*$, $M_A{}^*$ sono i momenti della quantità di moto, Q, rispetto ai punti O, A si ha, come è noto [confrontare Cap. VIII, n. 1, c)].

$$(3') \qquad M_O{}^* = M_A{}^* + R^* \wedge (O - A),$$

cui si può dare la forma notevole:

$$(3) \qquad M_O{}^* = M_A{}^* + (A - O) \wedge mG',$$

la quale esprime che: *Il momento, rispetto al punto O, della quantità di moto, è eguale all'analogo momento rispetto ad un altro punto A, più il momento rispetto ad O d'una forza applicata in A e di vettore eguale a quello [cfr. (2')] della quantità di moto del baricentro.*

Infatti, sostituendo nella (3') il valore (2_1) si ha la (3).

In particolare, se G è fisso, cioè $G' = 0$, dalla (3) si ha $M_O{}^* = M_A{}^*$, vale a dire: *Se il baricentro è fisso, il momento della quantità di moto è indipendente dal punto rispetto al quale si calcola.*

Inoltre: se a è vettore unitario e si moltiplica ($\times$) la (3) per a, dopo aver cambiato A in G, si ha:

$$(3_1) \quad M_O{}^* \times a = M_G{}^* \times a + (G - O) \wedge mG' \times a,$$

la quale esprime [cfr. Cap. VIII, n. 1, b)] che: *Il momento della quantità di moto rispetto ad un asse, è eguale al momento della quantità di moto rispetto ad un asse parallelo al primo e passante per il baricentro, aumentato del momento della quantità di moto del baricentro rispetto al primitivo asse.*

b) **Quantità di moto e forza viva d'un sistema rigido.**
Il sistema S sia rigido. Se, seguendo le solite nota-
zioni, $\boldsymbol{\Omega}$ è il vettore della *rotazione istantanea* nel
tempo t [cfr. Cap. III, n. 2], ω è il modulo di $\boldsymbol{\Omega}$
e η_O è l'*omografia d'inerzia* di S rispetto al punto
generico O [cfr. Cap. VII, n. 4, a)], allora sussistono
le importanti formule *):

$$(4) \quad \begin{cases} \boldsymbol{R}^* = m\,O' + m\,\boldsymbol{\Omega} \wedge (G - O), \\[4pt] \boldsymbol{M}_O^* = m\,(G - O) \wedge O' + \eta_O\boldsymbol{\Omega}, \\[4pt] 2T = O' \times \boldsymbol{R}^* + \boldsymbol{\Omega} \times \boldsymbol{M}_O^*, \\[4pt] dT = \boldsymbol{R}^* \times dO' + \boldsymbol{M}_O^* \times d\boldsymbol{\Omega} + \boldsymbol{\Omega} \wedge \boldsymbol{R}^* \times dO = \\[2pt] \qquad = O' \times d\boldsymbol{R}^* + \boldsymbol{\Omega} \times d\boldsymbol{M}_O^* - \boldsymbol{\Omega} \wedge \boldsymbol{R}^* \times dO; \end{cases}$$

che, per O punto fisso, cioè $O' = 0$, assumono le forme
particolari notevoli:

$$(4') \quad \begin{cases} \boldsymbol{R}^* = m\,\boldsymbol{\Omega} \wedge (G - O), \quad \boldsymbol{M}_O^* = \eta_O\boldsymbol{\Omega}, \\[4pt] 2T = \boldsymbol{\Omega} \times \boldsymbol{M}_O^* = \\[2pt] \qquad = \boldsymbol{\Omega} \times \eta_O\boldsymbol{\Omega} = \omega^2 . \mathfrak{I}_{O\Omega} \quad [\text{cfr. n. 1, } c),\ (8'')], \\[4pt] dT = \boldsymbol{M}_O^* \times d\boldsymbol{\Omega} = \boldsymbol{\Omega} \times d\boldsymbol{M}_O^*, \\[4pt] 2\,dT = 2\omega\,d\omega . \mathfrak{I}_{O\Omega} + \omega^2 . d\mathfrak{I}_{O\Omega}; \end{cases}$$

---

*) Queste formule hanno notevole importanza pratica, ed
è opportuno che il lettore le abbia ben presenti. La loro
espressione vettoriale è della massima semplicità e chiarezza,
non così la forma che possono assumere col linguaggio comune
o mediante le coordinate cartesiane.

e per O coincidente col baricentro G:

$$(4'') \begin{cases} \boldsymbol{R}^* = mG', \quad \boldsymbol{M}_G^* = \eta_G\,\Omega, \\[4pt] 2T = mG'^2 + \Omega \times \eta_G\,\Omega = \\ \quad = mG'^2 + \omega^2 \mathfrak{I}_{G\Omega} \quad [\text{cfr. n. 1, } c), (8')], \\[4pt] dT = mG' \times dG' + \eta_G\,\Omega \times d\Omega = \\ \quad = mG' \times dG' + \Omega \times d(\eta_G\,\Omega) \; *). \end{cases}$$

Infatti. Dalla ben nota formula fondamentale della Cinematica [cfr. Cap. III, n. 2, (6)]:

$$(a) \qquad P_i' = O' + \Omega \wedge (P_i - O),$$

dalle (2), (2₁), ricordando la (0), e sottintendendo l'indice O ad $\boldsymbol{M}^*$, si ha:

$$\boldsymbol{R}^* = mG' = m[O' + \Omega \wedge (G - O)],$$

$$\boldsymbol{M}^* = \Sigma\, m_i(P_i - O) \wedge O' + \Sigma\, m_i(P_i - O) \wedge [\Omega \wedge (P_i - O)] =$$
$$= m(G - O) \wedge C' - \Sigma\, m_i[(P_i - O) \wedge]^2\,\Omega = \quad \text{ecc.}$$

Dalla prima delle (4), ora dimostrata, e dalla (8) del n. 1, *c*), che dà $2T$, si ha subito la terza delle (4).

Dall'espressione nota $2T = \Sigma\, m_i P_i'^2$ e dalla (*a*) si ha:

$$dT = \Sigma\, m_i P_i' \times [dO' + d\Omega \wedge (P_i - O) + \Omega \wedge (dP_i - dO)],$$

---

*) Da questa risulta la formula notevole:

$$\Omega \times d(\eta_G\,\Omega) = d\Omega \times \eta_G\,\Omega,$$

o anche, sotto altra forma, mediante il vettore unitario Ω/ω:

$$\Omega \times d\left(\eta_G\,\frac{\Omega}{\omega}\right) = d\,\frac{\Omega}{\omega} \times \eta_G\,\Omega.$$

o per le (2):

$$dT = dO' \times \boldsymbol{R}^* + d\Omega \times \boldsymbol{M}^* - \boldsymbol{R}^* \times \Omega \wedge dO;$$

quindi è dimostrata la prima forma della quarta delle (4); la seconda forma risulta subito dalla prima, differenziando la terza delle (4).

Le (4'), (4'') si ottengono ovviamente dalle (4) osservando che $\Omega = \omega . (\Omega / \mathrm{mod}\,\Omega)$ e che $\boldsymbol{u} \times \eta_O \boldsymbol{u} = \Im_{O\boldsymbol{u}}$ quando $\boldsymbol{u}$ è vettore unitario.

Ecco alcuni casi particolari.

Se il moto di S è *traslatorio*, cioè $\Omega = 0$, allora:

$$(5) \quad \begin{cases} \boldsymbol{R}^* = mO', & \boldsymbol{M}_O^* = m\,(G-O) \wedge O', \\ 2T = O' \times \boldsymbol{R}^*, & dT = \boldsymbol{R}^* \times dO' = O' \times d\boldsymbol{R}^*, \end{cases}$$

e, in particolare, la seconda delle formule (5) esprime che [cfr. Cap. VIII, n. 1, *a'*)]: $\boldsymbol{M}_O^*$ *vale il momento, rispetto ad O, della forza di vettore mO' applicata al centro di massa G.*

Se, invece, S ha moto soltanto *rotatorio* intorno ad un asse fisso Oa, con O fisso e $\boldsymbol{a}$ vettore unitario costante, allora, essendo $\Omega = \omega\boldsymbol{a}$, si ha:

$$(6) \quad \begin{cases} \boldsymbol{R}^* = m\omega . \boldsymbol{a} \wedge (G-O), & \boldsymbol{M}_O^* = \omega . \eta_O \boldsymbol{a}, \\ 2T = \omega^2 . \Im_{O\boldsymbol{a}}, & dT = \omega\,d\omega . \Im_{O\boldsymbol{a}}, \end{cases}$$

ovvero, dopo aver moltiplicato ($\times$) per $\boldsymbol{a}$ le prime due:

$$(6') \qquad \boldsymbol{R}^* \times \boldsymbol{a} = 0, \quad \boldsymbol{M}^* \times \boldsymbol{a} = \omega \Im_{O\boldsymbol{a}},$$

Infatti. Se nelle (4') si pone $\omega\boldsymbol{a}$ al posto di Ω si hanno subito le (6); queste moltiplicate ($\times$) per $\boldsymbol{a}$ dànno le (6') ricordando l'espressione di $\Im$ [cfr. Cap. VII, n. 4, *a*)].

In particolare si noti [cfr. Cap. VIII, n. 1, *b*)] che la seconda delle (6') esprime che : *il momento della quantità di moto rispetto all'asse fisso Oa, vale il prodotto della velocità (grandezza) istantanea di rotazione per il momento d'inerzia del sistema rispetto allo stesso asse Oa.*

    c) **Velocità ed accelerazione del baricentro.** La velocità di G si ricava subito dalla (2_1), cioè :

$$(7) \qquad m\,G' = \boldsymbol{R}^*,$$

che, a sua volta, derivata, dà :

$$(8) \qquad m\,G'' = d\,\boldsymbol{R}^*/dt,$$

e si ha così, mediante il vettore $\boldsymbol{R}^*$ della quantità di moto, la *velocità*, G', e l'accelerazione, G'', del baricentro del sistema S.

Ma per l'accelerazione di G si ha anche un'altra forma notevole che è espressa dal teorema seguente, che dà l'*equazione del moto del baricentro.*

Il sistema vincolato S sia in moto sotto l'azione del sistema $F \equiv (P_i, \boldsymbol{f}_i)$.

Se è possibile dare a tutti i punti di S, come spostamenti virtuali invertibili, una stessa traslazione infinitesima parallela ad un vettore costante **a**, *allora, essendo* **R** *il vettore risultante di F si ha:*

$$(9_1) \qquad m\,G'' \times \boldsymbol{a} = \boldsymbol{R} \times \boldsymbol{a}.$$

Se le traslazioni virtuali ora indicate sono possibili in tre direzioni non complanari, allora:

$$(9) \qquad m\,G'' = \boldsymbol{R};$$

vale a dire: il baricentro G si muove come un punto-massa libero, avente per massa la massa totale m di S e sul quale agisce una forza il cui vettore è il vettore risultante del sistema di forze che, agendo su S, è capace di dare ad S il moto considerato.

Per il principio di D'Alembert [cfr. Cap. VI, n. 9, *a*)], gli spostamenti invertibili δP_i dei punti P_i di S sono tali che:

$$(a) \qquad \Sigma\, m_i P_i'' \times \delta P_i = \Sigma f_i \times \delta P_i.$$

Se, come nell'ipotesi della prima parte del teorema, si può porre:

$$\delta P_i = \varepsilon\, a, \quad \text{per } i \text{ qualunque,}$$

essendo ε un infinitesimo, allora osservando che la (0), derivata due volte, dà:

$$(b) \qquad mG' = \Sigma\, m_i P_i', \quad mG'' = \Sigma\, m_i P_i'',$$

si ha subito dalla (*a*), dopo aver diviso per ε:

$$mG'' \times a = (\Sigma f_i) \times a = R \times a,$$

che dimostra la (9_1).

Se la (9_1) è vera per tre vettori non complanari a, allora è, ovviamente, vera la (9).

Per lo stesso principio di D'Alembert, la (9) è appunto l'equazione del moto del punto-massa (m, G), e ciò dimostra l'ultima parte del teorema.

Si noti che le (9_1), (9) si possono esprimere mediante R^*, indipendentemente da G, nel modo seguente:

$$(9_1') \qquad d\,(R^* \times a)\,/\,dt = R \times a,$$

$$(9') \qquad dR^*\,/\,dt = R.$$

Ciò risulta subito dalle (b) della dimostrazione precedente, e dalla prima delle (2).

La $(9_1')$ può enunciarsi così:

Se i vincoli permettono, ad ogni istante, uno spostamento d'insieme, invertibile, parallelo ad un asse fisso, la derivata della proiezione su quell'asse del vettore risultante della quantità di moto, è eguale all'analoga proiezione del vettore risultante delle forze agenti.

Analogo enunciato per la (9').

d) **Conservazione del moto del baricentro.** Se, stando le ipotesi del teorema precedente [cfr. (9)], il vettore risultante del sistema di forze che producono il moto di S è nullo, $R = 0$, per qualunque valore di t, allora:

    la quantità di moto mG' del baricentro è costante;

    il baricentro, o è in quiete, o si muove di moto rettilineo ed uniforme.

Questo è, sotto forma generale, il *principio* della **conservazione del moto del baricentro.**

Infatti. Se $R = 0$, la (9) dà $mG'' = 0$ e, integrando, $mG' = $ cost. che dimostra la prima parte. Da questa si ha $G' = a$, con a vettore costante, e, integrando, $G = O + ta$, vale a dire il baricentro G è in quiete (per $a = 0$), ovvero ha moto rettilineo uniforme (per $a \neq 0$).

e) **Sistema isolato; sistema solare.** Siamo nel caso d) quando S è in moto per la sola azione delle *speciali forze interne attrattive* [cfr. Cap. VI, n. 9, f)], perchè, in tal caso, per i vettori f_i delle forze di F, si ha:

$$(a) \qquad f_i = \Sigma_j f_{ij} (P_j - P_i) / r_{ij},$$

e quindi, essendo $f_{ij} = f_{ji}$, risulta:

$$\boldsymbol{R} = \Sigma_i f_i = 0.$$

Un tale sistema si dice *isolato*; privo, cioè, di forze *esterne*, ma le *interne* avendo vettori della forma (*a*).

Il *sistema solare* può ritenersi isolato nel senso ora stabilito. Le forze attrattive interne, newtoniane, sono del tipo (*a*); le azioni esercitate dagli altri corpi celesti si possono trascurare, sia a causa della loro grandissima distanza dal sole, sia perchè tali azioni possono ritenersi uniformemente agenti in tutte le direzioni. Ne segue che il baricentro del sistema solare (molto prossimo al sole a causa della preponderanza della massa solare), o è in quiete, o si muove di moto rettilineo uniforme. Le osservazioni astronomiche confermano questo risultato teorico. Il punto del sistema celeste verso cui si muove il baricentro del sistema solare si chiama *Apice* e si trova nella costellazione della *Lira* presso la stella *Vega*.

f) **Sistemi pesanti.** Un sistema pesante, *lanciato* nel vuoto, ovvero *abbandonato* nel vuoto, qualunque siano i vincoli e le deformazioni del sistema durante il moto, si comporta sempre in modo che il suo baricentro descrive, o una parabola in piano verticale e con asse verticale, ovvero una retta verticale. Infatti, il baricentro deve muoversi come fosse libero e soggetto all'azione d'una forza verticale eguale al *peso* del sistema [cfr. Cap. VI, n. 9, *d*); pag. 48, nota].

Se, ad es., una bomba è lanciata nel vuoto ed in un certo istante avviene lo scoppio, il baricentro dei varii frammenti descriverà la stessa parabola come se lo scoppio non fosse avvenuto. Ma se uno dei frammenti viene ad urtare contro un ostacolo, allora entra in giuoco, oltre al peso, la reazione di questo ostacolo e da quel momento in poi il baricentro descriverà una parabola diversa dalla precedente.

g) **Rinculo delle armi da fuoco.** Si consideri un cannone montato su affusto mobile. Per brevità, chiameremo *cannone* il sistema complesso *cannone-affusto*. Inizialmente il sistema è in quiete e quindi il baricentro è pure in quiete. Nell'istante in cui avviene l'accensione delle polveri, e quindi lo sparo, si ha un rapidissimo sviluppo di forze (che si possono chiamare forze *interne*), le quali per il principio dell'azione e reazione hanno risultante nulla, ma non interviene alcuna forza esterna e, quindi, il baricentro deve rimanere immobile.

Se G_1, G_2 sono i baricentri del cannone e del proiettile si deve avere, durante il moto del proiettile:

$$(a) \qquad m\,G = m_1\,G_1 + m_2\,G_2,$$

essendo m_1, m_2 le masse del cannone e del proiettile. Ma, per l'osservazione precedente, $G' = 0$ e quindi, derivando la (a):

$$(b) \quad m_1\,G_1' + m_2\,G_2' = 0, \quad \text{cioè} \quad G_1' = -(m_2/m_1)\,G_2',$$

vale a dire, la *velocità di rinculo del cannone*, cioè G_1', è proporzionale, ed ha senso opposto, alla velocità del proiettile. Siccome la massa del cannone è molto grande rispetto a quella del proiettile, la velocità di rinculo del cannone risulta molto piccola; anzi si può rendere piccola quanto si vuole prendendo m_1 sufficientemente grande. In pratica si fà uso di appositi *freni* per diminuire il rinculo.

Se T_1, T_2 sono le forze vive del cannone e del proiettile, allora si ha:

$$2T_1 = m_1 G_1'^2, \quad 2T_2 = m_2 G_2'^2,$$

e, quindi, per la (b):

$$T_1 / T_2 = m_2 / m_1,$$

la quale prova che: *le forze vive sono inversamente proporzionali alle masse.*

Si ha questo esempio analogo. Un carrello ferroviario è, inizialmente, in quiete sul binario, e sopra esso vi è un uomo, pure in quiete; inizialmente il baricentro G del sistema carrello-uomo è in quiete, e quindi $G' = 0$. Se l'uomo, in un certo istante, comincia a camminare sul piano del carrello, questo deve porsi in moto, in senso inverso della componente parallela alla linea ferroviaria del moto dell'uomo; tale moto del carrello è nullo nel solo caso che l'uomo cammini normalmente alla linea ferroviaria.

h) **Moto animale**. Un essere vivente, che si supponga isolato nello spazio, ed inizialmente in quiete, non può, con le sole sue forze muscolari, spostare il proprio baricentro; perchè le forze muscolari sono tutte *interne* e il loro intervento può, comunque agiscano, produrre soltanto deformazione dell'essere vivente intorno al suo baricentro.

Se l'essere vivente si trova su d'un piano orizzontale, che presenta *attrito*, allora il moto del baricentro è possibile, perchè, oltre al peso dell'animale e alla reazione del piano, che sono forze verticali, vi è la resistenza di attrito che è forza orizzontale. Precisamente, nel caso d'un uomo che partendo dalla quiete avanza una gamba, l'altra dovrebbe retrocedere, perchè la proiezione verticale del baricentro dell'uomo non dovrebbe mutare; ma la resistenza d'attrito impedisce a tale gamba di scivolare indietro, perchè si sviluppa una reazione obliqua, dal di dietro al davanti, la cui componente orizzontale determina il moto in avanti dell'individuo.

Invece, se l'individuo, inizialmente in quiete, si trova su un piano orizzontale perfettamente *liscio*, la locomozione è impossibile, perchè, le forze esterne agenti sono verticali, ed hanno una risultante verticale. In tal caso l'individuo, con le sole sue forze muscolari, può soltanto spostare il suo baricentro lungo la verticale, ovvero ruotare intorno a tale verticale. Ciò spiega la notissima difficoltà che si prova a camminare su di un pavimento molto liscio, o sul ghiaccio (piccola resistenza d'attrito).

Così si spiega anche perchè negli accidenti tramviari siano specialmente colpiti gli arti inferiori; se l'uomo che scende dalla vettura in moto, e, perso l'equilibrio, cade, il suo baricentro tende a descrivere la verticale, e perciò i piedi devono scivolare sul terreno, e se lo scivolamento avviene verso le rotaie, i piedi vanno, necessariamente, sotto le ruote.

3. Integrali delle aree.

Supponiamo che $S \equiv (m_i, P_i)$ sia sistema materiale vincolato, deformabile o rigido, che è in moto in virtù dell'azione su di esso del sistema di forze $F \equiv (P_i, f_i)$. Inoltre valgano tutte le notazioni stabilite nel n. 2.

a) **Equazione differenziale della quantità di moto.**

TEOREMA I. *Se i vincoli cui è soggetto S permettono una rotazione virtuale, di corpo rigido, invertibile intorno ad un asse uscente da un punto O ed avente per direzione fissa quella del vettore unitario a, allora si ha:*

$$(1) \qquad d\,(\boldsymbol{M}_O{}^* \times \boldsymbol{a})\,/\,dt = \boldsymbol{M}_O \times \boldsymbol{a} - O' \wedge m\,G' \times \boldsymbol{a},$$

ovvero, sotto forma esplicita:

$$(1') \qquad \frac{d}{dt} \Sigma\, m_i (P_i - O) \wedge P_i' \times \boldsymbol{a} =$$

$$= \Sigma (P_i - O) \wedge f_i \times \boldsymbol{a} - O' \wedge m\,G' \times \boldsymbol{a},$$

cioè: la derivata, rispetto al tempo, del momento della quantità di moto rispetto all'asse Oa, è eguale all'analogo momento delle forze F, diminuito del prodotto misto $O' \wedge m\,G' \times \boldsymbol{a}$.

Infatti. In virtù dell'ipotesi fatta, si può assumere:

$$(a) \qquad \delta P_i = \varepsilon\, \boldsymbol{a} \wedge (P_i - O),$$

essendo ε numero infinitesimo indipendente da i. Ma per il principio di D'ALEMBERT, essendo gli spostamenti (a) invertibili per ipotesi, si ha:

$$\Sigma\, m_i P_i'' \times \delta P_i = \Sigma f_i \times \delta P_i;$$

sostituendo ai δP_i le espressioni (a), dividendo per ε, e ricordando che $mG' = \Sigma\, m_i P_i'$, si ha, successivamente, ed in modo ovvio:

$$\Sigma\, m_i P_i'' \times a \wedge (P_i - O) = \Sigma f_i \times a \wedge (P_i - O),$$

$$\Sigma\, m_i (P_i - O) \wedge P_i'' \times a = \Sigma (P_i - O) \wedge f_i \times a,$$

$$\Sigma\, m_i \frac{d}{dt}\left[(P_i - O) \wedge P_i'\right] \times a + O' \wedge (\Sigma\, m_i P_i') \times a =$$
$$= \Sigma (P_i - O) \wedge f_i \times a,$$

$$\frac{d}{dt}\, \Sigma\, m_i (P_i - O) \wedge P_i' \times a =$$
$$= \Sigma (P_i - O) \wedge f_i \times a - O' \wedge mG' \times a,$$

che coincide con la (1') e, per la definizione di M_O ed M_O^*, dà subito la (1).

Teorema II. *Se i vincoli cui è soggetto S permettono rotazioni virtuali invertibili e arbitrarie intorno ad un punto O, allora:*

$$(2) \qquad d\,M_O^*\,/\,dt = M_O - O' \wedge m\,G',$$

ovvero, sotto forma esplicita:

$$(2') \quad \frac{d}{dt}\, \Sigma\, m_i (P_i - O) \wedge P_i' = \Sigma (P_i - O) \wedge f_i - O' \wedge mG',\; {}^*),$$

---

*) Se nella (2') si pone G al posto di O e si osserva che:

$$\Sigma\, m_i (P_i - G) \wedge G' = 0, \quad \text{perchè} \quad \Sigma\, m_i (P_i - G) = 0,$$

si ha subito:

$$(a) \qquad \frac{d}{dt}\, \Sigma\, m_i (P_i - G) \wedge (P_i' - G') = \Sigma (P_i - G) \wedge f_i .$$

cioè: la derivata, rispetto al tempo, del momento della quantità di moto rispetto ad O, è eguale all'analogo momento delle forze F diminuito del vettore $O' \wedge m G'$.

Infatti la (1) vale per tre vettori, costanti, non complanari a, b, c e quindi è vera la (2), alla quale si può dare la forma esplicita (2').

È chiaro che le (1), (2), valgono per qualunque sistema S *libero*, sia esso rigido o pur no.

La (2) dà la derivata, rispetto al tempo, del momento della quantità di moto ed è per questo che le (1), (2) si chiamano **equazioni differenziali della quantità di moto.**

È noto che per determinare la posizione d'un sistema *rigido* libero occorrono *sei* parametri; quindi per determinare le leggi del moto del sistema rigido occorrono sei equazioni scalari. Tali equazioni scalari (cioè numeriche) sono la (9) del n. 2 e la (2) precedente, cioè:

$$(a) \quad m G'' = R, \quad d M_O^* / dt = M_O - O' \wedge m G',$$

precisamente in numero di sei perchè equazioni vettoriali. Ne segue che: *il moto d'un sistema rigido, libero, è determinato quando siano note, oltre le condizioni iniziali, le forze atte a porre in moto il sistema stesso.*

Come pure derivando l'identità $\Sigma m_i (P_i - G) = 0$, si ha:
$$(b) \qquad \Sigma m_i (P_i' - G') = 0.$$

Le (a), (b) si interpretano, di solito, facendo uso del *moto relativo al baricentro* [cfr. Cap. IV]. Nel metodo *assoluto* da noi usato questa interpretazione ha scarsa importanza.

Se S è in equilibrio sotto l'azione di F, allora il suo baricentro è in quiete e il momento della quantità di moto è sempre nullo. In tal caso le (a) dànno:

$$R = 0, \quad M = 0,$$

e queste sono *condizioni necessarie* per *l'equilibrio*. Abbiamo veduto [cfr. Cap. VIII, n. 2, b)] che se S è rigido e libero, esse sono anche *sufficienti*.

b) **Equazione differenziale delle aree.** Sia a un vettore unitario *costante* e α un *piano fisso* normale ad a.

Essendo O punto arbitrario, che si muove con legge nota, s'indichi con $\mathcal{A}_i$ il *doppio dell'area* (con segno) descritta dalla proiezione ortogonale sul piano α del segmento di estremi (variabili con t) O, P_i; detta area contandosi da un particolare, ma arbitrario, valore t_0 del tempo t *).

È importante stabilire subito che per il differenziale $d\mathcal{A}_i$ di $\mathcal{A}_i$ si ha, fissato il segno dell'area:

$$(3) \qquad d\mathcal{A}_i = (P_i - O) \wedge (dP_i + dO) \times a.$$

Infatti. Se p_i, o sono le proiezioni ortogonali di P_i ed O su α si ha:

$$p_i = P_i + z_i a, \quad o = O + z a,$$

---

*) Si osservi che « l'area descritta dalla proiezione ortogonale su α di OP_i », *non è*, in generale, « la proiezione ortogonale su α dell'area descritta da OP_i ». Le due aree ora indicate coincidono solo quando la rigata descritta dalla retta OP_i è *sviluppabile*; perchè solo in questo caso la normale alla rigata, in un punto della generatrice OP_i, fa con α angolo indipendente dal punto stesso.

e per l'elemento di area [cfr. Cap. VII, n. 2, $(3''')$]:

$$d\mathcal{A}_i = (p_i - o) \wedge (dp_i + do) \times \boldsymbol{a};$$

sostituendo i valori di p_i ed o si ha:

$$d\mathcal{A}_i = (P_i - O + h\boldsymbol{a}) \wedge (dP_i + dO + k\boldsymbol{a}) \times \boldsymbol{a} = \quad \text{ecc.}$$

Interessa considerare la $\Sigma\, m_i \mathcal{A}_i$, somma dei prodotti delle masse m_i per le corrispondenti aree $\mathcal{A}_i$ (dipendenti, lo si tenga presente, da O e da $\boldsymbol{a}$). Si ha il:

TEOREMA I. *Qualunque siano le condizioni di moto di S rispetto al sistema di forze F, si ha:*

$$(4) \quad d\,(\Sigma\, m_i \mathcal{A}_i)\,/\,dt = \boldsymbol{M}_O^{*} \times \boldsymbol{a} + m\,(G - O) \wedge O' \times \boldsymbol{a},$$

e, nelle ipotesi del Teor. I *di a), si ha:*

$$(5) \qquad d^2 \Sigma\,(m_i \mathcal{A}_i)\,/\,dt^2 =$$

$$= \boldsymbol{M}_O \times \boldsymbol{a} - 2O' \wedge m\,G' \times \boldsymbol{a} + m\,(G - O) \wedge O'' \times \boldsymbol{a}.$$

Infatti. Dalla (3) e dalla seconda (2) del n. 2, si ha:

$$\Sigma\, m_i \mathcal{A}_i' = \Sigma\, m_i (P_i - O) \wedge P_i' \times \boldsymbol{a} + \Sigma\, m_i (P_i - O) \wedge O' \times \boldsymbol{a} =$$
$$= \boldsymbol{M}^{*} \times \boldsymbol{a} + m\,(G - O) \wedge O' \times \boldsymbol{a};$$

derivando questa e tenendo conto della (1) si ha:

$$\Sigma\, m_i \mathcal{A}_i'' =$$
$$= \boldsymbol{M} \times \boldsymbol{a} - O' \wedge m\,G' \times \boldsymbol{a} + m\,G' \wedge O' \times \boldsymbol{a} + m\,(G - O) \wedge O'' \times \boldsymbol{a}$$
$$= \boldsymbol{M} \times \boldsymbol{a} - 2O' \wedge m\,G' \times \boldsymbol{a} + m\,(G - O) \wedge O'' \times \boldsymbol{a}.$$

Le (4), (5) possono chiamarsi **equazioni differenziali delle aree**, rispetto al piano α, od all'asse $O\boldsymbol{a}$.

In particolare si ha:

TEOREMA II. *Se il punto O rispetto al quale sono calcolate le aree $\mathcal{A}$ è fisso, ovvero coincide col bari-*

centro G di S, allora:

$$(6) \qquad d\,(\Sigma m_i \mathcal{C}_i)\,/\,dt = M_O{}^* \times a\,,$$

$$(7) \qquad d^2(\Sigma m_i \mathcal{C}_i)\,/\,dt^2 = M_O \times a\,.$$

Risultano subito dalle (4), (5), poichè, in entrambi i casi, i termini che contengono G ed O si annullano.

c) **Integrali primi.** TEOREMA I. *Stando le stesse ipotesi del* Teor. I *di* a) *e se, inoltre:*

il punto O è fisso, ovvero coincide col baricentro G;

le forze del sistema F hanno momento nullo rispetto all'asse Oa;

allora si ha:

$$(8) \qquad M_O{}^* \times a = c = \text{cost.}\,,$$

vale a dire: il momento della quantità di moto rispetto allo stesso asse Oa è costante.

In conseguenza si ha:

$$(9) \qquad d(\Sigma m_i \mathcal{C}_i)\,/\,dt = c\,,$$

$$(10) \qquad \Sigma m_i \mathcal{C}_i = ct + c_1\,, \quad \text{con} \quad c_1 = \text{cost.}$$

Se O è fisso, ovvero $O = G$, allora il secondo termine del secondo membro della (1) si annulla. Se $M \times a = 0$, si annulla pure il primo termine, e quindi vale la (8).

Dalle (6), (8) risulta la (9), e quindi, integrando, la (10).

Ciascuna delle (8), (9), (10), equivalenti fra loro, si chiama: *integrale delle aree rispetto all'asse Oa*, e la c si chiama **costante delle aree.**

Dando alla (8) la forma esplicita:

$$(8') \qquad \Sigma m_i (P_i - O) \wedge P_i' \times a = c,$$

valendo per O le ipotesi fatte, si ha un *integrale primo delle equazioni del moto.*

Giova notare esplicitamente che: *se le linee d'azione delle forze del sistema F incontrano tutte (al finito, o all'infinito) l'asse Oa, allora* $M_O \times a = 0$ *e quindi vale la formula* (8).

Infatti. Supposto che l'incontro avvenga al finito, si ha:

$$P_i = O + x_i a + y_i f_i,$$

e in conseguenza:

$$M \times a = \Sigma m_i (P_i - O) \wedge f_i \times a = \Sigma m_i (x_i a + y_i f_i) \wedge f_i \times a = 0.$$

Se l'incontro avviene all'infinito, allora $f_i = x_i a$ e quindi:

$$M \times a = \Sigma m_i (P - O) \wedge x_i a \times a = 0.$$

Teorema II. *Nell'ipotesi del* Teor. II *di a) e se, inoltre:*

    il punto O è fisso, ovvero coincide col baricentro G;

    le forze del sistema F hanno momento nullo rispetto al punto O;

    allora si ha:

$$(11) \qquad M_O^* = c = \text{cost.},$$

cioè il momento, rispetto al punto O, della quantità di moto è costante.

Risulta subito dalla (2).

Per la seconda nuova condizione del teorema precedente si osservi che: *se le linee d'azione delle forze del sistema F passano tutte per O, (forze centrali), allora* $M_O = 0$ *e quindi vale la* (11).

Infatti; si ha in tal caso $f_i = x_i(P_i - O)$ e quindi:

$$M = \Sigma\, m_i(P_i - O) \wedge x_i(P_i - O) = 0.$$

Dalla (11) segue, per a vettore costante arbitrario, la (8) e quindi la (9) e la (10). È per questo che la (10) esprime il *principio della conservazione delle aree* in tutta la sua generalità.

La (11), moltiplicata ($\times$) per tre vettori non complanari a, b, c, fornisce tre integrali primi (numerici, o scalari) dell'equazione del moto [cfr. (8')].

Si osservi che, quando vale la (11) e si sceglie a parallelo ad M^*, allora la (8) dà per la *costante delle aree*, il *massimo* valore. È per questa ragione che, sempre supposto valga la (11), ogni piano α normale ad M^* si chiama *piano di massimo delle aree*.

    d) **Sistema isolato ; sistema solare.** Se S è sistema isolato [cfr. n. 2, *e*)] allora da:

$$(P_i - O) \wedge f_i = \Sigma_j f_{ij}(P_i - O) \wedge [(P_j - O) - (P_i - O)] / r_{ij}$$
$$= \Sigma_j f_{ij}(P_i - O) \wedge (P_j - O) / r_{ij},$$

si trae subito $M_O = 0$. In conseguenza, se O è punto fisso, o coincide col baricentro, la (2) dà subito:

$$(12) \qquad\qquad M_O^* = \text{cost.}$$

vale a dire:

In un sistema isolato, è nullo il momento delle forze interne rispetto a qualsiasi punto e il momento della quantità di moto rispetto ad un qualsiasi punto fisso, o al baricentro, è costante.

In particolare se un sistema isolato, inizialmente in quiete, si pone in moto in virtù delle sole forze interne, sarà $M^* = 0$ durante tutto il moto, perchè esso è nullo inizialmente.

Per il sistema solare [cfr. n. 2, *e*)] vale la (12). Il piano uscente dal baricentro e normale al vettore M^*, e che ha quindi giacitura invariabile, è stato determinato da LAPLACE che lo ha chiamato *piano invariabile*. Tale piano lo si considera utilmente in Astronomia, quale piano di riferimento.

e) **Sistemi pesanti; piattaforma girevole; problema del gatto.** Consideriamo un sistema S pesante, cioè supponiamo che i vettori f_i del sistema di forze F siano tutti paralleli ad un vettore unitario k (*verticale*).

Sussisterà l'integrale delle aree rispetto ad un asse verticale [cfr. (8)], cioè si avrà:

$$(13) \qquad M^* \times k = c .$$

Scomponiamo il sistema S in due parti S_1, S_2 delle quali indicheremo con M_1^*, M_2^* i momenti delle corrispondenti quantità di moto. Se il sistema S è inizialmente in quiete, allora la costante c delle aree è nulla e si ha, dalla (13):

$$(14) \quad (M_1^* + M_2^*) \times k = 0, \quad \text{cioè,} \quad M_1^* \times k = - M_2^* \times k .$$

Stando queste ipotesi, supponiamo ancora che, in virtù di forze interne, i sistemi parziali S_1, S_2 acquistino moti rotatori, di velocità angolari ω_1, ω_2, intorno ad Ok. Allora se $\mathfrak{I}_1$, $\mathfrak{I}_2$ sono i momenti d'inerzia di S_1 e S_2 rispetto ad Ok, si ha dalla (14) [cfr. n. 2, *b*), (6)]:

$$(15) \qquad \omega_1\,\mathfrak{I}_1 = - \,\omega_2\,\mathfrak{I}_2\,.$$

Ne segue che : *i versi delle rotazioni intorno ad Ok sono opposti; anzi che: se una delle due parti di S, ad es., S_1, ruota intorno ad Ok, l'altra parte S_2, in virtù del principio delle aree, deve pure ruotare intorno ad Ok, ma in senso inverso.*

Se si ha una *piattaforma*, pesante, orizzontale, girevole senza attrito intorno ad un asse verticale, e su di essa è situato un uomo, allora se il sistema (piattaforma-uomo) è inizialmente in quiete e l'uomo si mette in moto, camminando intorno all'asse in un certo senso, la piattaforma ruoterà in senso opposto — le ampiezze delle rotazioni essendo inversamente proporzionali [confrontare la (15)] ai momenti d'inerzia —; se invece l'uomo cammina su d'una retta che incontri l'asse, allora la piattaforma rimane immobile.

Se un uomo si dispone in modo da poter ruotare liberamente intorno ad un asse verticale, ad es., tenendosi sospeso con una mano ad una fune appesa ad un punto, e se con l'altra mano descrive delle curve chiuse, il suo corpo ruoterà in senso opposto.

Un gatto, abbandonato dall'alto, con le zampe all'insù, cade sulle zampe, perchè esso, durante la caduta, fà descrivere alla sua coda, e molto rapidamente, un cerchio nel piano perpendicolare all'asse del suo corpo; per il principio delle aree il corpo del gatto ruota in senso opposto, e quando avrà ruotato in modo che le zampe siano rivolte in basso, basta che il gatto arresti il movimento della coda, perchè esso cada sulle zampe *).

Una massa che, sulla terra, descriva una linea chiusa (una corrente marina, un cavallo che gira in un circo, ...), deve produrre alla terra stessa uno spostamento in senso inverso; spostamento piccolo, essendo piccolissima la massa in moto di fronte alla massa della terra **).

f) **Salto mortale.** Consideriamo ora un sistema libero, pesante, qualsiasi, lanciato nel vuoto. Sappiamo che le forze del sistema F, pesi, hanno una risultante unica passante per il baricentro G il quale descrive una parabola [cfr. n. 2, *f*)]. D'altra parte sappiamo che il momento dei pesi ora considerati, rispetto al baricentro è nullo [cfr. Cap. VII, n. 4)]; dunque sarà applicabile la (11), cioè sussisterà l'integrale delle aree rispetto a qualunque piano di orientazione fissa.

Se si suppone che il sistema ruoti, con velocità angolare ω, intorno ad un asse orizzontale Gi passante per il baricentro, allora, dalla (4) del n. 2 e dalla (11) prima citata si ha:

$$M^* = \omega \cdot \eta\, i = c,$$

---

*) G. Peano. *Rivista di Matematica*, vol. V, pag. 31-32.
**) G. Peano. *Sopra lo spostamento del polo sulla terra.*
Atti R. Accademia di Torino, vol. XXX, 1895.

ove η è l'omografia d'inerzia del sistema, rispetto al baricentro G. Ne segue, supposto i unitario:

$$\omega \mathfrak{I} = c \times i \, ,$$

essendo $\mathfrak{I}$ il momento d'inerzia del sistema rispetto all'asse baricentrico Gi.

Il prodotto $\omega \mathfrak{I}$ deve restare costante durante tutto il moto e quindi: *se $\mathfrak{I}$ diminuisce, deve crescere ω e viceversa.*

Così, ad es., quando un uomo fà il *salto mortale*, si dà, inizialmente, una certa velocità angolare ω di rotazione intorno ad un asse orizzontale Gi (passante per il suo baricentro); se il corpo rimanesse rigido durante il moto, allora $\mathfrak{I}$ rimarrebbe invariato, e tale rimarrebbe ω, vale a dire la velocità iniziale non sarebbe sufficiente per permettere al corpo di fare una rotazione completa (di 2π radianti) prima di cadere al suolo. Perciò l'uomo, una volta preso lo slancio per il salto, avvicina il più possibile le parti del suo corpo al suo baricentro G; allora $\mathfrak{I}$ diminuisce (perchè diminuiscono le distanze da Gi) e ω deve aumentare, ed è questo aumento che rende possibile all'uomo di fare una completa rotazione prima di cadere.

Abbiamo supposto che l'uomo avesse già una velocità angolare iniziale, che poi riesce ad aumentare ponendo in giuoco le sue forze muscolari (forze interne); ma potrebbe riuscire a ruotare su se stesso, di un certo angolo, anche lanciandosi senza velocità angolare di rotazione, bastando che muovesse in modo opportuno le braccia e le gambe [cfr. *e*), problema del gatto].

4. Equazioni differenziali del moto dei sistemi.

a) **Principio di Hamilton.** Si ha il seguente:

Teorema I. *Se il sistema materiale $S \equiv (m_i, P_i)$ è in moto in virtù dell'azione del sistema di forze $F \equiv (P_i, f_i)$, allora: per tutti i sistemi di spostamenti virtuali δP_i funzioni continue del tempo, compatibili con i vincoli di S e che si annullano agli estremi dell'intervallo $t_0 \vdash t$ di tempo, sussiste la condizione:*

$$(1) \qquad \int_{t_0}^{t} (\delta T + \Sigma f_i \times \delta P_i)\,dt \gtreqless 0,$$

secondochè gli spostamenti sono invertibili (il segno $=$) o pur no (il segno $<$), essendo T la forza viva, o energia cinetica, del sistema S.

Infatti. Applicando δ alla $2T = \Sigma m_i P_i'^2$ si ha:

$$(a) \qquad \delta T = \Sigma m_i P_i' \times \delta P_i';$$

ora, osservando che:

$$\delta P_i' = \delta \frac{dP_i}{dt} = \frac{d(P_i + \delta P_i)}{dt} - \frac{dP_i}{dt} = \frac{d\delta P_i}{dt},$$

si ha dalla (a):

$$\delta T = \Sigma m_i P_i' \times \frac{d\delta P_i}{dt} = \frac{d}{dt} \Sigma m_i P_i' \times \delta P_i - \Sigma m_i P_i'' \times \delta P_i,$$

e, in conseguenza, vale l'identità:

$$(b) \qquad \delta T + \Sigma f_i \times \delta P_i = \Sigma (f_i - m_i P_i'') \times \delta P_i + \frac{d}{dt} \Sigma m_i P_i' \times \delta P_i.$$

Ma, per ipotesi, gli spostamenti δP_i si annullano negli estremi dell'intervallo $t_0 \vdash t$; allora moltiplicando la (b) per dt e integrando tra t_0 e t, l'ultimo termine del secondo membro si annulla e si ha l'identità:

$$(c) \qquad \int_{t_0}^{t} (\delta T + \Sigma f_i \times \delta P_i)\, dt = \int_{t_0}^{t} \Sigma (f_i - m_i P_i'') \times \delta P_i\, dt\,.$$

Nelle ipotesi fatte, il secondo membro della (c) è o nullo o negativo, perchè [cfr. Cap. VI, n. 9, a)], per il principio di D'Alembert, la funzione sotto il segno integrale è, sempre, o nulla o negativa. Vale dunque la (1).

Nel caso che *i vincoli del sistema siano tali che gli spostamenti virtuali δP_i compatibili con essi siano invertibili*, allora la (1) diviene:

$$(1') \qquad \int_{t_0}^{t} (\delta T + \Sigma f_i \times \delta P_i)\, dt = 0\,,$$

che esprime l'importantissima proprietà nota sotto il nome di *principio di* Hamilton.

Si ha ancora il:

Teorema II. *Nelle ipotesi del* Teor. I, *e supposto, inoltre, che gli spostamenti virtuali δP_i compatibili con i vincoli siano invertibili, allora il principio di* Hamilton *è equivalente al principio di* D'Alembert.

La (1') dimostra che dal principio di D'Alembert si *deduce* quello di Hamilton; resta da provare il fatto inverso.

Dalla (1') e dalla (c) si ha:

$$(d) \qquad \int_{t_0}^{t} \Sigma (f_i - m_i P_i'') \times \delta P_i \cdot dt = 0\,.$$

Siccome gli spostamenti virtuali δP_i sodisfano ad equazioni lineari ed omogenee nelle δP_i, potremo, nella (d), sostituire δP_i con $h\delta P_i$, ove h indica una funzione continua arbitraria di t. Se, ora, si prende h in modo che in ogni istante abbia lo stesso segno di :

$$(e) \qquad \Sigma(f_i - m_i P_i'') \times \delta P_i,$$

la funzione che comparisce sotto il simbolo $\int$ nella (d), ove si sia posto $h\delta P_i$ in luogo di δP_i, risulterà essenzialmente positiva e quindi l'annullarsi dell'integrale implica l'annullarsi in ogni istante della funzione (e); vale a dire, ammesso il principio di Hamilton se ne può *dedurre* quello di D'Alembert.

Si può dunque (per spostamenti virtuali invertibili) porre a fondamento della Dinamica il principio di Hamilton [cfr. $(1')$], e ciò è stato effettivamente fatto nelle recenti ricerche di Einstein e di Levi-Civita sulla *teoria della relatività*.

b) **Equazioni generali del moto.** Il principio di Hamilton fornisce un metodo molto semplice per stabilire le equazioni differenziali del moto di un sistema S, qualunque siano le variabili che si assumono per definire le posizioni dei punti P_i di S, e qualunque siano le condizioni vincolari, purchè gli spostamenti virtuali siano invertibili.

I punti P_i del sistema S siano esprimibili in funzione del tempo e di k variabili numeriche $q_1, q_2, \ldots, q_k$; cioè si possa porre :

$$(2) \qquad P_i = P_i(t, q_1, q_2, \ldots, q_k).$$

Quando le k variabili q sono *indipendenti*, allora prendono il nome di *parametri* o *variabili* di Lagrange.

Noi supponiamo, per maggior generalità, che le q non siano indipendenti.

A causa della non indipendenza delle q, gli spostamenti δq di queste dovranno sodisfare ad un certo numero $\nu < k$ di condizioni lineari ed omogenee, che dànno le *condizioni vincolari* [cfr. Cap. VI, n. 4, *a*)]:

$$(3) \quad \varphi_{j_1}\delta q_1 + \varphi_{j_2}\delta q_2 + \ldots + \varphi_{jk}\delta q_k = \Sigma_r\,\varphi_{jr}\,\delta q_r = 0,$$

per $j = 1, 2, \ldots, \nu$, ove le φ sono funzioni date del tempo t e dei parametri q.

Se le ν condizioni (3) sono *integrabili*, cioè il sistema S è *olonomo* [cfr. Cap. VI, n. 4), *b*], allora esse assumono la forma finita:

$$(3') \quad f_j(t, q_1, q_2, \ldots, q_k) = 0, \quad \text{per} \quad j = 1, 2, \ldots, \nu,$$

e si ha [cfr. Cap. VI, n. 4, *b*), (5)], avendo convenuto di calcolare gli spostamenti virtuali δP_i, e quindi le δf_j, riguardando come variabili i soli parametri q:

$$(3'') \qquad \varphi_{jr} = \frac{\partial f_j}{\partial q_r}, \quad \text{per} \quad r = 1, 2, \ldots, k.$$

Se le ν condizioni (3) *non* sono integrabili, allora S è sistema *anolonomo* [cfr. Cap. VI, n. 4, *b*)] e non si hanno le condizioni vincolari finite (3').

Possiamo, evidentemente, ed allo scopo di conservare la massima generalità, dare alle condizioni vincolari la forma (3). Se il sistema S è anolonomo, nelle equazioni differenziali del moto compariranno le φ; se il sistema S è olonomo potremo, mediante le (3''), sostituire alle φ le derivate parziali delle f rispetto alle q.

Cominciamo con l'osservare che dalla (2), segue:

$$(4) \qquad P_i' = \frac{\partial P_i}{\partial t} + \Sigma_r \frac{\partial P_i}{\partial q_r} q'_r,$$

gli apici indicando, come al solito, le derivate rispetto al tempo t. Inoltre, sostituendo il valore (4) di P_i' nella nota espressione:

$$2T = \Sigma m_i P_i'^2$$

del doppio della forza viva, si ha, in modo ovvio,

$$(5) \quad T = T_0 + \Sigma_i a_i q_i' + \Sigma_{ij} a_{ij} q_i' q_j', \quad \text{con} \quad a_{ij} = a_{ji},$$

ove T_0, a_i, a_{ij} sono funzioni di t e delle q ma *non* sono funzioni delle q'.

Ciò premesso, si ha il notevole

TEOREMA (di LAGRANGE). *Stando le precedenti ipotesi, le equazioni differenziali del moto del sistema considerato sono:*

$$(6) \quad \frac{d}{dt} \frac{\partial T}{\partial q_r'} - \frac{\partial T}{\partial q_r} = Q_r + \Sigma_i \lambda_i \varphi_{ir}, \quad \text{per} \quad r = 1, 2, \ldots, k,$$

ove:

$$(7) \qquad Q_r = \Sigma f_i \times \frac{\partial P_i}{\partial q_r},$$

e in cui $\lambda_1, \lambda_2, \ldots, \lambda_\nu$ *sono coefficienti da determinarsi.*

I coefficienti indeterminati, $\lambda_1, \lambda_2, \ldots, \lambda_\nu$ si chiamano ordinariamente *moltiplicatori di* LAGRANGE.

Otterremo le (6) applicando il principio di Hamilton.
Tenendo presente che T dipende dalle q e q', si ha:

$$\delta T = \Sigma \frac{\partial T}{\partial q_r}\, \delta q_r + \Sigma \frac{\partial T}{\partial q_{r}'}\, \delta q_r' \,;$$

ma $\delta q_r' = \delta\, \dfrac{dq_r}{dt} = \dfrac{d\delta q_r}{dt}$ e quindi:

$$\delta T = \Sigma \frac{\partial T}{\partial q_r}\, \delta q_r + \Sigma \frac{\partial T}{\partial q_{r}'}\, \frac{d\delta q_r}{dt} \,.$$

Osservando che $\delta P_i = \Sigma (\partial P_i / \partial q_r)\, \delta q_r$, si ha, per la (7):

$$\Sigma_i f_i \times \delta P_i = \Sigma_r \left(\Sigma_i f_i \times \frac{\partial P_i}{\partial q_r} \right) \delta q_r = \Sigma_r\, Q_r\, \delta q_r.$$

Sostituendo i valori ora trovati di δT e $\Sigma f_i \times \delta P_i$ nella (1'),
principio di Hamilton, si ha:

$$\int_{t_0}^{t} \Sigma_r \left(\frac{\partial T}{\partial q_r} + Q_r \right) \delta q_r\, dt + \int_{t_0}^{t} \Sigma_r \frac{\partial T}{\partial q_{r}'}\, \frac{d\delta q_r}{dt}\, dt = 0 \,;$$

integrando per parti nel secondo integrale ed osservando che
le δq, come le δP_i, devono annullarsi negli estremi dell'intervallo, si ha:

$$(a) \qquad \int_{t_0}^{t} \Sigma_r \left(\frac{\partial T}{\partial q_r} + Q_r - \frac{d}{dt}\, \frac{\partial T}{\partial q_{r}'} \right) \delta q_r\, dt = 0 \,.$$

Moltiplicando la (3) (ove al posto di j si legga i) per un
coefficiente indeterminato λ_i, facendo poi $i = 1, 2, \ldots, \nu$ e
sommando, si ha:

$$\Sigma_i \Sigma_r \lambda_i \varphi_{ir}\, \delta q_r = 0 \,;$$

moltiplicando per dt, integrando fra t_0 e t e sommando con la (a), si ha:

$$(b) \quad \int_{t_0}^{t} \Sigma_r \left(\frac{\partial T}{\partial q_r} + Q_r - \frac{d}{dt} \frac{\partial T}{\partial q_r'} + \Sigma_i \lambda_i \varphi_{ir} \right) \delta q_r \, dt = 0.$$

Delle δq, soltanto $k - \nu$ sono arbitrarie, e siano, per fissare le idee, δq_1, δq_2, ..., $\delta q_{k-\nu}$; le rimanenti $\delta q_{k-\nu+1}$, ..., δq_k sono funzioni delle prime e sono determinate dalle condizioni (3). Possiamo, allora, determinare i ν moltiplicatori λ in modo che siano sodisfatte le ν equazioni:

$$(c) \quad \frac{\partial T}{\partial q_r} + Q_r - \frac{d}{dt} \frac{\partial T}{\partial q_r'} + \Sigma_i \lambda_i \varphi_{ir} = 0, \quad \text{per } r = k-\nu+1, ..., k,$$

e allora nelle (b) compariranno soltanto le δq_1, δq_2, ..., $\delta q_{k-\nu}$ le quali sono arbitrarie; dovranno perciò essere nulli i loro coefficienti, vale a dire le (c), equivalenti alle (6), dovranno sussistere anche per $r = 1, 2, ..., k - \nu$. Avremo così come equazioni di equilibrio le (6) e il teorema è dimostrato.

Le equazioni differenziali (6) sono del *secondo ordine* e sono in numero di k. Esse, unitamente alle (3), formano un sistema di $k + \nu$ equazioni con le $k + \nu$ incognite $q_1, ..., q_k, \lambda_1, ..., \lambda_\nu$; queste incognite risulteranno determinate quando si conoscano le *condizioni iniziali* del moto, cioè i valori iniziali delle q e q'.

Se il sistema S è olonomo, si hanno cioè le condizioni (3'), allora nelle (6) si può, come abbiamo già indicato, cambiare φ_{ir} in $\partial f_i / \partial q_r$ [cfr. (3'')].

Se si eliminano i ν moltiplicatori λ dalle (6), si ottengono $k - \nu$ equazioni differenziali di secondo ordine del moto fra i soli k parametri q che individuano la configurazione del sistema S.

c) **Prima forma delle equazioni di Lagrange.** *Se il sistema S è olonomo ed è costituito da un numero finito n di punti-massa, allora le equazioni del moto si possono porre sotto la forma*:

$$(8) \quad m_i P_i'' = f_i + \Sigma_j \lambda_j \operatorname{grad}_{P_i} f_j, \quad \text{per} \quad i = 1, 2, \ldots, n.$$

Infatti. Supponiamo che le variabili q, che compariscono nella (6), siano le ordinarie coordinate cartesiane (x_i, y_i, z_i) degli n punti P_i, rispetto al sistema $Oijk$, e quindi siano in numero di $3n$. Osservando che:

$$2T = \Sigma\, m_i P_i'^2 = \Sigma\, m_i (x_i'^2 + y_i'^2 + z_i'^2),$$

e quindi che:

$$\frac{d}{dt}\frac{\partial T}{\partial x_i'} = m_i x_i'', \quad \frac{\partial T}{\partial x_i} = 0, \quad Q_i = f_i \times i, \quad \text{ecc.,}$$

le (6) dànno:

$$m_i x_i'' = f_i \times i + \Sigma_j \lambda_j \cdot \partial f_j / \partial x_i,$$
$$m_i y_i'' = f_i \times j + \Sigma_j \lambda_j \cdot \partial f_j / \partial y_i,$$
$$m_i z_i'' = f_i \times k + \Sigma_j \lambda_j \cdot \partial f_j / \partial z_i;$$

moltiplicando per i, j, k e sommando si ha, appunto, la (8), per ogni valore di i da 1 ad n.

Conviene notare che: *i moltiplicatori λ che compariscono nelle (8) individuano le reazioni vincolari; precisamente, tali reazioni sono date dal sistema di forze $(P_i, \Sigma_j \lambda_j \operatorname{grad}_{P_i} f_j)$.*

Infatti le (8) esprimono che il punto P_i si muove come se fosse libero sotto l'azione dei due sistemi di forze:

$$(P_i, f_i), \quad (P_i, \Sigma_j \lambda_j \operatorname{grad}_{P_i} f_j);$$

ma i vettori di queste ultime forze sono normali alle superficie rappresentate dalle (3') quando in esse vari il solo punto P_i; quindi le forze considerate, che sostituiscono perfettamente i vincoli, sono le resistenze dei vincoli stessi.

L'uso delle (8) è abbastanza pratico se il numero dei punti del sistema è piccolo; altrimenti si hanno da considerare troppe equazioni.

d) **Seconda forma delle equazioni di Lagrange.** *Se, stando le ipotesi sotto le quali vale la* (6), *i parametri q, in numero di k, sono tra loro indipendenti, allora le equazioni differenziali del moto assumono la forma:*

$$(9) \qquad \frac{d}{dt}\frac{\partial T}{\partial q_r'} - \frac{\partial T}{\partial q_r} = Q_r, \quad r = 1, 2, \ldots, k.$$

Infatti nelle (6) sparisce l'ultimo termine perchè le condizioni (3) non esistono.

È generalmente sotto la forma (9) che si adoperano le equazioni di Lagrange.

e) **Condizioni di equilibrio.** Se il sistema S è in equilibrio nel tempo t, allora $T = 0$ e le (6), (8), (9), divengono:

$$(6_1) \qquad Q_r + \Sigma_i \lambda_i \varphi_{ir} = 0, \quad \text{ovvero} \quad Q_r + \Sigma_i \lambda_i \frac{\partial f_i}{\partial q_r} = 0,$$

$$(8_1) \qquad f_i + \Sigma_j \lambda_j \operatorname{grad}_{P_i} f_j = 0,$$

$$(9_1) \qquad Q_r = 0,$$

che esprimono le *condizioni di equilibrio* del sistema S.

f) **Sistemi conservativi.** È molto notevole il caso in cui il sistema di forze F è *conservativo* [cfr. n. 1, b)] cioè ammette il potenziale U. In tal caso il principio di HAMILTON [cfr. a)] si può enunciare sotto la forma seguente:

Se il sistema F di forze ammette il potenziale U e si considerano come fisse le posizioni S_0 ed S del sistema materiale corrispondenti ai valori t_0 e t del tempo, allora: è nulla la variazione che subisce l'integrale $\int_{t_0}^{t}(T+U)\,dt$, quando si passa dal movimento effettivo, che porta S_0 in S, ad ogni movimento infinitamente vicino compatibile con i vincoli; cioè:

$$(10) \qquad \delta \int_{t_0}^{t}(T+U)\,dt = 0.$$

Infatti. Si ha, per le ipotesi fatte, $\Sigma f_i \times \delta P_i = \delta U$ e quindi sostituendo nella (1') si ha, senz'altro, la (10).

Se il sistema F di forze ammette il potenziale U, allora le equazioni di LAGRANGE *della seconda forma, divengono:*

$$(11) \qquad \frac{d}{dt}\frac{\partial T}{\partial q_r'} - \frac{\partial T}{\partial q_r} = \frac{\partial U}{\partial q_r} \qquad per \quad r = 1, 2, \ldots, k.$$

Infatti dalla (7) si ha:

$$(a) \qquad Q_r = \Sigma \operatorname{grad}_{P_i} U \times \frac{\partial P_i}{\partial q_r} = \frac{\partial U}{\partial q_r},$$

e allora la (9) dà subito la (11).

La (10) mostra l'opportunità d'introdurre la funzione:

$$(12) \qquad L = T + U,$$

che si chiama *funzione di* Lagrange. Essa, al pari di T, dipende da t e dalle q, q'.

Mediante tale funzione, le (10), (11) assumono le forme più semplici:

$$(10') \qquad \delta \int_{t_0}^{t} L\, dt = 0,$$

$$(11') \qquad \frac{d}{dt}\frac{\partial L}{\partial q_r'} - \frac{\partial L}{\partial q_r} = 0.$$

Ciò è ovvio per la (10'). Per la (11') basta osservare che, la U non contenendo le q', si ha $\partial L / \partial q_r' = \partial T / \partial q_r'$.

Il Prof. Levi-Civita ha dimostrato *) che nella (10') si possono trattare alla stessa stregua i parametri lagrangiani q e il tempo t, cioè che è lecito sottoporre a variazione anche il tempo t, purchè però la sua variazione (come quella delle q) sia nulla agli estremi dell'intervallo $t_0 \,{}^{\,|-|}\, t$.

g) **Integrali primi.** Dalla (11') risulta in modo ovvio che: *se nella espressione della funzione L di* Lagrange *manca, ad es., il parametro q_s (potendo però figurarvi q_s') allora:*

$$\frac{\partial L}{\partial q_s'} = \text{cost.}$$

---

*) Levi-Civita. *Statica einsteiniana* (Rendiconti della R. Accademia dei Lincei; serie 5ª, vol. XXVI, 1º sem. 1917).

è un integrale primo delle equazioni del moto (Lagrange, *seconda forma*).

I parametri di Lagrange che non figurano nella funzione L, si chiamano *parametri*, o *coordinate ignorate*. Ad ogni coordinata ignorata, corrisponde, dunque, un integrale primo delle equazioni dinamiche (seconda forma) di Lagrange.

Si ha un integrale primo anche in questo caso: *Se L non contiene esplicitamente il tempo, allora:*

$$(13) \qquad \Sigma \frac{\partial L}{\partial q_{r'}} q_{r'} - L = h = \text{cost.}$$

è un integrale primo delle equazioni del moto (Lagrange, *seconda forma*).

Infatti. Dall'ipotesi si ha $\partial L / \partial t = 0$ e quindi, tenendo conto della (11'):

$$\frac{dL}{dt} = \Sigma \left(\frac{\partial L}{\partial q_r} q_{r'} + \frac{\partial L}{\partial q_{r'}} q_{r''} \right) =$$

$$= \Sigma \left[\left(\frac{d}{dt} \frac{\partial L}{\partial q_{r'}} \right) q_{r'} + \frac{\partial L}{\partial q_{r'}} q_{r''} \right] = \frac{d}{dt} \Sigma \frac{\partial L}{\partial q_{r'}} q_{r'} \, ;$$

moltiplicando per dt, portando tutto in un membro e integrando, si ha la (13).

h) **Vincoli fissi.** Se i vincoli di S non variano col tempo, cioè sono *fissi*, allora il punto P_i dato dalla formula (2) [efr. *a*)] non contiene esplicitamente t; in conseguenza nella (4) manca la $\partial P_i / \partial t$ e l'espressione (5) della forza viva T diviene:

$$(14) \qquad T = \Sigma_{ij} a_{ij} q_i' q_j',$$

vale a dire: *la forza viva è una funzione quadratica definita omogenea delle q'* (cioè è positiva, e nulla soltanto quando tutte le q' sono nulle).

Si ha allora il teorema:

Se il sistema F di forze è conservativo ed i vincoli sono fissi, allora si ha:

$$(15) \qquad T - U = h = \text{cost.}$$

durante tutto il moto.

Dalla (14) si ha, essendo T quadratica ed omogenea nelle q':

$$\Sigma(\partial T / \partial q_r') q_r' = 2T;$$

(che risulterebbe anche dal teorema di Eulero sulle funzioni omogenee). Osservando che U, funzione dei punti P_i (e quindi delle q), non è funzione delle q', si ha, per la (12):

$$\Sigma \frac{\partial L}{\partial q_r'} q_r' = \Sigma \frac{\partial (T + U)}{\partial q_r'} q_r' = 2T;$$

in conseguenza, osservando che $L = T + U$ non contiene esplicitamente il tempo, si ha dalla (13):

$$2T - L = 2T - T - U = T - U = \text{cost.}$$

che dimostra la (15).

La (15), che è identica all'integrale della forza viva nel caso dei sistemi liberi [cfr. n. 1, *c*)], si chiama ancora, per *vincoli fissi* e *sistema di forze conservative, integrale della forza viva* e la h dicesi *costante della forza viva.*

È chiaro che: *se il sistema S ha un sol grado di*

libertà, cioè è a vincoli completi, l'integrale (15) *della forza viva dà, senz'altro, l'unica equazione del moto.*

Infatti la posizione di S dipende da un sol parametro e la (15) fornisce un'equazione ove entra, soltanto, tale parametro e la sua derivata rispetto al tempo, e permette perciò di calcolare quel parametro in funzione del tempo.

i) **Equazioni canoniche di Hamilton.** Le equazioni di Lagrange [seconda forma; cfr. *d*), (9)] formano, come abbiamo già osservato, un sistema di k equazioni differenziali del secondo ordine. Si deve ad Hamilton una notevole trasformazione in virtù della quale tale sistema si trasforma in un sistema *equivalente* di $2k$ equazioni differenziali del primo ordine.

Per fare tale trasformazione cominciamo con lo stabilire la proprietà seguente.

Se, stando le ipotesi d), si considerano le k variabili p definite ponendo:

$$(16) \qquad p_r = \frac{\partial T}{\partial q_r'} \quad con \quad r = 1, 2, \ldots, k,$$

allora le p sono funzioni lineari delle q' ed è sempre possibile ricavare dalle (16) *le q' come funzioni lineari delle variabili p.*

Infatti. Dall'espressione (5) di T e dalle (16) risulta:

$$(a) \qquad\qquad p_r = a_r + 2\Sigma_i a_{ir} q_i',$$

e le p sono funzioni lineari delle q'.

Se i vincoli sono fissi [cfr. *h*)], cioè indipendenti dal tempo, allora $a_r = 0$ e [cfr. (14)] T è forma quadratica definita delle q';

quindi il suo discriminante non è nullo. E siccome tale discriminante è il determinante delle a_{ir}, coefficienti delle q' nelle (a), nelle quali $a_r = 0$, risulta che le equazioni (16), cioè le (a) con $a_r = 0$, sono risolubili e dànno le q' come funzioni lineari (ed omogenee) delle variabili p.

Se poi i vincoli sono variabili, e quindi $a_r \neq 0$, le (a) dànno ancora le q' come funzioni lineari delle p, perchè il determinante delle a_{ir} è ancora diverso da zero. Infatti. Se tale determinante fosse nullo, le equazioni lineari omogenee:

$$\Sigma\, a_{ir}\, q_i' = 0,$$

sarebbero sodisfatte da valori non tutti nulli delle q'; questi valori sono determinati a meno d'un fattore di proporzionalità che può essere determinato in modo che:

$$T_0 + \Sigma\, a_r\, q_r' = 0,$$

e allora dalla (5) avremmo $T = 0$, il che è impossibile.

TEOREMA (di HAMILTON). *Le equazioni* (9) *si possono porre sotto la forma canonica, per* $r = 1, 2, \ldots k$,

$$(17) \qquad \frac{dq_r}{dt} = \frac{\partial \Phi}{\partial p_r}, \quad \frac{dp_r}{dt} = Q_r - \frac{\partial \Phi}{\partial q_r},$$

ove la Φ *è definita ponendo:*

$$(18) \qquad \Phi = \Sigma\, p_r\, q_r' - T.$$

Infatti. Osserviamo intanto che, considerando l'istante generico t come *inixiale*, le q, q' si possono ritenere *arbitrarie* e *indipendenti*, e quindi si possono ritenere tali anche le q e p. Mantenendo t costante, diamo alle variabili q, p degli incrementi arbitrari δq, δp; allora, per il corrispondente incremento di Φ, avremo dalla (18):

$$\delta\Phi = \Sigma\, p_r\,\delta q_r' + \Sigma\, q_r'\,\delta p_r - \Sigma\, \frac{\partial T}{\partial q_r}\,\delta q_r - \Sigma\, \frac{\partial T}{\partial q_r'}\,\delta q_r',$$

cioè per le (16):

(b)
$$\delta\Phi = \Sigma\, q_r'\,\delta p_r - \Sigma\, \frac{\partial T}{\partial q_r}\,\delta q_r.$$

D'altra parte, immaginando sostituite nella (18) alle q_r le loro espressioni mediante le p_r, la Φ risulta funzione delle variabili q e p e, in conseguenza:

(c)
$$\delta\Phi = \Sigma\, \frac{\partial\Phi}{\partial p_r}\,\delta p_r + \Sigma\, \frac{\partial\Phi}{\partial q_r}\,\delta q_r.$$

Confrontando le (b), (c), e ricordando che sono arbitrari gli incrementi δp, δq, risulta:

(d)
$$q_r' = \partial\Phi/\partial p_r, \quad \partial T/\partial q_r = - \partial\Phi/\partial q_r.$$

La prima delle (d) coincide con la prima delle (17) che è così dimostrata.

Dalle equazioni (9) di Lagrange, segue poi che la seconda delle (d) diviene:

$$\frac{d}{dt}\,\frac{\partial T}{\partial q_r'} - Q_r = - \frac{\partial\Phi}{\partial q_r},$$

che, per la (16), non differisce dalla seconda delle (17); che è pure così dimostrata.

Le (17) formano un sistema di $2k$ equazioni differenziali del primo ordine con le $2k$ funzioni incognite q, p. Esse si chiamano *equazioni canoniche del moto*.

Per formare tali equazioni, occorre:

1º Calcolare la forza viva T del sistema ed esprimerla mediante i parametri lagrangiani q e q';

2° Ricavare dalle equazioni (16) le q' in funzione delle p;

3° Sostituire nel secondo membro della (18) alle q', le quali compariscono anche nella T, le loro espressioni in funzione delle p.

j) **Equazioni di Hamilton nel caso dei sistemi conservativi.** *Se le forze applicate ammettono il potenziale U, allora le equazioni canoniche del moto, le (17), assumono la forma:*

$$(19) \qquad \frac{dq_r}{dt} = \frac{\partial H}{\partial p_r}, \quad \frac{dp_r}{dt} = -\frac{\partial H}{\partial q_r}, \quad r = 1, 2, \ldots, k,$$

ove si è posto:
$$(20) \qquad H = \Phi - U.$$

Infatti. Si ha, come abbiamo visto [cfr. *f*), (*a*)] $Q_r = \partial U/\partial q_r$; e poichè U non dipende dalle velocità, sarà indipendente dalle q', e quindi dalle p, e, in conseguenza, $\partial U/\partial p_r = 0$.

La funzione H, definita dalla (20), si chiama *funzione di* Hamilton.

Inoltre si hanno i due teoremi seguenti.

Se il sistema di forze ammette potenziale ed i vincoli sono fissi, allora:
$$(21) \qquad \Phi = T,$$

ovvero, il che equivale,

$$(22) \qquad H = T - U,$$

cioè H è l'energia totale del sistema [cfr. n. 1, *d*)].

Infatti. Dalle (14), (16) si ha:

$$p_r = 2\Sigma_j\, a_{rj}\, q_j', \quad \text{e quindi} \quad \Sigma p_r\, q_r' = 2T.$$

Dopo ciò dalla (18) si ha la (21); dalle (20) e (21) si ha la (22).

Se, stando le ipotesi precedenti, la funzione potenziale U non contiene esplicitamente il tempo, allora un integrale delle equazioni canoniche è:

$$(23) \qquad\qquad\qquad H = \text{cost.}$$

Infatti. Osservando che $H = T - U$ non contiene esplicitamente il tempo, si ha, in virtù delle (17):

$$\frac{dH}{dt} = \Sigma\left(\frac{\delta H}{\delta q_r}\,\frac{dq_r}{dt} + \frac{\delta H}{\delta p_r}\,\frac{dp_r}{dt}\right) = 0.$$

Si noti che la (22) prova che la (23) è niente altro che l'*integrale della forza viva* [cfr. n. 1, e)].

5. Percosse ed urti.

a) **Forze istantanee; percosse.** Al solito sistema materiale $S \equiv (m_i,\, P_i)$ sia applicato, durante un intervallo *piccolissimo* di tempo, da t a $t + \varepsilon$, un sistema di forze $F \equiv (P_i,\, f_i)$, tale che le singole forze $(P_i,\, f_i)$, tutte o parte di esse, abbiano un'intensità *grandissima*.

Diremo, nelle ipotesi ora fatte, che F è un *sistema di forze istantanee*, quando: *essendo F atto, con la sua* **azione**, *a porre S in moto, le* **velocità** P_i' *dei suoi punti* P_i, *nel tempo da t a $t + \varepsilon$, risultano* **finite**.

Se F è sistema di *forze istantanee*, applicate, nel tempo da t a $t + \varepsilon$, al sistema S, risulta che: *la posizione di S varia infinitamente poco da t a $t + \varepsilon$, perchè* gli spostamenti effettivi dei suoi punti P_i sono dati dai vettori $P_i' dt$ che sono infinitesimi, poichè i vettori P_i' sono tutti finiti.

Essendo F sistema di *forze istantanee* applicate ad S nel tempo $t \mathbin{|-|} (t + \varepsilon)$ si ponga:

$$(0) \qquad \mathbf{F}_i = \lim_{\varepsilon \to 0} \int_t^{t+\varepsilon} f_i \, dt.$$

Se il limite considerato nella (0) dà un vettore $\mathbf{F}_i$, per ogni i, determinato e finito *), allora si dice che: la forza $(P_i, \mathbf{F}_i)$ è la **forza di percossa** dovuta ad f_i ed applicata in P_i, o, semplicemente, è la **percossa** in P_i. Il sistema di forze:

$$(0_1) \qquad \mathbf{F} \equiv (P_i, \mathbf{F}_i),$$

applicato ad S, chiamasi, analogamente, *sistema delle* **forze di percossa** *dovuto ad F ed applicato ad S*, o semplicemente **percossa** *su S*.

Risulta, in modo ovvio, dalle (0), (0_1), e dalla definizione di forza istantanea, che: *se* $\mathbf{F}, \mathbf{G}, \dots$ *sono sistemi di percosse agenti* **simultaneamente** *su S, allora S è sotto l'azione della percossa* $\mathbf{F} + \mathbf{G} + \dots$ ***risultante*** *delle singole percosse.*

Ciascuno dei vettori f_i del sistema F, può essere somma di due o più vettori, $f_i = f_{1i} + f_{2i} + \dots$, cioè F

---

*) Se il mod f_i è dell'ordine di grandezza di $1/\varepsilon$, allora, il limite considerato, se esiste, ò certamente *finito*.

può essere risultante di due o più sistemi di forze; e può avvenire che alcune delle forze (P_i, f_{ji}) *non* siano forze istantanee, ma siano *forze ordinarie*, cioè può avvenire che alcuni dei vettori f_{ji} abbiano modulo finito. *Queste forze ordinarie hanno azione nulla per ciò che riguarda la percossa su S*, perchè l'integrale del secondo membro della (0) relativo ad esse, si annulla, al limite, per ε tendente a zero.

Lo stesso dicasi se, essendo S in moto in virtù dell'azione, su di esso, di un sistema di forze G, s'applica ad S, nel tempo da t a $t + \varepsilon$, un sistema F di forze istantanee, o, meglio, un sistema di percosse **F**.

b) **Moto d'un sistema soggetto a percosse.** Valgano le ipotesi stabilite in *a*) per S, F, t, ε. Si ha il teorema:

Se S è in moto in virtù dell'azione del sistema F di forze **istantanee**, *allora S è, in ogni istante, e compatibilmente con i vincoli, in* **equilibrio** *sotto l'azione* **simultanea** *(composizione) del sistema* **F** *di* **percosse** *e dell'opposto dell'incremento, nel tempo da t a $t + \varepsilon$, della* **quantità di moto** *di S.*

Sotto altra forma, indicando in generale con Δf l'incremento nel tempo da t a $t + \varepsilon$ d'una funzione qualunque f, si ha [cfr. n. 2, (1), (2)]:

$$(1) \qquad \Sigma\,[\mathbf{F}_i - \Delta(m_i P_i')] \times \delta P_i \gtreqless 0,$$

secondochè gli spostamenti δP_i sono invertibili o non invertibili (rispettivamente i segni $=$ oppure $<$).

Infatti. Il principio di D'Alembert [cfr. Cap. VI, n. 9, *a*)], dà:

$$\Sigma\,(f_i - m_i P_i'') \times \delta P_i \gtreqless 0,$$

relazione che vale in ogni istante e quindi anche nell'intervallo di tempo da t a $t + \varepsilon$. Integrando fra t e $t + \varepsilon$, dopo aver moltiplicato per dt, si ha:

$$(a) \qquad \Sigma \int_t^{t+\varepsilon} f_i \times \delta P_i \, dt - \Sigma \int_t^{t+\varepsilon} m_i P_i'' dt \times \delta P_i \gtreqless 0 .$$

A causa della (0) dev'essere:

$$\int_t^{t+\varepsilon} f_i \times \delta P_i \, dt = (\delta P_i)_0 \times \int_t^{t+\varepsilon} f_i \, dt ,$$

ove $(\delta P_i)_0$ è un valore di δP_i medio tra i δP_i relativi all'intervallo da t a $t + \varepsilon$; quindi, per la (0):

$$(b) \qquad \lim_{\varepsilon \to 0} \int_t^{t+\varepsilon} f_i \times \delta P_i \, dt = \mathbf{F}_i \times \delta P_i .$$

Integrando per parti si ha:

$$\int_t^{t+\varepsilon} m_i P_i'' dt \times \delta P_i = \Delta (m_i P_i') - \int_t^{t+\varepsilon} m_i P_i' \times \frac{d \delta P_i}{dt} \, dt ;$$

ma, per l'ipotesi delle forze istantanee, $m P_i'$ è vettore finito e in conseguenza:

$$(c) \qquad \lim_{\varepsilon \to 0} \int_t^{t+\varepsilon} m_i P_i'' dt \times \delta P_i = \Delta (m_i P_i') .$$

Dalle (*a*), (*b*), (*c*) risulta la (1).

Si noti l'analogia tra la formula (1) e il ben noto principio di D'ALEMBERT.

Come vedremo, la (1) permetterà di calcolare le

velocità dei punti di S dopo l'azione del sistema di percosse **F**.

c) **Vettore risultante e momento d'un sistema di percosse.** Valendo ancora le ipotesi precedenti si ha il teorema:

Il vettore risultante **R** *e il momento* $\mathbf{M}_O$, *rispetto ad un punto O, del sistema* **F** *di percosse* *) *applicate nel tempo da t a $t + \varepsilon$ al sistema materiale S, valgono, rispettivamente, l'incremento, da t a $t + \varepsilon$, del vettore risultante* $\boldsymbol{R}^*$ *e del momento* $\boldsymbol{M}_O^*$, *rispetto allo stesso punto O, della* **quantità di moto** [cfr. n. 2, *a*)] *del sistema* $F \equiv (P_i, f_i)$ *delle forze istantanee agenti su S, al quale è dovuto* [cfr. *a*)] *il sistema* **F** *di percosse, vale a dire:*

$$(2) \qquad \mathbf{R} = \Delta \boldsymbol{R}^*, \quad \mathbf{M}_O = \Delta \boldsymbol{M}_O^*;$$

e per il momento rispetto ad un asse uscente da O, e di direzione a, *si ha:*

$$(2') \qquad \mathbf{M}_O \times a = \Delta(\boldsymbol{M}_O^* \times a).$$

Infatti. Sappiamo già [cfr. n. 2, *c*), (9'); n. 3, *d*), (2); Cap. VIII, n. 1, *a*)] che:

$$d\boldsymbol{R}^* / dt = \boldsymbol{R} = \Sigma f_i,$$

$$d\boldsymbol{M}_O^* / dt = \boldsymbol{M}_O - O' \wedge m G' = \Sigma (P_i - O) \wedge f_i - O' \wedge m G';$$

moltiplicando per dt, integrando fra t e $t + \varepsilon$, passando al

---

*) Si badi di non confondere i simboli **R**, **M**, **F** ora introdotti nella teoria delle percosse, coi simboli R, M, F, in carattere corsivo, adoperati nei numeri precedenti.

limite per ε tendente a 0 e tenendo conto delle (0), (0₁), si
hanno le formule (2), perchè, essendo infinitesimo lo spostamento di S nel tempo ε [cfr. *a*)], l'integrale relativo al termine $O' \wedge mG'$ si annulla, anche se O non è fisso. Per la
stessa ragione vale la (2') anche se il vettore unitario a non
è costante [cfr. n. 2, *c*), (9₁'); n. 3, *a*), (1)].

Alla prima delle (2) si può dare [cfr. n. 2, *c*), (7)]
la forma:

$$(2_1) \qquad\qquad \mathbf{R} = m\Delta G' ,$$

la quale prova che: *l'incremento della quantità di moto
del baricentro del sistema S è eguale al vettore risultante,* $\mathbf{R}$, *delle percosse.*

d) **Percosse applicate ad un sistema rigido e libero.**
Supponiamo che il sistema S, rigido e libero, sia dotato
d'un movimento conosciuto. In un certo istante t s'applica ad S un sistema di percosse $\mathbf{F}$ [cfr. *a*)] che agisce
nel tempo, infinitesimo, da t a $t+\varepsilon$. In tal caso i punti
di S subiscono delle brusche variazioni di velocità che si
tratta di determinare; vale a dire: note le velocità dei
punti di S nel tempo t, *prima dell'azione delle percosse* $\mathbf{F}$, si devono determinare le velocità nel tempo $t+\varepsilon$
cioè *dopo l'azione delle percosse* $\mathbf{F}$.

Trattandosi d'un sistema rigido e libero, basta determinare la velocità del baricentro G dopo la percossa
e ciò che diviene, dopo di essa, il vettore Ω della
rotazione istantanea. Si ha il teorema:

La velocità G_ε' *del baricentro* G, *dopo l'azione delle
percosse* $\mathbf{F}$, *è:*

$$(3) \qquad\qquad G_\varepsilon' = G' + \mathbf{R}/m ,$$

ed il vettore Ω_ε *dopo la percossa, è:*

$$(3') \qquad\qquad \Omega_\varepsilon = \Omega + \eta_O{}^{-1}\, \mathbf{M}_O,$$

essendo O punto arbitrario e η_O *l'omografia, invertibile, d'inerzia* [cfr. Cap. VII, n. 4, *a*)] *di S rispetto al punto O* *).

La (3) risulta senz'altro dalla (2_1).
Osservando [cfr. n. 2, *b*), (4)] che:

$$\mathbf{M}_O{}^* = m\,(G-O) \wedge O' + \eta_O\,\Omega,$$

la seconda delle (2) dà:

$$\mathbf{M}_O = \Delta\,[m\,(G-O) \wedge O' + \eta_O\,\Omega] = \eta_O\,(\Omega_\varepsilon - \Omega),$$

perchè $\Delta\,[m\,(G-O) \wedge O'] = 0$, essendo [cfr. *a*)] lo spostamento di S nel tempo ε infinitesimo; in conseguenza, per la supposta invertibilità di η, si ha la (3').

Si noti che: *se, seguendo le notazioni precedentemente stabilite,* $(P_i')_\varepsilon$ *è la velocità di* P_i *dopo l'azione delle percosse* $\mathbf{F}$, *allora:*

$$(4) \qquad\qquad (P_i')_\varepsilon = G_\varepsilon' + \Omega_\varepsilon \wedge (P_i - G).$$

Ciò risulta subito [cfr. Cap. III, n. 2] dalla formula fondamentale della Cinematica.

---

*) Se nella (3') poniamo G, centro di massa di S, al posto di O, il vettore Ω_ε non cambia e si ha:

$$\eta_O{}^{-1}\mathbf{M}_O = \eta_G{}^{-1}\mathbf{M}_G\,.$$

e) **Percosse applicate ad un sistema rigido, girevole intorno ad un punto fisso.** Valendo ancora le notazioni stabilite in *d*) e nelle parti precedenti, si ha il teorema:

*Se il sistema rigido S ha un punto fisso O, il vettore Ω_ε della rotazione istantanea dopo l'azione delle percosse $\mathbf{F}$, è ancora dato dalla (3'). Inoltre, il sistema S si può considerare come **libero** sotto l'azione simultanea (composizione) del sistema di percosse $\mathbf{F}$ e della percossa $(O, \mathbf{X})$, essendo*

$$(5) \qquad \mathbf{X} = m\,(\eta_G{}^{-1}\mathbf{M}_G) \wedge (G - O) - \mathbf{R}$$

*la percossa di **reazione vincolare** dovuta al vincolo O.*

Potendosi, certamente, considerare S come *libero*, sotto l'azione simultanea del sistema di percosse $\mathbf{F}$ e della percossa $(O, \mathbf{X})$, reazione vincolare in O, vale la (3') nella quale ad $\mathbf{M}_O$ relativo ad $\mathbf{F}$, si deve aggiungere il momento della forza $(O, \mathbf{X})$ rispetto ad O; ma quest'ultimo è nullo [confrontare Cap. VIII, n. 1, *a'*)] e quindi vale la (3').

Determiniamo ora $\mathbf{X}$. Dalla prima delle (2) si ha:

$$m\,(G_\varepsilon' - G') = \mathbf{R} + \mathbf{X};$$

e siccome, per la formula fondamentale di Cinematica:

$$G_\varepsilon' = \Omega_\varepsilon \wedge (G - O), \quad G' = \Omega \wedge (G - O),$$

risulta subito:

$$m\,(G_\varepsilon' - G') = m\,(\Omega_\varepsilon - \Omega) \wedge (G - O) = \mathbf{R} + \mathbf{X},$$

che per la (3'), nella quale si ponga G al posto di O, dà appunto la (5).

È notevole il caso che al sistema S, supposto in quiete, si applichi una percossa in uno solo dei suoi punti:

Se nel predetto sistema S, supposto in quiete nel tempo t, agisce, pure nell'istante t, una sola percossa $(P_1, \mathbf{F}_1)$, allora l'asse istantaneo di rotazione $O\,\Omega_\varepsilon$, dopo l'azione della percossa, è il diametro coniugato del piano $O\,P_1\,\mathbf{F}_1$ rispetto all'ellissoide d'inerzia relativo ad O.

Nelle ipotesi fatte, la (3') [cfr. teorema precedente] dà:

$$\eta_O\,\Omega_\varepsilon = (P_1 - O) \wedge \mathbf{F}_1 ,$$

da cui risulta che $\eta_O\,\Omega_\varepsilon$ è normale al piano $OP_1\mathbf{F}_1$ e, in conseguenza [cfr. Intr. II, n. 2, e)], Ω_ε è direzione coniugata di questo piano diametrale rispetto all'ellissoide d'inerzia considerato [cfr. Cap. VII, n. 4, d)].

f) **Percosse applicate ad un sistema rigido, girevole intorno ad un asse fisso.** Supponiamo che il sistema rigido S abbia due punti fissi, O, O_0, su d'una retta parallela al vettore unitario $\boldsymbol{a}$; allora il moto di S sarà rotatorio intorno alla retta OO_0, cioè $O\boldsymbol{a}$. Possiamo ritenere S come libero sotto l'azione, *simultanea*, del sistema di percosse $\mathbf{F}$ e delle percosse, incognite per ora, $(O, \mathbf{X})$, $(O_0, \mathbf{X}_0)$, dovute alla *reazione* dei punti fissi O, O_0.

Per determinare le velocità $(P_i')_\varepsilon$ dei punti P_i dopo le percosse, basterà, evidentemente calcolare la grandezza ω_ε (essendo $\Omega = \omega\boldsymbol{a}$) della velocità angolare di istantanea rotazione intorno all'asse $O\boldsymbol{a}$, dopo le percosse. Per determinare ω_ε, e anche le percosse di reazione $(O, \mathbf{X})$, $(O_0, \mathbf{X}_0)$, si applica il teorema seguente.

La variazione $\omega_\varepsilon - \omega$ di velocità angolare, vale il rapporto fra il momento del sistema di percosse $\mathbf{F}$ rispetto all'asse Oa e il momento d'inerzia rispetto allo stesso asse; cioè

$$(6) \qquad \omega_\varepsilon - \omega = \mathbf{M}_O \times a \,/\, \mathfrak{I}_{O_a};$$

e per i vettori $\mathbf{X}, \mathbf{X}_0$, *si ha:*

$$(7) \quad \mathbf{X} + \mathbf{X}_0 = m\mathbf{M}_O \times a \cdot a \wedge (G - O)\,/\,\mathfrak{I}_{O_a} - \mathbf{R},$$

$$(8) \quad (O_0 - O) \wedge \mathbf{X}_0 = \mathbf{M}_O \times a \cdot \eta_O a \,/\, \mathfrak{I}_{O_a} - \mathbf{M}_O.$$

La (6) segue subito dalla (2') ricordando [cfr. Cap. X, n. 2, b), (6)] che $M_O{}^* \times a = \omega \mathfrak{I}_{O_a}$.

Dalla (2_1) si ha:

$$(a) \qquad m(G_\varepsilon' - G') = \mathbf{X} + \mathbf{X}_0 + \mathbf{R};$$

ora, siccome S ruota intorno ad Oa e $\Omega = \omega a$ si ha:

$$G_\varepsilon' = \omega_\varepsilon a \wedge (G - O), \quad G' = \omega a \wedge (G - O),$$

perciò, ricordando la (6):

$$G_\varepsilon' - G' = (\omega_\varepsilon - \omega) a \wedge (G - O) = \mathbf{M}_O \times a \cdot a \wedge (G - O)\,/\,\mathfrak{I}_{O_a};$$

sostituendo nella (a) si ha la (7).

Applichiamo la seconda delle (2), prendendo i momenti rispetto ad O. Nel primo membro bisogna calcolare i momenti, rispetto ad O, delle percosse di reazione, che abbiamo indicate con $(O, \mathbf{X})$, $(O_0, \mathbf{X}_0)$; e siccome il primo di questi momenti è nullo si ha:

$$(b) \qquad \Delta M_O{}^* = \mathbf{M}_O + (O_0 - O) \wedge \mathbf{X}_0.$$

Ma nel moto rotatorio intorno all'asse fisso Oa si ha [confrontare Cap. X, n. 2, b), (4)]:

$$M_O{}^* = \omega \eta_O a,$$

e quindi per la (6):

$$\Delta M_O{}^* = \omega_\varepsilon \eta_O a - \omega \eta_O a = (\omega_\varepsilon - \omega) \eta_O a = \mathbf{M}_O \times a \cdot \eta_O a / \mathfrak{I}_{Oa};$$

sostituendo nella (b) si ha la (8).

È chiaro che le (7), (8) non determinano $\mathbf{X}$ e $\mathbf{X}_0$, perchè, ponendo in luogo di queste $\mathbf{X} + ha$, $\mathbf{X}_0 - ha$ le (7), (8) sono ancora sodisfatte. Tale indeterminazione è nella natura stessa del problema come lo abbiamo posto. Nelle questioni pratiche, i vincoli O, O_0, e lo stesso S, non sono completamente rigidi e, allora, tenuto conto delle deformazioni d'elasticità, i vettori $\mathbf{X}, \mathbf{X}_0$ risultano determinati. Ciò formerà oggetto di questioni di elasticità, che riguardano la parte pratica della Meccanica.

g) **Caso d'una percossa unica ; centro di percossa.** Nel problema precedente, supponiamo che sul sistema S agisca una percossa $(P_1, \mathbf{F}_1)$ e vediamo se è possibile determinare tale percossa in modo che: *le percosse di reazione nei punti fissi O, O_0 siano nulle, cioè che si abbia* $\mathbf{X} = \mathbf{X}_0 = 0$.

Si ha il seguente teorema.

Affinchè le percosse di reazione dei punti fissi O, O_0, dovute all'unica percossa $(P_1, \mathbf{F}_1)$ siano nulle, è **necessario** *che:*

    1° *L'asse fisso Oa sia asse principale d'inerzia rispetto al punto O_1 proiezione ortogonale di P_1 sull'asse Oa;*

2° *La percossa* $(P_1, \mathbf{F}_1)$, *la cui intensità è arbitraria, deve avere la linea d'azione sul piano passante per* O_1 *e normale all'asse;*

3° *La linea d'azione della percossa* $(P_1, \mathbf{F}_1)$ *deve essere normale al piano che passa per l'asse e per il baricentro* G *di* S, *e deve incontrare tale piano in un punto* Q *situato dalla stessa parte di* G, *rispetto all'asse, e che disti dall'asse di:*

$$(9) \quad l = \mathfrak{I}_{Oa}/(m\rho), \quad con \quad \rho = \mathrm{mod}[a \wedge (G - O)],$$

essendo, cioè, ρ *la distanza di* G *dall'asse* Oa.

Si noti che trovato il punto O_1 dell'asse, suppostane l'esistenza [cfr. Cap. VII, n. 4, *e*)], è determinato il piano [cfr. condizione seconda e terza] nel quale stà P_1 e il punto Q (centro di percossa), il punto P_1 potendosi fissare ad arbitrio sulla linea d'azione della percossa, purchè invariabilmente collegato con S.

Se $\mathbf{F} \equiv (P_1, \mathbf{F}_1)$ e $\mathbf{X} = \mathbf{X}_0 = 0$ le (7), (8) divengono:

$$(a) \quad \begin{cases} m\,\mathbf{M}_O \times a \,.\, a \wedge (G - O) = \mathfrak{I}_{Oa} \,.\, \mathbf{F}_1, \\[2mm] \mathbf{M}_O \times a \,.\, \eta_0 a = \mathfrak{I}_{Oa} \,.\, \mathbf{M}_O, \quad essendo: \\[2mm] \mathbf{M}_O = (P_1 - O) \wedge \mathbf{F}_1. \end{cases}$$

1° Operando, a sinistra, nella prima delle (*a*) con l'omografia assiale $(P_1 - O) \wedge$, il secondo membro diviene eguale al secondo membro della seconda delle (*a*), e ciò in virtù della terza; allora oguagliando i primi membri, dopo aver diviso per $\mathbf{M}_O \times a$, che non è nullo, si ha:

$$m(P_1 - O) \wedge [a \wedge (G - O)] = \eta_0 a.$$

Chiamando O_1 la proiezione ortogonale di P_1 sull'asse Oa, cioè ponendo:

$$O_1 = O + (P_1 - O) \times a \cdot a,$$

la relazione precedente diviene:

$$m(P_1 - O) \wedge [a \wedge (G - O_1)] = \eta_O a,$$

o anche, perchè $O = O_1 - (O_1 - O)$:

$$m(P_1 - O_1) \wedge [a \wedge (G - O_1)] + m(O_1 - O) \wedge [a \wedge (G - O_1)] = \eta_O a.$$

Ricordando la relazione tra le omografie d'inerzia rispetto a due punti [cfr. Cap. VII, n. 4, *b*), (12')], la relazione precedente diviene:

$$m(P_1 - O_1) \wedge [a \wedge (G - O_1)] = \eta_{O_1} a,$$

ovvero, poichè $P_1 - O_1$ è normale ad a:

$$(b) \qquad \eta_{O_1} a = m(P_1 - O_1) \times (G - O_1) \cdot a,$$

la quale prova che: *l'asse Oa è asse principale d'inerzia rispetto al punto O_1, proiezione ortogonale di P_1 sull'asse.*

2° La prima delle (*a*) dà subito $\mathbf{F}_1 \times a = 0$; e poichè $O_1 P_1$ è normale ad a risulta che: *la linea d'azione dell'unica percossa $(P_1, \mathbf{F}_1)$ stà sul piano uscente da O_1 e normale all'asse.* Inoltre, siccome le prime due (*a*) sono, a causa della terza, lineari ed omogenee rispetto ad $\mathbf{F}_1$, ne viene che: *l'intensità della percossa è arbitraria.*

3° La prima delle (*a*) prova subito che: *la linea d'azione della percossa è normale al piano GOa.* Inoltre: se Q è il punto d'intersezione della linea d'azione $P_1 \mathbf{F}_1$ col piano GOa la formula (*b*) diviene:

$$m(Q - O_1) \times (G - O_1) \cdot a = \eta_{O_1} a,$$

ovvero, introducendo le distanze l, ρ:

$$m\,l\rho \cdot a = \eta_{O_1} a \,,$$

che moltiplicata ($\times$) per a dà la (9).

Il punto Q si chiama *centro di percossa* relativo all'asse Oa e si vede facilmente che la sua espressione è:

$$(10) \qquad Q = O_1 + (l/\rho) \cdot [a \wedge (G - O)] \wedge a \,,$$

Esempio. Il sistema S sia un *rettangolo* di cui tre vertici siano O, $O_0 = O + aa$, $O + bb$, essendo b vettore unitario normale ad a. Essendo $G = O + aa/2 + bb/2$ e indicando con O_1 il punto medio di OO_0, cioè $O_1 = O + aa/2$ si ha [confrontare Cap. VII, n. 6, *b*), (23); n. 4, *b*), (12)]:

$$\eta_G a = ab^3 a/12 \,, \quad \eta_{O_1} a = ab^3 a/3 \,,$$

e quindi O_1 (medio tra O e O_0) è precisamente il punto indicato con O_1 nel teorema, e proiezione ortogonale di P_1 sull'asse. Ne segue, per la (9), essendo $\rho = b/2$ che:

$$l = 2b/3 \quad \text{e} \quad P_1 = Q = O + aa/2 + 2bb/3 \,,$$

cioè che: *il centro di percossa stà sulla mediana del rettangolo normale al lato fisso e dista, da questo lato, di 2/3 della lunghezza dell'altro lato.*

Se si suppone $a = 0$ si ha il caso dell'*asta rigida che ruota, normalmente, intorno ad Oa*. Si ha ancora $Q = O + 2bb/3$.

Se in luogo del *rettangolo* si considèra un *parallelogrammo* e θ è l'angolo di a con b, allora si ha:

$$O_1 = O + \left(\frac{a}{2} + \frac{2b}{3}\cos\theta\right)a \,, \quad \mathfrak{I}_{Oa} = \frac{ab^3\operatorname{sen}^3\theta}{3} \,,$$

$$\rho = \frac{b}{2}\operatorname{sen}\theta \,, \quad l = \frac{2}{3}\,b\operatorname{sen}\theta \,,$$

e per $\theta = \pi/2$ si ritrovano i risultati precedenti.

h) **Percosse applicate ad un sistema vincolato.** Si supponga che il sistema S sia olonomo, vincolato ed abbia k gradi di libertà. Potremo rappresentare i punti P_i del sistema in funzione dei k parametri q di Lagrange, e per determinare la velocità dei punti P_i del sistema *dopo il sistema di percosse* **F**, cioè nel tempo $t + \varepsilon$, basterà conoscere le derivate q_s' nel tempo $t + \varepsilon$. Si ha il teorema:

I valori dopo le percosse **F**, *cioè al tempo* $t + \varepsilon$, *delle derivate dei parametri lagrangiani, sono determinati dalle equazioni:*

$$(11) \qquad \left(\frac{\partial T}{\partial q_r'}\right)_{\varepsilon} - \frac{\partial T}{\partial q_r'} = Q_r, \quad (r = 1, 2, \ldots k),$$

ove T *è la forza viva del sistema e:*

$$(11') \qquad Q_r = \Sigma_i \mathbf{F}_i \times \frac{\partial P_i}{\partial q_r}.$$

Infatti. Nel tempo t si ha [cfr. Cap. VI, n. 4, b), (5)]:

$$\delta P_i = \Sigma_r (\partial P_i / \partial q_r) \delta q_r,$$

e sostituendo nella (1), nella quale vale ora il segno $=$, si ha:

$$\Sigma_r \left\{ \Sigma_i [\mathbf{F}_i - \Delta(m_i P_i')] \times (\partial P_i / \partial q_r) \right\} \delta q_r = 0,$$

la quale, dovendo valere qualunque siano le δq, dà, in virtù delle (11'), le k equazioni:

$$\Sigma_i \Delta(m_i P_i') \times (\partial P_i / \partial q_r) = Q_r, \quad (r = 1, 2, \ldots, k);$$

ma le forze istantanee dànno spostamenti infinitesimi ad S, e quindi, a meno di infinitesimi d'ordine superiore si ha:

$$\partial P_i / \partial q_r = (\partial P_i / \partial q_r)_\varepsilon ,$$

tanto che l'ultima formula assume la forma:

$$(a) \qquad \Sigma_i \Delta [m_i P_i' \times (\partial P_i / \partial q_r)] = Q_r , \quad (r = 1, 2, \ldots, k) .$$

Ora si ha, come sappiamo [cfr. Cap. VI, n. 4, b), $(5')$]:

$$P_i' = \partial P_i / \partial t + \Sigma (\partial P_i / \partial q_r) q_r' ,$$

da cui risulta:

$$\partial P_i' / \partial q_r' = \partial P_i / \partial q_r ;$$

quindi, dalla nota espressione $2T = \Sigma m_i P_i'^2$, si ha:

$$\partial T / \partial q_r' = \Sigma m_i P_i' \times (\partial P_i' / \partial q_r') = \Sigma m_i P_i' \times (\partial P_i / \partial q_r) ,$$

e, in conseguenza, la (a) diviene:

$$\Delta (\partial T / \partial q_r') = Q_r ,$$

che è precisamente la (11).

Nella teoria delle percosse, le k formule (11) sono analoghe alle equazioni dinamiche di LAGRANGE sotto la seconda forma [cfr. n. 4, d)].

Conosciuta, dunque, la forza viva ed i valori delle q' al tempo t, le (11) permettono di ricavare le q' al tempo $t + \varepsilon$, cioè dopo le percosse, con operazioni puramente algebriche. Perciò la determinazione delle velocità dei punti di S dopo un sistema $\mathbf{F}$ di percosse, dipende soltanto dalla risoluzione di equazioni algebriche, e non da integrazioni, come avviene per i problemi della Dinamica.

i) **Teorema di Carnot.** Consideriamo un sistema S, a vincoli bilaterali, senza attrito (vincoli perfettamente *lisci*), animato da un moto conosciuto. Nell'istante t si introducano *bruscamente*, nel sistema, nuovi vincoli, senza attrito, che riteniamo *capaci di produrre in S una percossa nel brevissimo intervallo da t a $t+\varepsilon$*. Inoltre: ammettiamo che questi vincoli, bruscamente introdotti, *non alterino* i vincoli *preesistenti* e che essi stessi siano *persistenti*, cioè tali che esistano anche dopo la loro brusca introduzione, in guisa che lo spostamento effettivo di S, nel tempo infinitesimo ε seguente t, sia compatibile con i vincoli primitivi e con questi vincoli nuovi.

Sotto tali ipotesi si ha (teorema di Carnot):

La perdita di forza viva del sistema è eguale alla forza viva che il sistema avrebbe se ogni suo punto fosse animato dalla velocità che ha perduta; cioè:

$$(12) \qquad \Sigma m_i P_i'^2 - \Sigma m_i (P_i')_\varepsilon^2 = \Sigma m_i [P_i' - (P_i')_\varepsilon]^2,$$

ovvero sotto altra forma:

$$(12') \qquad\qquad 2\Delta T = -\Sigma m_i (\Delta P_i')^2,$$

Infatti. Nel caso attuale non ci sono percosse direttamente applicate; perciò i vettori $\mathbf{F}_i$ che figurano nella (1) sono quelli delle percosse dovute alle reazioni vincolari. Essendo i vincoli perfettamente lisci, il lavoro fatto dalle percosse vincolari è nullo, e quindi la (1) diviene:

$$\Sigma \Delta (m_i P_i') \times \delta P_i = 0.$$

Quest'espressione dev'essere verificata per tutti gli spostamenti virtuali compatibili con i vincoli che hanno luogo durante l'urto, perciò risulterà sodisfatta anche dagli spostamenti effettivi $(Pi')_{\varepsilon}\,dt$ che seguono subito dopo la percossa vincolare; dunque avremo:

$$\Sigma \Delta (m_i P_i') \times (Pi')_{\varepsilon} = 0.$$

Ora si ha, facilmente:

$$2\Delta (m_i Pi') \times (Pi')_{\varepsilon} = 2m_i[(Pi')_{\varepsilon} - Pi'] \times (Pi')_{\varepsilon} =$$
$$= m_i[(Pi')_{\varepsilon}^2 - Pi'^2] + m_i[Pi' - (Pi')_{\varepsilon}]^2;$$

sostituendo nella relazione precedente si ha la (12).

Il teorema di Carnot compie, nella teoria delle percosse, un ufficio analogo a quello della forza viva nella Dinamica.

Allorquando i vincoli preesistenti, e quelli *introdotti bruscamente*, gli uni e gli altri *persistenti*, sono tali che il sistema abbia un solo grado di libertà, allora il teorema di Carnot determina completamente le velocità dei punti del sistema dopo l'urto.

I vincoli bruscamente introdotti, e considerati nel teorema di Carnot, possono essere *corpi* nei quali il sistema S viene ad *urtare* [cfr. *j*)]. Allora risulta, in modo ovvio, dalla (12) che:

Dopo l'urto, la forza viva del sistema è minore, o, almeno, non maggiore, della forza viva esistente prima dell'urto.

Vedremo fra poco che: *se l'urto avviene fra corpi perfettamente elastici non vi è perdita di forza viva.*

La *perdita di forza viva* [cfr. 12], che implica una *perdita d'energia,* si verifica quando i vincoli sono *anelastici*; per vincoli *elastici* la perdita d'energia è piccola od anche nulla. È per questo che i costruttori di apparecchi dinamici cercano sempre di evitare urti fra parti anelastiche; e se degli urti devono aver luogo, procurano che avvengano fra parti elastiche. Così, ad esempio, nella costruzione delle linee ferroviarie, non si devono mettere le traversine sotto alle congiunture d'una rotaia con la successiva, perchè in tali congiunture vi è sempre una qualche differenza di livello, che dà origine ad urti al passaggio delle ruote dei treni; invece la mancanza di traversina nei punti indicati, permette lo sviluppo delle forze elastiche delle rotaie e quindi l'urto, al passaggio dei treni, produce minore perdita di forza viva.

j) **Urto di due corpi.** I due sistemi S_1, S_2, liberi, le cui superficie sono liscie e convesse, vengano ad *urtarsi* in un punto P nel tempo t. L'urto avvenga senza attrito, cioè la percossa per S_1 e S_2 sia, rispettivamente, (P, N), $(P, -N)$, essendo N vettore parallelo alla normale comune in P alle superficie dei due corpi S_1, S_2 e diretto, ad es., verso l'*interno* di S_1.

L'urto dei due corpi determina una brusca variazione dei loro moti; vogliamo studiare questa variazione.

Esprimendo con gli indici 1 e 2 i soliti elementi relativi ad S_1 e S_2, valendo le ipotesi sopra indicate ed essendo m_1, m_2 le masse totali di S_1, S_2, dalle formule (3) e (2), si ha subito:

$$(13) \quad \begin{cases} \Delta(m_1\, G_1') = N, & \Delta M_1{}^*{}_{G_1} = (P - G_1) \wedge N, \\ \Delta(m_2\, G_2') = -N, & \Delta M_2{}^*{}_{G_2} = -(P - G_2) \wedge N; \end{cases}$$

ed inoltre [cfr. n. 2, b), (4)]:

$$(14) \quad M_r{}^*{}_{Gr} = \eta_{Gr}\Omega_r, \quad (M_r{}^*{}_{Gr})_\varepsilon = \eta_{Gr}(\Omega_r)_\varepsilon, \quad \text{per } r = 1, 2.$$

Essendo conosciuto il moto di S_1 e S_2 prima dell'urto, le equazioni (13), (14) non bastano per determinare N e i due moti elicoidali dopo l'urto. Bisogna ricorrere ad un dato sperimentale che ora vedremo.

Il punto P appartenente ad S_1, abbia velocità v_1 nel tempo t e velocità $(v_1)_\varepsilon$ nel tempo $t + \varepsilon$, cioè dopo l'urto. Analogo significato abbiano v_2, $(v_2)_\varepsilon$ per P appartenente ad S_2. In tali ipotesi, per la variazione, da t a $t + \varepsilon$, della forza viva T_1 di S_1 e T_2 di S_2, si ha:

$$(a') \quad 2\Delta T_1 = [v_1 + (v_1)_\varepsilon] \times N, \quad 2\Delta T_2 = -[v_2 + (v_2)_\varepsilon] \times N \; {}^*);$$

---

*) Infatti. Dalle (14) si ha, sottintendendo, per M ed Ω, gli indici $1, 2$, G_1, G_2:

$$M^* \times \Omega_\varepsilon = \Omega_\varepsilon \times \eta\Omega = \Omega \times \eta\Omega_\varepsilon = \Omega \times M_\varepsilon{}^*,$$

e allora, essendo [cfr. n. 2, b), (4); Cap. III, n. 2, (6)]:

$$2T_1 = m_1 G_1'^2 + \Omega_1 \wedge M_1{}^*, \quad 2(T_1)_\varepsilon = m_1 (G_1')_\varepsilon^2 + \Omega_{1\varepsilon} \wedge M_{1\varepsilon}{}^*, \text{ ecc.,}$$
$$v_1 = G_1' + \Omega_1 \wedge (P - G_1), \quad (v_1)_\varepsilon = (G_1')_\varepsilon + \Omega_{1\varepsilon} \wedge (P - G_1), \text{ ecc.,}$$

si ha, successivamente, per le (13):

$$\begin{aligned}
2\Delta T_1 &= m_1[(G_1')_\varepsilon^2 - G_1'^2] + \Omega_{1\varepsilon} \times M_{1\varepsilon}{}^* - \Omega_1 \times M_1{}^* = \\
&= [(G_1')_\varepsilon + G_1'] \times N + \Omega_{1\varepsilon} \times M_{1\varepsilon}{}^* - \Omega_1 \times M_1{}^* = \\
&= [v_1 + (v_1)_\varepsilon] \times N - (\Omega_1 + \Omega_{1\varepsilon}) \times (M_{1\varepsilon}{}^* - M_1{}^*) + \\
&\qquad\qquad\qquad + \Omega_{1\varepsilon} \times M_{1\varepsilon}{}^* - \Omega_1 \times M_1{}^* = \\
&= [v_1 + (v_1)_\varepsilon] \times N - \Omega_1 \times M_{1\varepsilon}{}^* + \Omega_{1\varepsilon} \times M_1{}^* = \\
&= [v_1 + (v_1)_\varepsilon] \times N;
\end{aligned}$$

che dimostra la prima delle (a'); la seconda ottenendosi col cambio di 1 in 2 e di N in $-N$.

e quindi, per la variazione della forza viva totale T dei due sistemi:

$$(a) \qquad 2\Delta T = [\boldsymbol{v}_1 + (\boldsymbol{v}_1)_\varepsilon - \boldsymbol{v}_2 - (\boldsymbol{v}_2)_\varepsilon] \times \boldsymbol{N}.$$

Come *dato sperimentale* si ammette che sia sempre:

$$\Delta T \gtreqqless 0,$$

cioè che **non vi sia acquisto di forza viva**, vale a dire si debba avere:

$$(b) \qquad [(\boldsymbol{v}_1)_\varepsilon - (\boldsymbol{v}_2)_\varepsilon] \times \boldsymbol{N} \gtreqqless (\boldsymbol{v}_2 - \boldsymbol{v}_1) \times \boldsymbol{N}.$$

Tenuto conto che, per la possibilità dell'urto, i due membri della (b) non devono essere negativi, è sempre lecito porre:

$$(15) \quad [(\boldsymbol{v}_1)_\varepsilon - (\boldsymbol{v}_2)_\varepsilon] \times \boldsymbol{N} = -\lambda(\boldsymbol{v}_1 - \boldsymbol{v}_2) \times \boldsymbol{N}, \quad \text{con } 1 \geqq \lambda \geqq 0.$$

Il numero λ chiamasi *coefficiente di elasticità all'urto*, ovvero *coefficiente di restituzione*.

L'esperienza prova che λ è sensibilmente costante per una stessa coppia di corpi, comunque si muovano e si urtino. Nel caso dei corpi *perfettamente elastici* si ha $\lambda = 1$, cioè $\Delta T = 0$; per i corpi *molli*, o *anelastici*, si ha $\lambda = 0$.

Vediamo dunque che: *Nell'urto di due corpi **perfettamente elastici**, non vi ha alcuna perdita di forza viva.*

In virtù della (15) la variazione della forza viva totale T del sistema complessivo S_1, S_2, assume, per la (a), la forma:

$$(16) \qquad 2\Delta T = (1-\lambda).(v_1-v_2)\times \boldsymbol{N}.$$

Con le (13), (15) e le (14), si ha quanto occorre per determinare $\boldsymbol{N}$ ed i moti elicoidali dopo l'urto; ma non ci occuperemo di questa questione generale, limitandoci ad alcuni casi particolari.

k) **Caso dell'urto di due corpi aventi moti traslatori paralleli.** Stando le ipotesi precedenti, si supponga, inoltre, che S_1 e S_2 abbiano moto *traslatorio* parallelo al vettore unitario $\boldsymbol{a}$. Si ha in tal caso dalle (13), (14):

$$(17) \quad \begin{cases} \boldsymbol{v}_1 = G_1' = v_1\boldsymbol{a}, & \boldsymbol{v}_2 = G_2' = v_2\boldsymbol{a}, \\ \boldsymbol{\Omega}_1 = \boldsymbol{\Omega}_2 = 0, & M_r{}^*{}_{Gr} = 0, \\ (P-G_1)\wedge \boldsymbol{N} = 0, & (P-G_2)\wedge \boldsymbol{N} = 0. \end{cases}$$

Da queste e dalle (13), (15), si ha:

$$m_1(v_1)_\varepsilon + m_2(v_2)_\varepsilon = m_1 v_1 + m_2 v_2,$$

$$(v_1)_\varepsilon - (v_2)_\varepsilon = -\lambda v_1 + \lambda v_2,$$

dalle quali si ricava subito:

$$(18) \quad \begin{cases} (m_1+m_2)(v_1)_\varepsilon = (m_1-\lambda m_2)v_1 + m_2(1+\lambda)v_2, \\ (m_1+m_2)(v_2)_\varepsilon = m_1(1+\lambda)v_1 + (m_2-\lambda m_1)v_2. \end{cases}$$

Calcolando, per mezzo delle (18), $(v_1)_\varepsilon - v_1$, oppure $(v_2)_\varepsilon - v_2$, e tenendo conto delle (13) che dànno $\boldsymbol{N}$, si ha facilmente:

$$(19) \qquad \boldsymbol{N} = -\frac{(1+\lambda)\,m_1\,m_2\,(v_1-v_2)}{m_1+m_2}\,\boldsymbol{a},$$

e, in conseguenza, dalle (16), (17):

$$(20) \qquad 2\Delta T = -(1-\lambda^2)\frac{m_1\,m_2}{m_1+m_2}\,(v_1-v_2)^2,$$

che dà la variazione della forza viva totale dopo l'urto.

Si osservi che N risulta parallelo ad a e che, per le ultime delle formule (17), l'urto è possibile quando i punti P, G_1, G_2 stanno in una retta parallela ad a.

Supponiamo che il corpo S_2 sia in quiete, cioè si abbia $v_2 = 0$. Allora il doppio dell'energia cinetica totale è $m_1\,v_1^2$ e quindi, per la (20): *il rapporto tra l'energia cinetica perduta e quella impiegata è:*

$$(21) \qquad -(1-\lambda^2)\,m_2/(m_1+m_2).$$

Nei casi pratici conviene che il valore assoluto del rapporto (21) sia il più piccolo possibile. Si raggiunge tale scopo assumendo m_1 *grande,* facendo cioè in modo che S_1 abbia *grande massa.* Ciò si fà, per il *maglio* che deve comprimere una massa, per il *martello* che batte un chiodo, ecc.

Supponiamo ora che S_1, S_2 siano *sfere* omogenee con i centri G_1, G_2, situati su d'una retta parallela alla direzione a della traslazione.

Se le due sfere sono *anelastiche,* cioè $\lambda = 0$, allora le formule (18) dànno:

$$(v_1)_\varepsilon = (v_2)_\varepsilon = (m_1\,v_1 + m_2\,v_2)/(m_1+m_2),$$

che è la grandezza della velocità, dopo l'urto, del centro di massa del sistema formato dalle due sfere. In questo caso, per la formula (20), la perdita di forza viva è, in valore assoluto:

$$\frac{m_1 m_2}{2(m_1 + m_2)} (v_1 - v_2)^2 .$$

Se le due sfere sono *perfettamente elastiche*, cioè si ha $\lambda = 1$, allora le (18) dànno:

$$(v_1)_\varepsilon = v_2 + \alpha, \quad (v_2)_\varepsilon = v_1 + \alpha,$$

$$\text{con} \quad \alpha = (m_1 - m_2)(v_1 - v_2) / (m_1 + m_2);$$

non vi è perdita di forza viva [cfr. (20)], *e se le due sfere sono eguali vi ha, dopo l'urto, scambio di velocità.*

Come caso limite si può considerare S_2 fissa, di raggio infinitamente grande e, precisamente, ridotta ad un *piano orizzontale*. Si ha allora $v_2 = (v_2)_\varepsilon = 0$ e perciò, dalla prima (18), dividendo per m_2 e osservando che, al limite, $m_1 / m_2 = 0$, si ha $(v_1)_\varepsilon = -\lambda v_1$. Se la sfera S_1 cade, dall'altezza h, sul detto piano orizzontale, vi arriva con la velocità $v_1 = \sqrt{2 h g}$ *); allora, dopo l'urto, si dovrà avere:

$$(v_1)_\varepsilon = -\lambda \sqrt{2 h g} = -\sqrt{2 (\lambda^2 h) g} ,$$

---

*) Si ha [cfr. Cap. I, n. 2] $v_1 = g t$, $h = g t^2 / 2$, da cui, eliminando t, si ha l'indicata espressione di v_1.

Dirottamento. Si può osservare che per il moto del punto pesante P, di massa unitaria, che *cade* senza velocità iniziale, si ha $P'' = g k$, da cui, integrando due volte:

$$P' = g t k, \quad P = 0 + g t^2 / 2 . k .$$

vale a dire la sfera S_1 *rimbalzerà* all'altezza $\lambda^2 h$, indi, con un secondo rimbalzo, all'altezza $\lambda^4 h$, e così di seguito. È in base a tale proprietà che, nel caso considerato, si può calcolare λ sperimentalmente. Per una sfera S_1 d'acciaio temperato, che cade dall'altezza di 1 m su d'un suolo d'acciaio di egual tempra, il rimbalzo è di circa m 0,9 e quindi si ha $\lambda = \sqrt{0,9} = 0,95$ circa.

Cap. XI. Applicazioni varie.

1. Punto-massa libero, in moto sotto l'azione di una forza.

Consideriamo il punto-massa (m, P), libero, che è in moto in virtù dell'applicazione ad esso della forza (P, f) di vettore f funzione di P.

Siccome gli spostamenti virtuali δP di P sono tutti invertibili, il principio di D'Alembert dà:

$$(f - m P'') \times \delta P = 0;$$

ma questa deve valere per spostamenti δP arbitrari, e quindi l'equazione differenziale del moto è, come già sappiamo:

$$(1) \qquad m P'' = f.$$

Supposto che la forza (P, f) sia *conservativa*, allora esisterà [cfr. Cap. X, n. 1, b)] il numero U, funzione di P, potenziale della forza (P, f) rispetto al sistema (m, P), tale che:

$$(2) \qquad f = \operatorname{grad}_P U = \operatorname{grad} U.$$

a) **Esistenza del potenziale.** Dato il vettore f della forza applicata al punto massa (m, P), interessa riconoscere, a priori, se la forza è conservativa o pur no, cioè se esiste, o pur no, un numero U, funzione di P, per il quale valga la (2).

Un criterio è questo: *Se qualunque siano gli spostamenti dP, δP, infinitesimi, di P, per i corrispondenti incrementi df, δf di f si ha:*

$$(3) \qquad df \times \delta P = \delta f \times dP,$$

allora esiste il potenziale U; altrimenti no.

Se ad f si può dare la forma (2), allora [cfr. Intr. I, n. 7]:

$$f \times dP = dU, \quad f \times \delta P = \delta U;$$

applicando, rispettivamente, δ e d, e osservando che d e δ sono commutabili si ha la (3). Ciò prova che la (3) è condizione *necessaria* per l'esistenza del potenziale. È anche *sufficiente*, ma per la dimostrazione ci mancano alcuni elementi che sarebbe troppo lungo esporre qui *).

Un altro criterio è questo: *Fissato un sistema cartesiano, ortogonale Oijk e posto:*

$$P = O + xi + yj + zk, \quad f = Xi + Yj + Zk,$$

---

*) C. Burali-Forti et R. Marcolongo. *Analyse vectorielle générale*, vol. I, pag. 125.

esiste il potenziale U solamente quando:

$$(4') \qquad \frac{\partial Y}{\partial z} = \frac{\partial Z}{\partial y}, \quad \frac{\partial Z}{\partial x} = \frac{\partial X}{\partial z}, \quad \frac{\partial X}{\partial y} = \frac{\partial Y}{\partial x};$$

e se queste sono verificate, U è tale che:

$$(4) \qquad X = \frac{\partial U}{\partial x}, \quad Y = \frac{\partial U}{\partial y}, \quad Z = \frac{\partial U}{\partial z},$$

cioè vale la formula (2).

È noto dall'Analisi che le (4') sono necessarie e sufficienti per l'esistenza di U sodisfacente alle (4). Valendo le (4) è noto [cfr. Intr. I, n. 7] che vale pure la (2).

Oltre ai criteri *generali* ora esposti per l'esistenza di U, sono importanti i criteri *particolari* forniti dal teorema seguente.

Se, per qualsiasi posizione di P, la linea d'azione Pf della forza passa per il punto O che è:

    (α) o un punto fisso;

    (β) o la proiezione ortogonale di P su d'un piano fisso;

    (γ) o la proiezione ortogonale di P su d'una retta fissa;

    allora esiste il potenziale U solamente quando la intensità f della forza è funzione della sola

$$r = \mathrm{mod}\,(P - O),$$

distanza di P dal punto, o dal piano, o dalla retta,

fissi; e se ciò avviene, si ha:

$$(5) \qquad U = \int f dr .$$

Nelle ipotesi fatte si ha sempre [cfr. Intr. I, n. 7]:

$$\mathrm{grad}_P\, r = (P - O)/r ,$$

ed inoltre, attribuito un segno alla grandezza f della forza:

$$f = f .(P - O)/r = f . \mathrm{grad}\, r ,$$

dalla quale risulta:

$$f \times dP = f dr .$$

Ora: se esiste U, dev'essere [cfr. (2)] $f \times dP = dU$, e quindi $f dr$, funzione, come U, di P, dev'essere un differenziale esatto; il che avviene soltanto per f funzione della sola r; e in tal caso vale la (5).

Giova osservare che:

*Stando le ipotesi del teorema precedente, esista o pur no il potenziale U, i moti (α), (β) sono **moti piani, moti centrali** [cfr. Cap. I n. 4)]; se Ak, con k vettore unitario, è la retta fissa considerata nel moto (γ), la proiezione ortogonale di P sulla retta Ak è O e P_1 è la proiezione ortogonale di P sul piano uscente da A e normale a k, allora O ha **moto uniforme** sulla retta Ak e P_1 ha **moto centrale**, di centro A, sul piano predetto, e precisamente:*

$$(6) \qquad \begin{cases} O = A + ct . k, & \text{con } c \text{ costante,} \\ P_1 = P - ct . k, & \text{essendo } P_1'' = P''. \end{cases}$$

Ciò che riguarda i moti considerati nei casi (α), (β) è già noto [cfr. Cap. I, n. 4]; del resto, avendosi rispettivamente, supposto k normale al piano fisso del caso (β),

$$P'' \wedge (P - O) = 0, \quad P'' \wedge k = 0,$$

si ha, integrando:

$$P' \wedge (P - O) = a = \text{cost.}, \quad P' \wedge k = a = \text{cost.},$$

che dànno $P' \times a = 0$ e quindi la traiettoria di P stà in un piano normale ad a.

Esaminiamo il caso (γ). Si ha, per ipotesi:

$$P'' \times k = 0,$$

da cui, integrando due volte:

$$P' \times k = c = \text{cost.}, \quad (P - A) \times k = ct,$$

potendosi sempre fissare A in modo che la seconda costante di $(P - A) \times k$ sia nulla. Osservando ora che:

$$O = A + (P - A) \times k \cdot k, \quad P_1 = P - (P - A) \times k \cdot k,$$

risultano subito le (6).

In particolare, dal caso (β), si ha che: *se il punto-massa (m, P) è **pesante**, allora esiste sempre il potenziale U [cfr. Cap. VIII, n. 3, d)] e si ha:*

$$(7) \qquad\qquad U = -mgz,$$

essendo z la distanza, con segno, di P da un piano orizzontale.

Si noti inoltre [cfr. Cap. X, n. 1, c), (10)] che: ***Esistendo il potenziale U, all'integrale della forza*** *viva si può dare la forma:*

$$(8) \qquad m(v^2 - v_0^2) = 2(U - U_0),$$

essendo v la grandezza della velocità nel tempo t, ed inoltre v_0, U_0 i valori di v ed U nel tempo t_0.

Infatti si ha $2T = m\,P'^2 = m\,v^2$.

b) **Superficie di livello.** Supponiamo che la forza (P, f) ammetta il potenziale U, funzione di P, cioè valga la (2).

In tale ipotesi l'equazione:

$$(9) \quad U = \text{cost.,} \quad \text{cioè sotto forma esplicita} \quad U(P) = \text{cost.,}$$

rappresenta una superficie che si chiama *superficie di livello*, o anche, *superficie equipotenziale*, perchè è il luogo dei punti P nei quali la forza (P, f) ha lo stesso potenziale.

Nel caso del punto-massa *pesante* [cfr. *a*), (7)] le *superficie di livello* sono *piani orizzontali*.

Nel caso di forze centrali, aventi per centro un punto proprio O [cfr. *a*), (α)], le *superficie di livello* sono *sfere di centro O*, perchè U dipende soltanto dalla distanza r di P da O.

Cambiando, nella (9), il valore della costante, cambia la superficie di livello, e tali superficie formano un sistema ∞^1.

Per ogni punto A dello spazio passa una superficie di livello e, in generale, una sola.

Infatti dev'essere, per la (9), $U(P) = U(A)$.

Il lavoro fatto dalla forza (P, f) quando il punto P si sposta su d'una superficie di livello è nullo.

Infatti, il lavoro elementare vale:

$$f \times dP = \operatorname{grad} U \times dP = dU,$$

e poichè, su d'una superficie di livello, $U = \text{cost.}$, si ha $dU = 0$.

La proprietà ora indicata è *caratteristica* per le *superficie di livello*.

La forza (P, f) ha linea d'azione normale alla superficie di livello che passa per P.

Infatti; essendo $f \times dP = dU = 0$, per tutti gli spostamenti infinitesimi dP sulla superficie di livello, il vettore f è normale a tale superficie in P.

Se la traiettoria del punto P attraversa più volte una stessa superficie di livello, allora: le grandezze delle velocità nei punti d'intersezione, sono eguali.

Ciò risulta subito dalla (8).

c) **Linee di forza.** Si chiamano *linee di forza* quelle linee tali che in ogni loro punto la tangente ha la direzione della forza agente in quel punto.

Segue subito che: *l'equazione differenziale delle linee di forza è:*

$$(10) \qquad\qquad f \wedge dP = 0.$$

Gli integrali della (10), equazione vettoriale, si possono porre sotto la forma:

$$(11) \qquad f_1(P, c_1, c_2) = 0, \quad f_2(P, c_1, c_2) = 0,$$

essendo c_1, c_2 costanti arbitrarie. Ne segue che le linee di forza, col variare di c_1 e c_2, formano un *sistema ∞^2 di linee*, cioè una *congruenza di linee*.

Per ogni punto passa, in generale, una, ed una sola, linea di forza.

Infatti. Per un punto arbitrario A dello spazio è unica e ben determinata la forza applicata ad esso, perciò è pure unica la tangente alla linea di forza che passa per il punto considerato A, linea che esiste, in virtù delle (11).

Se la forza (P, f) ammette il potenziale U, allora la (10) assume la forma:

$$(10') \qquad \operatorname{grad} U \wedge dP = 0,$$

e risulta che: *La superficie di livello e la linea di forza che passano per uno stesso punto, si tagliano sotto angolo retto;* ovvero, il che equivale: *Le linee di forza sono le traiettorie ortogonali delle superficie di livello.*

Infatti: la forza (P, f) è normale [cfr. b)] alla superficie di livello passante per P ed è, in pari tempo [cfr. (10')], tangente alla linea di forza passante per lo stesso punto P.

Nel caso del punto-massa *pesante* [cfr. a), (7)] le *linee di forza* sono *rette verticali*.

Nel caso di forze centrali, aventi come centro il punto proprio O [cfr. a), (α)], le *linee di forza* sono le *rette uscenti da O*.

d) **Forme polari per il moto centrale; equazione di Binet.**
La forza (P, f) agente sul punto-massa (m, P) sia *centrale* essendone O, punto proprio, il centro.

Teniamo presente [cfr. Cap. I, n. 4] che:

$$(a) \qquad\qquad P'' \wedge (P - O) = 0,$$

equivalente a:

$$(a) \qquad\qquad P' \wedge (P - O) = a_0 = \text{cost.},$$

oltre esprimere che il moto di P avviene in un piano passante per O, esprime pure che l'area descritta dal segmento OP è proporzionale al tempo (legge delle aree). Notiamo, appunto per l'equivalenza delle (a), che: *un moto piano per il quale vale la predetta legge delle aree, è prodotto da una forza centrale.*

In ciò che segue intendiamo fissato, nel piano della traiettoria di P, il *sistema polare* O, a, r, θ, avendosi precisamente [cfr. Cap. I, n. 4, (14)]:

$$(b) \qquad\qquad P = O + r e^{i\theta} a,$$

la traiettoria di P risultando determinata da un'equazione tra r e θ. Ricordiamo ancora [cfr. Cap. I, n. 4, (16')] che, valendo la (b) e considerando r, θ come funzioni di t, si ha:

$$(c) \quad \begin{cases} P' = r' e^{i\theta} a + r \theta' e^{i\theta} i a, \\ P'' = (r'' - r \theta'^2) e^{i\theta} a + (2 r' \theta' + r \theta'') e^{i\theta} i a. \end{cases}$$

Per l'area descritta dal raggio vettore r e per la grandezza v della velocità di P, nel tempo t, si hanno *le formule:*

$$(12) \qquad r^2 \frac{d\theta}{dt} = c, \quad \text{con } c \text{ costante (delle aree)},$$

$$(13) \qquad v^2 = c^2 \left[\left(\frac{d\,(1/r)}{d\theta} \right)^2 + \frac{1}{r^2} \right],$$

$$(13') \qquad v^2 = \left(\frac{dr}{dt} \right)^2 + \frac{c^2}{r^2}.$$

La (12) si ottiene osservando che, nelle coordinate polari, l'elemento di area descritto da r è $r.rd\theta/2 = r^2 d\theta/2$ e che tale elemento deve, per la seconda delle (*a*), valere $cdt/2$. Oppure, direttamente dalla seconda delle (*a*) e dalla prima delle (*c*), dalle quali si ha $r^2\theta'.k = a_0 = \text{cost.}$, essendo k vettore unitario normale al piano della traiettoria.

Dalla prima delle (*c*) e per la (12) si ha:

$$v^2 = P'^2 = r'^2 + r^2\theta'^2 = r'^2 + c^2/r^2,$$

che dimostra la (13').

Ancora dalla (12) si ha:

$$r' = \frac{dr}{dt} = \frac{dr}{d\theta}\,\theta' = \frac{dr}{d\theta} \cdot \frac{c}{r^2} = -\frac{d\,(1/r)}{d\theta}\,c,$$

e sostituendo nella (13') si ha la (13).

Il vettore f della forza applicata in P è espresso da:

$$(14) \qquad f = -\frac{mc^2}{r^2} \left[\frac{d^2(1/r)}{d\theta^2} + \frac{1}{r} \right] e^{i\theta} a,$$

e la relazione tra il raggio vettore e il tempo è espressa da:

$$(15) \qquad f \times e^{i\theta} a = \pm \bmod f = m\frac{d^2 r}{dt^2} - \frac{mc^2}{r^3}.$$

Tenendo conto della (12), dalla prima (*c*) si ha:

$$P' = (r' + i\, r\theta')\, e^{i\theta}\, a = \left(\frac{dr}{d\theta}\, \theta' + i\, r\theta'\right) e^{i\theta}\, a =$$

$$= c\left[-\frac{d\,(1/r)}{d\theta} + i\,\frac{1}{r}\right] e^{i\theta}\, a\,;$$

derivando ancora, rispetto a *t*, con derivazione, prima rispetto a θ poi rispetto a *t*, si ha:

$$P'' = c\left[-\frac{d^2(1/r)}{d\theta^2} + i\,\frac{d\,(1/r)}{d\theta}\right]\theta' e^{i\theta} a + c\left[-\frac{d\,(1/r)}{d\theta} + i\,\frac{1}{r}\right]\theta' e^{i\theta} i a =$$

$$= -\frac{c^2}{r^2}\left[\frac{d^2(1/r)}{d\theta^2} + \frac{1}{r}\right] e^{i\theta}\, a\,,$$

che dimostra la (14).

La (15) si ottiene subito moltiplicando ($\times$) la seconda delle (*c*) per $e^{i\theta}a$, osservando che *f* è parallela a questo vettore, e tenendo conto della (12).

Dalla (14) si ha subito:

$$(14')\qquad \operatorname{mod} f = \pm\,\frac{m\,c^2}{r^2}\left[\frac{d^2\,(1/r)}{d\,\theta^2} + \frac{1}{r}\right],$$

che è *l'equazione differenziale* (di Binet) *della traiettoria*, perchè lega tra loro *r* e θ (data *f*), ed è indipendente dal tempo *t*.

Una volta integrata la (14') si ha *r* in funzione di θ; sostituendo nella (12) si ha, con una quadratura, θ in funzione di *t*, e poi subito anche *r* in funzione di *t*.

Si può ancora osservare, sebbene ciò sia ovvio, che:
Se un punto P si muove in un piano, su d'una traiet-

toria assegnata, e in modo da sodisfare alla legge (12)
*delle aree, allora il vettore **f** della forza, che appli-*
cata al punto P è capace di produrre il moto, è
ancora dato dalla (14) *sotto la forma:*

$$(14'') \qquad f = -\frac{m\,c^2}{r^2}\left[\psi(\theta) + \frac{d^2\psi(\theta)}{d\theta^2}\right]e^{i\theta}a,$$

essendo $1/r = \psi(\theta)$ *l'equazione polare della traiettoria.*

Se la forza (P, f) è conservativa, allora [cfr. *a*)] mod f
ed U sono, necessariamente, funzioni di r; in tal caso
il problema del moto si riduce alle quadrature.

Se esiste la funzione potenziale $U = \varphi(r)$, *allora
la relazione tra il raggio vettore e il tempo, e l'equazione della traiettoria, sono date da:*

$$(16) \quad t = \int_{r_0}^{r} dr / \sqrt{-c^2/r^2 + v_0{}^2 + 2\,[\varphi(r) - \varphi(r_0)]/m}\,,$$

$$(17) \quad \theta = \theta_0 + c\int_{r_0}^{r} dr / \left\{r^2\sqrt{-c^2/r^2 + v_0{}^2 + 2\,[\varphi(r) - \varphi(r_0)]/m}\right\},$$

ove r_0, θ_0 *sono i valori iniziali di* r, θ.

Infatti. Dalla (8) si ha:

$$m\,(v^2 - v_0{}^2) = 2\,[\varphi(r) - \varphi(r_0)];$$

sostituendo a v^2 il valore (13') si ha:

$$(dr/dt)^2 + c^2/r^2 = v_0{}^2 + 2\,[\varphi(r) - \varphi(r_0)]/m,$$

della quale risulta la (16). Pure da questa, tenendo conto

della (12) ed osservando che:

$$\frac{dr}{dt} = \frac{dr}{d\theta}\frac{d\theta}{dt} = \frac{c}{r^2}\frac{d\theta}{dt},$$

si ottiene la (17).

Si osservi che nella (17) compariscono le quattro costanti arbitrarie r_0, θ_0, v_0, c, che si determinano dando le condizioni *iniziali* del moto, cioè posizione e velocità del punto mobile P.

2. Moti planetari.

a) **Leggi di Keplero.** Basandosi sopra numerose osservazioni relative al moto dei pianeti del sistema solare, fatte dall'astronomo TYCHO-BRAHE nella seconda metà del secolo XVI, KEPLERO ricavò (a. 1609) tre leggi fondamentali, che portano il suo nome, relative al moto dei pianeti attorno al sole:

I. *I pianeti descrivono delle ellissi, delle quali il sole occupa un fuoco;*

II. *L'area descritta dal raggio vettore che va dal sole ad un pianeta, varia proporzionalmente al tempo impiegato a descriverla;*

III. *I cubi degli assi maggiori delle orbite dei varii pianeti sono proporzionali ai quadrati dei tempi impiegati a percorrerle.*

Traduciamo sotto forma analitica queste tre leggi di KEPLERO.

Indichiamo con:

O il baricentro del *sole*, che supponiamo fisso;

P il baricentro, posizione generica, di un pianeta;

ε l'eccentricità dell'ellisse orbita di P ;

a la lunghezza del semi-asse maggiore dell'orbita di P ;

$\boldsymbol{a}$ il vettore unitario diretto da O al punto A dell'orbita di P che è il più vicino (*perielio*) ad O ;

r la distanza di O da P ;

θ l'angolo, in radianti, che $P-O$ fà con $\boldsymbol{a}$, avendosi, cioè $P = O + r\,e^{i\theta}\boldsymbol{a}$,

$\mathcal{A}(t)$ l'area descritta da OP nel tempo t, a partire dalla posizione OA ;

$\mathcal{T}$ il tempo che P impiega a percorrere l'intera orbita.

Per un pianeta P_1, i precedenti elementi si indicano con le stesse lettere, alle quali si pone l'indice 1; ecc.

Nel sistema polare $O, \boldsymbol{a}, r, \theta$, nel piano dell'orbita di P, l'equazione dell'ellisse traiettoria di P, è, come è ben noto *):

$$(1) \quad r = a(1-\varepsilon^2)/(1+\varepsilon\cos\theta) \quad \text{[Legge I di Keplero]}$$

che traduce la prima legge di Keplero.

La seconda legge, può esprimersi sotto una qualunque delle seguenti forme, tra loro equivalenti:

$$(2). \quad \begin{cases} \mathcal{A}(t) = ct/2, \quad \text{con } c = \text{cost.} \\[4pt] d\mathcal{A}/dt = c/2, \quad\quad \text{[Legge II di Keplero]} \\[4pt] r^2 . \, d\theta/dt = c. \end{cases}$$

e c chiamasi *costante delle aree*.

---

*) Burali-Forti. *Geometria Analitico-Proiettiva*, pag. 231 (G. B. Petrini; Torino, 1912).

Infine per la terza legge si ha sotto due forme, tra loro equivalenti:

$$(3) \qquad \begin{cases} a^3/a_1{}^3 = \mathcal{T}^2/\mathcal{T}_1{}^2, \\ a^3/\mathcal{T}^2 = \text{cost.} \; ; \end{cases} \qquad \text{[Legge III di Keplero]}$$

cioè $a^3/\mathcal{T}^2$ ha lo stesso valore per ogni pianeta.

b) **Alcune conseguenze delle leggi di Keplero.** Dalle leggi di Keplero, puramente sperimentali, il sommo Newton dedusse (a. 1687) leggi generali che, a meno della forma, ora enunciamo.

Ogni pianeta P si muove come se fosse sotto l'azione d'una forza **attrattiva** *emanante dal sole e, in ogni istante, direttamente proporzionale alla massa del pianeta e inversamente proporzionale al quadrato della distanza del pianeta dal sole. Precisamente il vettore f della forza attrattiva è dato da:*

$$(4) \qquad f = -\frac{m\,c^2}{a(1-\varepsilon^2)} \; \frac{1}{r^2} \, e^{i\theta} \, a \, .$$

Infatti. L'equazione polare della traiettoria di P è data dalla formula (1); vale la (2), legge delle aree, e in conseguenza [cfr. n. 1, *d*), (14), ovvero (14")], osservando che la derivata seconda, rispetto a θ, di $1 + \varepsilon\cos\theta$ è $-\varepsilon\cos\theta$, si ha:

$$f = -\frac{mc^2}{r^2} \left[\frac{1 + \varepsilon\cos\theta}{a(1-\varepsilon^2)} - \frac{\varepsilon\cos\theta}{a(1-\varepsilon^2)} \right] e^{i\theta} \, a \, ,$$

che dà appunto la (4) *).

---

*) Il lettore può, per esercizio, dimostrare la (4), anche seguendo la via della quale diamo un cenno. Posto $p = a(1-\varepsilon^2)$,

Si noti che il teorema precedente dipende dalle leggi I e II di Keplero ma non dalla III, che interviene invece per stabilire il teorema seguente.

L'intensità dell'attrazione esercitata dal sole sull'unità di massa planetaria, situata all'unità di distanza, è la stessa per tutti i pianeti, e il suo valore è:

$$(5) \qquad \mu = \frac{c^2}{a(1-\varepsilon^2)} = \frac{4\pi^2 a^3}{\tau^2}.$$

L'asse minore dell'ellisse è, come è noto, $a\sqrt{1-\varepsilon^2}$ e quindi l'area dell'ellisse è $\pi a^2 \sqrt{1-\varepsilon^2}$. Dalla prima delle (2) si ha:

$$\pi a^2 \sqrt{1-\varepsilon^2} = c\tau/2,$$

da cui risulta:

$$4\pi^2 a^3 / \tau^2 = c^2 / [a(1-\varepsilon^2)];$$

ma per $m=1$ e $r=1$ la (4) dà, come valore di μ, il primo indicato dalla (5) e quindi le due formule (5) sono vere.

Ora, per la legge III di Keplero, a^3/τ^2 ha lo stesso valore per ogni pianeta, e quindi anche μ è costante.

c) **Legge newtoniana dell'attrazione e della gravitazione universale.** Se, oltre alle leggi di Keplero, dalle

---

ove p è il *parametro* dell'ellisse, si ha:

$$P = O + [p/(1+\varepsilon\cos\theta)]e^{i\theta}\,a;$$

derivando rispetto a t e tenendo conto della (2) si ha:

$$P' = (c/p)e^{i\theta}\,ia + (c\varepsilon/p)ia,$$

il che dimostra che l'*odografo* [cfr. Cap. I, n. 1, g)] è una circonferenza. Derivando ancora si ha la (4), perchè $f = mP''$.

quali sono state dedotte le proprietà b), si *ammette*:

o che il sole ed un pianeta si muovano come se formassero un *sistema isolato* [cfr. Cap. X, n. 2, e)];

ovvero si dà una maggior portata al *principio d'azione e reazione* [cfr. Cap. VI, n. 9, e)], stabilendo che anche il pianeta attragga il sole con la stessa intensità con la quale il sole attrae il pianeta ;

allora risulta la seguente legge dell'*attrazione newtoniana:*

L'intensità dell'attrazione mutua fra il sole ed un pianeta, vale:

$$(6) \qquad \mod f = f . \frac{m\,m_0}{r^2} ,$$

ove: m è la massa del pianeta P, m_0 è la massa del sole O, e f è una **costante** *per tutti i pianeti, che, secondo esperienze recenti è data da:*

$$(7) \qquad f = 6,6576 . 10^{-8} . c^3 \, g^{-1} \, s^{-2}.$$

Infatti. L'intensità dell'attrazione che il sole esercita sul pianeta, è, per le (4), (5):

$$\mod f = m\mu / r^2.$$

Per le ipotesi fatte, l'intensità dell'attrazione che il pianeta esercita sul sole sarà:

$$\mod f = m_0 \lambda / r^2,$$

ove la costante λ ha per il pianeta lo stesso significato che la costante μ ha per il sole.

Allora, dovendo essere $m\mu / r^2 = m_0 \lambda / r^2$, si ha $\mu/m_0 = \lambda/m$;

e detto f il valore comune dei due rapporti, cioè posto:

$$\mu / m_0 = \lambda / m = f,$$

si ha $\mu = m_0 f$ e quindi risulta la (6).

Siccome dalla (6) si ha $f = (\mathrm{mod} f) r^2 / (m\, m_0)$, la dimensione di f è [cfr. Cap. VI, n. 10, *a*), *b*)]:

$$(LMT^{-2})\, L^2 / M^2 = L^3 M^{-1} T^{-2} \, ;$$

quindi per il sistema assoluto cgs risulta la (7), la parte numerica essendo data dall'esperienza.

Generalizzando il teorema ora dimostrato a tutte le masse celesti, anzi a masse qualsiasi, si ha la *legge della gravitazione universale*, formulata da Newton:

Due particelle materiali si attraggono, scambievolmente, con una forza la cui intensità è direttamente proporzionale alle masse delle due particelle e inversamente proporzionale al quadrato della loro distanza.

Vale, cioè, in generale la (6); la costante f è detta *costante della gravitazione universale*, ovvero *costante di* Gauss.

La costante f, della (7), è stata calcolata, per la prima volta, da Cavendish, con una ben nota memorabile esperienza.

Il calcolo di f è della massima importanza. Conosciuta f si può calcolare la densità media del globo terrestre, che si è trovata, all'incirca, $5, 6 . c^{-3} g$.

d) **Problema dei due corpi.** Si considerino i due punti-massa (m_1, P_1), (m_2, P_2), liberi, che si attraggono mutuamente colla legge di Newton [cfr. *c*), (6)] e sono in moto in virtù, soltanto, di questa loro mutua attrazione.

Detta r la distanza tra P_1 e P_2, i vettori delle forze agenti in P_1 e P_2 sono [cfr. *c*), (6)]:

$$(8) \quad f_1 = f\frac{m_1 m_2}{r^3}(P_2 - P_1), \quad f_2 = f\frac{m_1 m_2}{r^3}(P_1 - P_2).$$

Per il principio di D'Alembert, il sistema S, formato dai due punti-massa considerati, è in moto sodisfacendo, per ogni t, alla condizione:

$$(f_1 - m_1 P_1'') \times \delta P_1 + (f_2 - m_2 P_2'') \times \delta P_2 = 0;$$

ma questa, essendo S libero, deve essere sodisfatta per spostamenti *arbitrari* δP_1, δP_2, e quindi l'equazione del moto di S è data dal sistema di equazioni:

$$m_1 P_1'' = f_1, \quad m_2 P_2'' = f_2,$$

che, per le (8), assume la forma:

$$(9) \quad P_1'' = f\frac{m_2}{r^3}(P_2 - P_1), \quad P_2'' = f\frac{m_1}{r^3}(P_1 - P_2).$$

Se, essendo O un punto *fisso*, poniamo:

$$(10) \quad\quad\quad\quad P = O + (P_2 - P_1),$$

dalle (9) risulta subito:

$$(11) \quad P'' = -\frac{f(m_1 + m_2)}{r^3}(P - O) = \operatorname{grad}_P \frac{f(m_1 + m_2)}{r}.$$

Con la posizione (10), si stabilisce il moto di P_2 **rispetto** a P_1 supposto fisso, e la formula (11) dice, senz'altro [cfr. Cap. I, n. 4, es. 2°), che: *la traiettoria del punto P è una **conica** della quale O è un **fuoco***. L'essere tale conica *ellisse, iperbole* o *parabola*, casi tutti possibili, dipende dalle condizioni iniziali, ad es., nel *perielio*, del moto.

Supposto che P_1 sia il sole e P_2 un pianeta, la rappresentazione O, P dà gli elementi *sole, pianeta,* delle osservazioni astronomiche di Tycho-Brahe. Quindi se la traiettoria di P è una *ellisse* si ritrovano le leggi I e II di Keplero. Non peraltro la legge III, poichè, stando il significato generico di μ, dalla (11), si ha $\mu = f(m_1 + m_2)$ che, confrontata con la (5), dà:

$$(a) \qquad a^3 / \mathcal{C}^2 = f(m_1 + m_2)/(4\pi^2);$$

e risulta che $a^3/\mathcal{C}^2$ *varia col variare del pianeta*, la cui massa è m_2. Ma, essendo m_2 molto piccola rispetto alla massa m_1 del *sole*, la variazione è così piccola da non poter essere stata avvertita nei dati numerici delle osservazioni di Tycho-Brahe e quindi nelle leggi dedotte da Keplero.

Il problema considerato si può generalizzare al caso di tre corpi e si ha così il celebre *problema dei tre corpi*; però le questioni relative all'integrazione delle corrispondenti equazioni differenziali sono talmente vaste e complesse che non possiamo occuparcene; rimandiamo il lettore ad un interessante volumetto di Marcolongo *).

---

*) *Il problema dei tre corpi da Newton ai giorni nostri.* Manuali Hoepli, 1919.

3. Generalità sul moto d'un punto-massa libero in un mezzo resistente.

Il punto-massa, *libero*, (m, P) sia in moto in virtù dell'azione simultanea (composizione) d'una forza centrale, di centro O e d'una forza parallela ad un vettore unitario costante k; inoltre il mezzo nel quale si muove presenti una *resistenza* che agisce in senso opposto a quello della velocità P' del punto P. Ne segue che il punto-massa (m, P), libero, è in moto in virtù dell'azione delle forze:

$$[P, -mh_1 P'], \quad [P, mh_2(P-O)], \quad [P, mh_3 k],$$

ove $h_1 \geqq 0$ e finito, è funzione, in generale, di t, P, P', e h_2, h_3 sono funzioni, in generale, di t e P, e sono sempre finite.

Applicando il ben noto principio di D'Alembert, ed osservando che gli spostamenti virtuali δP di P sono tutti invertibili e del tutto arbitrari, si ha:

$$[-mh_1 P' + mh_2(P-O) + mh_3 k - mP''] \times \delta P = 0,$$

da cui risulta l'*equazione differenziale del moto*:

$$(1) \qquad P'' = -h_1 P' + h_2(P-O) + h_3 k.$$

Moltiplicando ($\times$) i due membri della formula (1) per $(P-O) \wedge k$, si ha subito:

$$(2) \quad \begin{cases} P'' \times (P-O) \wedge k = -h_1 P' \times (P-O) \wedge k, \quad \text{ovvero} \\ \dfrac{d}{dt}[P' \times (P-O) \wedge k] = -h_1 P' \times (P-O) \wedge k, \end{cases}$$

che per $h_1 = 0$, cioè, *quando P si muove in un mezzo non resistente*, dà:

$$(2') \qquad P' \times (P - O) \wedge \boldsymbol{k} = \text{cost.},$$

che è *un integrale primo della* (1).

Operando nella (1) con l'omografia assiale $P' \wedge$ si ha:

$$(3) \qquad P' \wedge P'' = h_2 P' \wedge (P - O) + h_3 P' \wedge \boldsymbol{k}.$$

Integrata la (1), si ha P in funzione di t, e quindi si hanno le h pure in funzione di t; allora calcolando P''' dalla (1), valendosi della stessa (1) per eliminare P'' e tenendo conto della (3), si ha, con semplice calcolo:

$$(4') \quad P''' = (h_1^2 - h_1' + h_2) P' + (h_2' - h_1 h_2)(P - O) +$$
$$+ (h_3' - h_1 h_3) \boldsymbol{k},$$

$$(4) \qquad P' \wedge P'' \times P''' = \begin{vmatrix} h_2 & h_3 \\ h_2' & h_3' \end{vmatrix} P' \wedge (P - O) \times \boldsymbol{k}.$$

Nel tempo *iniziale*, t_0, indicheremo con P_0 la *posizione* di P, che supponiamo diversa da O, e con P_0' la *velocità* iniziale nel punto P_0.

Vogliamo ora esaminare in quali casi la traiettoria di P, nel moto definito dalla (1), è *piana o rettilinea* *).

------

*) Per le condizioni cui deve sodisfare: un vettore u funzione di t, per avere direzione fissa o essere parallelo ad un piano fisso; un punto P funzione di t, per descrivere una linea piana o retta; cfr.:

C. Burali-Forti e R. Marcolongo. *Elementi di calcolo vettoriale* (N. Zanichelli, Bologna, 2ª ediz. in corso di stampa).

T. Boggio. *Calcolo differenziale* (Collezione Lattes, 1921).

Si hanno i teoremi generali seguenti:

(α) *Se h_2, h_3 non sono nulli e sono linearmente indipendenti* *) *allora: la traiettoria di P è* **piana** *solamente quando i vettori P_0', $P_0 - O$, k sono* **complanari**, *e stà su un piano che contiene la retta Ok e, necessariamente, P_0 e P_0'; la traiettoria di P è* **rettilinea**, *solamente quando P_0', $P_0 - O$, k sono* **paralleli**, *e stà sulla retta Ok.*

Dalla seconda delle (2), avendo già ricavato, come si è detto, h_1 in funzione di t, si ha:

$$P' \wedge (P - O) \times k = e^{-\int h_1 \, dt} \, P_0' \wedge (P_0 - O) \times k;$$

e poichè inizialmente si ha $P_0' \wedge (P_0 - O) \times k = 0$, si avrà:

(a) $\qquad\qquad P' \wedge (P - O) \times k = 0$ per ogni t.

Ma, per ipotesi, il determinante nel secondo membro della (4) non è nullo e quindi la condizione $P' \wedge P'' \times P''' = 0$, *necessaria* e *sufficiente* affinchè la traiettoria sia piana, equivale alla (a). Così è dimostrata la prima parte del teorema.

Affinchè la traiettoria sia rettilinea è necessario e sufficiente che $P' \wedge P'' = 0$ per ogni t. Ora, per la (3), essendo h_2, h_3 non nulli e linearmente indipendenti, deve essere:

(b) $\qquad\qquad P' \wedge (P - O) = 0$ e $P' \wedge k = 0$,

cioè i vettori P', $P - O$, k devono essere paralleli per ogni t e la traiettoria deve essere, per le (b), la retta Ok. Inoltre, verificandosi le (b) inizialmente, la traiettoria è certo piana;

---

*) Cioè $h_2 h_3 \neq 0$ e non esiste una relazione lineare della forma $h_2 = p h_3$ tra h_2 e h_3.

essendo poi a un vettore unitario costante, in tale piano, normale a k, si ha $P = O + xk + ya$ e quindi per le (b), $y' = 0$ e $x'y = 0$, che dànno $y = 0$, altrimenti il punto sarebbe fisso; perciò la traiettoria stà sulla retta Ok.

(β) *Se $h_2 = 0$ e $h_3 \neq 0$, la traiettoria di P stà su un piano parallelo a k; per P_0' non parallelo a k è linea curva nel piano $P_0 P_0' k$; per P_0' parallelo a k è la retta $P_0 k$.*

La (4) dà $P' \wedge P'' \times P''' = 0$ e quindi la traiettoria è piana.

La (3) dà $P' \wedge P'' = h_3 P' \wedge k$, da cui $P' \wedge P'' \times k = 0$, il che prova che la traiettoria stà in un piano parallelo a k. Se è $P' \wedge k = 0$ per ogni t, allora P' è parallelo a k e la traiettoria è una retta; dunque, ecc.

(γ) *Se $h_2 \neq 0$ e $h_3 = 0$, la traiettoria di P stà in un piano uscente da O; per P_0' non parallelo a $P_0 - O$ è linea curva del piano $O P_0 P_0'$; per P_0' parallelo al vettore $P_0 - O$ è la retta $O P_0$.*

Si dimostra come il precedente.

(δ) *Se $h_2 = h_3 = 0$, la traiettoria è una retta.*

Infatti la (3) dà $P' \wedge P'' = 0$ per ogni t.

(ε) *Se $h_3 = c\,h_2$, con $h_2 \neq 0$ e c costante non nulla, allora la traiettoria di P è sempre piana, e se P_0' non è parallelo al vettore $P_0 - O + ck$, essa stà nel piano uscente da P_0 e normale al vettore $P_0' \wedge (P_0 - O + ck)$; se, invece P_0' è parallelo a $P_0 - O + ck$ la traiettoria è la retta $P_0 P_0'$.*

Il determinante della (4) è nullo, e quindi $P' \wedge P'' \times P''' = 0$ per ogni t e la traiettoria è piana. Dalla (3) si ha:

$$P' \wedge P'' = h_2 P' \wedge (P - O + ck),$$

da cui si deducono, ovviamente, le rimanenti parti del teorema.

Se si osserva che la traiettoria di P è *piana* solamente quando il primo membro della (4) è nullo, e che ciò avviene nel solo caso che sia nullo il determinante od il fattore $P' \wedge (P - O) \times k$ del secondo membro, risulta subito che: **soltanto** *nei casi* (α)-(ε) *sopra esaminati la traiettoria di* P *è* **piana,** *o* **rettilinea.**

4. Moto d'un punto-massa pesante in un mezzo resistente o pur no.

Si conservino le notazioni del n. 3.

Supposto che: k abbia la direzione della *verticale* dall'alto al basso; $h_2 = 0$; $h_3 = g$; allora la (1) del n. 3 dà l'equazione differenziale del moto del punto-massa *pesante* e libero in un mezzo, che è *resistente* per $h_1 > 0$, *non resistente* per $h_1 = 0$.

In ciò che segue, salvo avvertenza in contrario, conserveremo k e h_3 *generici*, sempre con $h_2 = 0$, e supponendo, inoltre, $h_3 > 0$.

Nelle ipotesi ora fatte e dal teorema (β) del n. 3, risulta che: *La traiettoria di* P, *stà in un piano parallelo a* k (*e, quindi, piano verticale quando* k *è vettore verticale*).

Sempre nelle stesse ipotesi, la (1) del n. 3 diviene:

$$(1) \qquad P'' = - h_1 P' + h_3 k,$$

che, se i è il rotore di un retto nel piano della traiettoria del punto P, dà :

(1') $$i P'' = - h_1 i P' + h_3 i k ;$$

inoltre si ha la formula :

(2) $$v v' = - h_1 v^2 + h_3 P' \times k , \quad \text{con} \quad v = \bmod P'.$$

Moltiplicando $(\times)$ la (1) per P' si ha :

$$P' \times P'' = - h_1 v^2 + h_3 P' \times k ;$$

ma $v^2 = P'^2$, da cui $v v' = P' \times P''$ e quindi si ha la (2).

a) **Concavità ; vertice ; ramo ascendente e discendente.**

Se la traiettoria non è rettilinea (parallela a k), essa non ha punti singolari e volge sempre la concavità nel verso di k.

Dalla formula (1') si ha :

(*a*) $$P' \times i P'' = h_3 P' \times i k .$$

Se per un valore finito di t si avesse $P' \times i k = 0$, allora P' sarebbe parallelo a k e quindi [cfr. n. 3, (α)], la traiettoria sarebbe rettilinea (parallela a k), contrariamente all'ipotesi. Dunque per ogni t finito $P' \times i k \neq 0$, cioè, per la (*a*), $P' \times i P''$ non è nullo, perchè $h_3 \neq 0$, il che esprime che la traiettoria **non ha punti singolari.**

Essendo sempre $P' \times i k \neq 0$, la (*a*) dà :

$$P' \times i P'' / (P' \times i k) = h_3 > 0 ;$$

il che esprime che la concavità è sempre rivolta verso k *).

----

*) C. Burali-Forti. *Geometria Analitico-Proiettiva*, pagine 60 e 64. — T. Boggio. *Calcolo differenziale*, cap. VIII.

Chiameremo *vertice* della traiettoria, il punto P, se esiste, tale che $P' \times k = 0$, cioè che ha velocità normale a k. Inoltre diremo che il punto P, generico, appartiene al *ramo ascendente* o al *ramo discendente* della traiettoria, secondochè $P' \times k < 0$, ovvero $P' \times k > 0$. Queste denominazioni hanno valore assoluto quando il vettore k è verticale.

Tenendo conto delle proprietà precedenti, del *punto e velocità iniziali P_0, P_0'* [cfr. n. 3], e *sempre supposto che la traiettoria non sia rettilinea* *), si ha:

se $P_0' \times k \geqq 0$, *la traiettoria ha solo un ramo* **discendente**;

se $P_0' \times k < 0$, *la traiettoria ha un ramo* **ascendente** *e un altro* **discendente**, *separati dal* **vertice**.

Inoltre si ha il teorema seguente:

La traiettoria, non rettilinea, abbia un ramo ascendente ed uno discendente e h_3 sia costante. Sia a la retta, del piano della traiettoria, condotta da P_0 normalmente a k e P_1, P_2 punti della traiettoria (diversi dal vertice) equidistanti da a, il primo nel ramo ascendente, il secondo (necessariamente) nel ramo discendente. Ciò posto: se il mezzo è resistente, cioè $h_1 > 0$, allora la velocità del punto P_1 del ramo ascendente è maggiore della velocità del punto P_2 del ramo discendente; se il mezzo non è resistente, $h_1 = 0$, le due velocità sono eguali.

---

*) Lasciamo al lettore la cura di studiare il caso della traiettoria rettilinea.

I punti P_1, P_2 corrispondano ai valori t_1, t_2 del tempo; sarà certamente $t_1 \neq t_2$. Moltiplicando la (2) per dt e integrando fra t_1 e t_2 si ha:

$$(v_2^2 - v_1^2)/2 = -\int_{t_1}^{t_2} h_1 v^2 dt + h_3 \left[(P - P_0) \times k\right]_{t_1}^{t_2};$$

ma $(P - P_0) \times k$ è la distanza di P dalla retta a e quindi, per le ipotesi fatte, l'ultimo termine è nullo; inoltre se $h_1 > 0$ si ha $h_1 v^2 > 0$ in tutto il campo d'integrazione, e quindi $v_2 < v_1$; se poi $h_1 = 0$ risulta $v_2 = v_1$.

b) **Punto di velocità minima.** Introduciamo l'angolo α che P' fà con k, e precisamente poniamo:

$$(3) \qquad P' = v e^{-i\alpha} k, \quad \text{cioè} \quad t = e^{-i\alpha} k.$$

Risultano subito le formule:

$$(4) \qquad P' \times k = v \cos\alpha, \quad P' \times ik = -v \operatorname{sen}\alpha;$$

$$(4') \quad d\alpha/ds = -1/\rho, \quad d\alpha/dt = -v/\rho, \quad \text{con} \quad \rho > 0;$$

$$(4'') \qquad dv/dt = -h_1 v + h_3 \cos\alpha.$$

Le (4) sono immediata conseguenza delle (3). Derivando la seconda (3) rispetto ad s, e tenendo presente la formula di Frenet [cfr. Intr. I, n. 6], si hanno le (4'), con $\rho > 0$, perchè il centro di curvatura $P + \rho\, it$ deve stare dalla parte della concavità [cfr. a)]. La (4'') s'ottiene dalle (4) e dalla (2) dopo aver diviso per v.

Si facciano ora queste ipotesi;

$$(5) \quad \begin{cases} h_1 \text{ è funzione soltanto di } v = \operatorname{mod} P' \\ h_3 \geqq h_1 v, \quad h_3' \geqq 0 \quad \text{per ogni } t. \end{cases}$$

Di solito si assume $h_1 = a + b\,v^n$ con a, b, n costanti positive; ma noi operiamo indipendentemente da tale forma particolare di h_1.

Stando le ipotesi (5) si ha che: *Esiste un punto P^* della traiettoria, nel quale la grandezza v della velocità è **minima**; corrisponde al valore di α per il quale*

$$(6) \qquad\qquad \cos\alpha = h_1 v / h_3\,;$$

è il vertice della traiettoria quando il mezzo non è resistente $(h_1 = 0)$; *è un punto del ramo discendente quando il mezzo è resistente* $(h_1 > 0)$.

Per la condizione (5), $h_3 > h_1 v$, esiste α sodisfacente alla (6) e per tale valore di α la (4'') dà $v' = 0$.

Derivando la (4'') rispetto a t e tenendo conto delle formule già stabilite, si ha:

$$v'' = -(dh_1 / dv)\,v'v - h_1 v' + h_3'\cos\alpha + (h_3\dot v/\rho)\,\mathrm{sen}\,\alpha\,;$$

per $v' = 0$, cioè valendo la (6) e per la ipotesi (5) relativa ad h_3, si ha $v'' > 0$ e quindi v diviene effettivamente *minima* nel punto P^*.

Siccome, per la formula (6), $\cos\alpha$ è positivo, o nullo, secondochè $h_1 \gtrless 0$, ovvero $h_1 = 0$, risulta che, nel punto P^*, si ha, rispettivamente, $P' \times k > 0$, $P' \times k = 0$, cioè P^* stà nel *ramo discendente*, o è il *vertice*, secondochè il mezzo nel quale si muove P è resistente, o pur no.

Si noti che: *il moto di P è **ritardato** da P_0 a P^* ed **accelerato** da P^* in poi.*

c) **Limiti per t tendente all'infinito; asintoto.** Si faccia ancora questa ipotesi: *esista un numero co-*

stante a tale che:

(7)
$$h_1 \gtreqless a > 0 \quad \textit{per ogni } t.$$

Risulta subito:

(8)
$$\lim_{t \to \infty} \int_{t_0}^{t} h_1 \, dt = \infty.$$

Infatti: $\int_{t_0}^{t} h_1 \, dt = (t - t_0) h_1{}^*$ essendo $h_1{}^*$ un valore medio tra quelli che h_1 assume nell' intervallo $t_0 \vdash\!\dashv t$, valore che, per la condizione (7), è non inferiore ad a.

Dalla ipotesi (7) si hanno i teoremi seguenti.

    I. *Col tendere di t all'infinito, v ha limite finito.*

Dalla seconda condizione (5) e dalla (7) si ha $v \gtreqless h_3 / a$ e quindi il limite di v, per t tendente all'infinito, è finito, perchè, per ipotesi [cfr. n. 3], h_3 è finito.

    II. *Col tendere di t all'infinito, la direzione della velocità P' di P tende alla direzione di k.*

Infatti. Dalla (1) si ha:

$$P'' \wedge k = -h_1 P' \wedge k, \quad \text{cioè} \quad (P' \wedge k)' = -h_1 P' \wedge k,$$

dalla quale si trae subito:

$$P' \wedge k = e^{-\int h_1 dt} \cdot P_0' \wedge k,$$

che, per la (8), dà appunto $\lim_{t \to \infty} (P' \wedge k) = 0$.

    III. *Col tendere di t all'infinito il moto tende a divenire **uniforme**.*

Dalle (4") ed ultima delle (5) si ha:

$$h_3 \cos \alpha = v' + h_1 v, \quad h_1 v \gtrless h_3 \, ;$$

in conseguenza, moltiplicando membro a membro, poi dividendo per $h_1 v$:

$$\cos \alpha \gtrless 1 + v'/(h_1 v) \, ;$$

ma al limite [cfr. II] $\cos \alpha = 1$ e quindi, al limite, $v' = 0$, cioè il moto tende a divenire uniforme.

IV. *La traiettoria ha un* **asintoto** *parallelo a* **k**.

Sia x la distanza di P dalla retta $P_0 k$, cioè:

$$x = -(P - P_0) \times ik \, ,$$

da cui risulta:

$$dx = -dP \times ik = -t \times ik \,.\, ds = -\operatorname{sen} \alpha \, ds \, ,$$

vale a dire, per la (4'):

$$dx = \rho \operatorname{sen} \alpha \, d\alpha \, .$$

Ma essendo $P'' = v't + (v^2/\rho) it$, dalla (1) si ha subito:

$$v^2/\rho = h_3 \operatorname{sen} \alpha \, ,$$

e in conseguenza, eliminando ρ:

$$dx = (v^2/h_3) \, d\alpha \, .$$

Integrando fra α_0 (valore di α in P_0) e 0 (valore limite di α) si ha:

$$x = \int_{\alpha_0}^{0} (v^2/h_3) \, d\alpha = -\int_{0}^{\alpha_0} (v^2/h_3) \, d\alpha \, ;$$

ma v^2/h_3 è finito, e quindi anche x è finito, cioè esiste l'*asintoto*. E si noti che il limite di x per t tendente ad infinito è positivo perchè α *decresce* e quindi $d\alpha$ è negativo *).

d) **Mezzo non resistente.** Se il mezzo non è resistente, $h_1 = 0$, e consideriamo il punto-massa pesante, cioè poniamo esplicitamente $h_3 = g$ con k verticale, allora, la (1) diviene:

$$(9) \qquad\qquad P'' = g\,k\,.$$

Nel punto iniziale P_0, corrispondente a $t = 0$, sia v_0 la grandezza della velocità e sia φ l'angolo che P_0' fà con $-i\,k$, cioè poniamo:

$$(10) \qquad\qquad P_0' = -\,v_0\,.\,e^{-i\varphi}i\,k\,.$$

Integrando la (9) due volte [cfr. Nota a pag. 48], si ha, in modo ovvio:

$$(11) \qquad \begin{cases} P' = -\,v_0\,e^{-i\varphi}k + g\,t\,k \\[2mm] P = P_0 - v_0\,t e^{-i\varphi}i\,k + (g\,t^2/\,2)\,k\,, \end{cases}$$

e la *traiettoria* è una *parabola conica*.

Il punto nel quale $P' \times k = -\,v_0\,\mathrm{sen}\,\varphi + g\,t = 0$, e che è il punto P^* di *velocità minima* [cfr. *b*)], viene raggiunto nel tempo:

$$t^* = (v_0\,\mathrm{sen}\,\varphi)\,/\,g\,,$$

---

*) Nella figura, che il lettore può fare, si ha k rivolto in basso, $i\,k$ da destra verso sinistra e quindi la traiettoria è situata tutta a destra della retta $P_0\,k$.

ed è il *vertice* della traiettoria [cfr. a)]:

$$(12) \qquad P^* = P_0 - \frac{v_0{}^2 \operatorname{sen} \varphi}{g} e^{i\varphi} i k + \frac{v_0{}^2 \operatorname{sen}^2 \varphi}{2g} k.$$

Il punto nel quale $(P - P_0) \times k = 0$, viene raggiunto nel tempo:

$$t_1 = (2 v_0 \operatorname{sen} \varphi) / g = 2 t^*,$$

ed è l'estremo P_1 della *gittata*:

$$(13) \qquad P_1 = P_0 - \frac{v_0{}^2 \operatorname{sen} 2\varphi}{g} i k.$$

Osservando che $2(P^* - P_0) \times i k = (P_1 - P_0) \times i k$ si conclude subito che: *P^* è anche il **vertice** della parabola conica traiettoria e che la retta $P^* k$ ne è l'asse.*

Il lettore può, per esercizio, trovare il *fuoco* della parabola, ed inoltre, supponendo v_0 fisso e φ variabile da 0 a $\pi/2$, dimostrare che l'*inviluppo* delle traiettorie è pure una parabola, la *parabola di sicurezza*, e che il luogo del vertice P^* è un'*ellisse*.

5. Pendolo di lunghezza costante.

Si consideri un punto-massa (m, P) collegato ad un punto fisso O mediante una asticella rigida, della quale si trascura la massa, o meglio, la cui massa è trascurabile di fronte alla massa m del punto P.

Il moto del punto P, comunque lo si ottenga, avviene su d'una superficie sferica di centro O e raggio a, lunghezza dell'asticella; perciò la traiettoria di P è una *curva sferica*, e durante tutto il moto deve essere sodisfatta la condizione (equazione del vincolo):

$$(1) \qquad (P - O)^2 = a^2 .$$

Il moto di P avvenga sotto le condizioni seguenti:

in P è direttamente applicata una forza il cui vettore è $m h_3 k$, essendo k vettore *unitario costante* e $h_3 > 0$ funzione finita di t e P;

in P agisce pure la *tensione dell'asta*, reazione vincolare, diretta da P verso O, della quale il vettore è $m h_2 (P - O)$ con h_2 funzione (incognita) finita e negativa di t, P, P';

in P agisce, infine, la *resistenza del mezzo* nel quale si muove P, resistenza opposta alla velocità, e il cui vettore indichiamo con $-m h_1 P'$ essendo $h_1 \geqq 0$ funzione finita di t, P, P'.

Sotto l'azione complessiva di tali forze, gli elementi

$$P, \quad O, \quad P', \quad P'', \quad h_1, \quad h_2, \quad h_3, \quad k$$

devono sodisfare alla (1) del n. 3 e quindi le equazioni del moto del punto-massa (m, P), sotto le condizioni date, sono la (1) e la:

$$(2) \qquad P'' = -h_1 P' + h_2 (P - O) + h_3 k .$$

Il sistema (m, P) ora considerato dà, per k verticale e $h_3 = g$, cioè per il *punto pesante*, il *pendolo semplice*, *sferico* o *circolare*. Anche per k e h_3 generici chiameremo *pendolo* il sistema prima considerato.

Si noti che: *la velocità P' di P è sempre normale al vettore $P - O$.*

Infatti, derivando la (1) rispetto a t si ha $(P-O)\times P'=0$.

a) **Piano equatoriale; equazioni fondamentali.** Il piano uscente da O e normale a k si chiama *piano equatoriale*.

La distanza, con segno, del punto generico P dal piano equatoriale la indicheremo con z; precisamente:

$$(3) \qquad z=(P-O)\times k.$$

Si hanno le formule:

$$(4) \qquad v^2=-h_2 a^2-h_3 z \quad \text{con} \quad v=\operatorname{mod} P',$$

$$(5) \qquad vv'=-h_1 v^2+h_3 z',$$

$$(6) \qquad \frac{d}{dt}[(P-O)\wedge P'\times k]=-h_1(P-O)\wedge P'\times k;$$

la (5) è l'analoga dell'*equazione differenziale della forza viva* [cfr. Cap. X, n. 1, c')];

la (6) è l'analoga dell'*equazione differenziale della quantità di moto* [cfr. Cap. X, n. 3, a), (1')].

Derivando due volte la (1) si ha:

$$(a) \qquad (P-O)\times P'=0, \quad (P-O)\times P''+P'^2=0.$$

Moltiplicando ($\times$) la (2) per $P-O$ si ha:

$$(P-O)\times P''=-h_1(P-O)\times P'+h_2(P-O)^2+h_3(P-O)\times k,$$

che per le (1), (3), (a) dà la (4).

La (5) risulta senz'altro dalla (2) del n. 4 osservando che, in virtù della (3), si ha:

$$z'=P'\times k.$$

La [6] è già nota [cfr. n. 3, (2)].

Si noti che: *Se h_1 è costante, cioè se la resistenza è proporzionale alla velocità, allora:*

$$(P - O) \wedge P' \times \boldsymbol{k} = e^{-h_1 t} c,$$

ove c è una costante arbitraria.

Infatti la (6) ha la forma $x' = -h_1 x$ il cui integrale generale è, appunto, $x = e^{-h_1 t} c$.

b) **Proiezione sul piano equatoriale.** Indichiamo con Q la proiezione ortogonale di P sul piano equatoriale, cioè poniamo:

$$(7) \qquad Q = P - (P - O) \times \boldsymbol{k} \cdot \boldsymbol{k} = P - z\boldsymbol{k},$$

ovvero sotto altra forma [cfr. Intr. II, n. 2, *d*)]:

$$(7') \quad Q = O + [1 - \mathrm{H}(\boldsymbol{k}, \boldsymbol{k})](P - O) = O - (\boldsymbol{k} \wedge)^2 (P - O).$$

Vi è appena bisogno di osservare che: *una volta determinato il moto di Q, cioè integrata la seguente (8), è pure determinato il moto del punto P, nota la posizione P_0 iniziale di esso.* È per questo che è utile, come faremo, lo studio del moto del punto Q.

L'equazione differenziale del moto di Q, proiezione ortogonale di P sul piano equatoriale, è:

$$(8) \qquad Q'' = -h_1 Q' + h_2 (Q - O).$$

Dalla seconda forma (7') si ha, poichè $\boldsymbol{k} \wedge$ è costante:

$$Q' = -(\boldsymbol{k} \wedge)^2 P', \quad Q'' = -(\boldsymbol{k} \wedge)^2 P'';$$

operando nella (2) con $(k\wedge)^2$, osservando che $(k\wedge)^2 k = 0$ e tenendo conto della (7') si ha subito la (8) *).

Si noti che dalla (8) si ha una formula analoga alla (6):

$$(9) \qquad \frac{d}{dt}[(Q-O)\wedge Q'] = -h_1(Q-O)\wedge Q',$$

ovvero, poichè k è costante, e sempre parallelo al vettore $(Q-O)\wedge Q'$,

$$(9') \quad \frac{d}{dt}[(Q-O)\wedge Q'\times k] = -h_1(Q-O)\wedge Q'\times k.$$

Basta, infatti, operare nei due membri della (8) con la omografia assiale $(Q-O)\wedge$ e osservare che $(Q-O)\wedge Q''$ è la derivata di $(Q-O)\wedge Q'$.

La linea descritta da Q, cioè la proiezione della traiettoria sul piano equatoriale, se non è una retta, è priva di punti singolari e volge sempre la concavità verso il punto O.

Essendo i il rotore di un retto nel piano equatoriale, dalla (8) si ha $iQ'' = -h_1 iQ' + h_2 i(Q-O)$ e quindi:

$$Q'\times iQ'' = -h_2 Q'\times i(O-Q),$$

il che, essendo, per ipotesi, $h_2 < 0$, dimostra, come abbiamo visto in un caso analogo, il teorema [cfr. n. 4, *a*)].

---

*) Lo stesso risultato si ottiene derivando due volte la (7), ossia, ciò che equivale, la $P = Q + xk$, e facendo uso della (2).

Indichiamo ancora con P_0, P_0' la *posizione* e *velocità iniziale* di P [cfr. n. 3] e, per analogia, con Q_0, Q_0' la *posizione* e *velocità iniziale* di Q.

Dal solo fatto che Q è la proiezione ortogonale di P sul piano equatoriale risulta che:

La traiettoria di Q è rettilinea, e stà in una retta uscente da O, solamente quando il moto di P è piano (la traiettoria di P stà in una circonferenza), cioè quando $P_0 - O$, P_0', k sono complanari [cfr. n. 3, (α)], *o, il che equivale, quando $Q_0 - O$, Q_0' sono paralleli, e quindi la traiettoria di Q stà sulla retta OQ_0'.*

c) **Proiezione sul piano equatoriale, supposto h_1 e h_2 costanti.** Ha speciale interesse [cfr. *d*)] il caso che h_1, h_2 siano costanti, il che supporremo in tutta questa parte *c*).

L'essere h_1 costante esprime [cfr. *a*)] che la resistenza del mezzo è *proporzionale alla velocità*.

Lo studio del moto di Q si riduce, molto opportunamente, allo studio del moto del punto M, pure giacente sul piano equatoriale, legato al punto Q dalla relazione semplice:

$$(10) \qquad M = O + e^{h_1 t/2}(Q - O),$$

ovvero, il che equivale:

$$(10') \qquad Q - O = e^{-h_1 t/2}(M - O).$$

L'equazione differenziale che individua il moto del punto M, sul piano equatoriale, è:

$$(11) \qquad M'' = \frac{1}{4}(h_1{}^2 + 4h_2)(M - O),$$

cioè il moto di M è centrale [cfr. Cap. I, n. 4)] *essendo O il centro. Gli elementi iniziali M_0, M_0', per $t = 0$ sono dati da:*

$$(12) \qquad M_0 = Q_0, \quad M_0' = Q_0' + (h_1/2)(Q_0 - O).$$

Basta derivare due volte la (10') rispetto a t e sostituire nella (8) per ottenere la (11). Ma è interessante vedere quale è il procedimento che conduce alla posizione (10) e, quindi, all'equazione (11).

S'introducano le incognite x, M, numero reale o punto del piano equatoriale, in modo che:

$$Q - O = x(M - O).$$

Derivando due volte rispetto a t, si ha:

$$Q' = x'(M - O) + xM', \quad Q'' = x''(M - O) + 2x'M' + xM'';$$

sostituendo nella (8) si ottiene, dopo semplici riduzioni:

$$xM'' + (2x' + h_1 x)M' + (x'' + h_1 x' - h_2 x)(M - O) = 0.$$

Si determini l'incognita x in modo che sparisca il secondo termine; cioè si ponga:

$2x' + h_1 x = 0$, che ha per integrale particolare $x = e^{-h_1 t/2}$;

dopo ciò si ha:

$$x' = -h_1 x/2, \quad x'' = -h_1^2 x/4,$$
$$x'' + h_1 x' - h_2 x = -(h_1^2 + 4h_2)x/4,$$

e quindi si ottiene la (11).

La prima delle (12) si ha dalla (10) per $t = 0$. Derivando l'eguaglianza (10) si ha:

$$M' = e^{h_1 t/2} Q' + (h_1/2)e^{h_1 t/2}(Q - O),$$

che, per $t = 0$, dà la seconda delle (12).

Esaminiamo ora le notevoli proprietà del moto di M, dal quale, in virtù delle (10), (10'), s'ottiene pure il moto di Q e quindi quello di P.

I. *Col tendere di t all'infinito, Q tende ad O, cioè O è punto asintotico della traiettoria di Q.*

Infatti dalla (10') si ha $\lim\limits_{t\to\infty}(Q-O)=0$ poichè h_1 è positivo.

II. *La traiettoria di M è una **ellisse**, o una **iperbole** di centro O, o una **retta**, secondochè:*

$$h_1{}^2+4h_2<0, \quad h_1{}^2+4h_2>0, \quad h_1{}^2+4h_2=0.$$

Se nel primo e secondo caso, si pone, rispettivamente:

$$\alpha^2=-(h_1{}^2+4h_2)/4, \quad \alpha^2=(h_1{}^2+4h_2)/4,$$

per la traiettoria di M si ha, rispettivamente:

(13)	$M=O+r_0\cos\alpha t . i +(w_0/\alpha)\operatorname{sen}\alpha t . j,$

(13')	$M=O+r_0\cosh\alpha t . i +(w_0/\alpha)\operatorname{senh}\alpha t . j,$

essendo r_0, w_0 costanti arbitrarie non nulle ed i, j vettori unitari costanti non paralleli. Nei due casi, i vettori $r_0 i$, $(w_0/\alpha) j$ dànno due semi diametri coniugati dell'ellisse o iperbole, e per gli elementi iniziali M_0, $M_0{}'$ si ha (per $t=0$):

(14)		$M_0=O+r_0 i, \quad M_0{}'=w_0 j;$

*quindi, in particolare, se la velocità iniziale $M_0{}'$ è normale alla retta $O M_0$, allora le rette Oi, Oj sono gli **assi** dell'ellisse o iperbole, e solo in tal caso.*

Nel terzo caso, essendo $M'' = 0$, si ha:

$$(15) \qquad M' = M_0', \quad M = M_0 + t M_0';$$

*il moto di M è **rettilineo** ed **uniforme**; la traiettoria passa per O nel solo caso che M_0' sia parallelo ad $M_0 - O$.*

La formula (13) è già nota [cfr. Cap. I, n. 4, es. 1°]. La formula (13') si ottiene con procedimento analogo, facendo uso delle *funzioni iperboliche.*

Le (14) si hanno subito dalle (13), (13'), dopo averle derivate, ponendo $t = 0$.

Le (15) sono evidenti e non hanno bisogno di schiarimenti.

III. *Se siamo nel caso della* (13), *cioè se la traiettoria di M è un'ellisse, allora il tempo τ che M impiega a percorrerla, partendo da M_0 per tornare ad M_0, risulta dato da:*

$$(16) \qquad \tau = 2\pi / \alpha = 4\pi / \sqrt{-(h_1{}^2 + 4 h_2)},$$

*che è indipendente dalle condizioni iniziali, e quindi il moto di M è **isocrono**. Inoltre: il tempo che M impiega a percorrere l'ellisse quando il mezzo è resistente ($h_1 > 0$) è maggiore del tempo che M impiegherebbe a percorrere l'ellisse nel caso del mezzo non resistente ($h_1 = 0$).*

Infatti. La (13) dà lo stesso punto M_0 quando $t = 0$ e quando $t = 2\pi / \alpha$. Se τ_1 è il tempo per il caso di $h_1 = 0$, allora si ha $\tau_1 = 2\pi / \sqrt{-h_2}$ cioè $\tau > \tau_1$.

IV. *La traiettoria di M sia ancora un'ellisse, e si supponga:*

$$r_0 > w_0 / \alpha, \quad i \times j = 0,$$

*cioè si supponga che le rette Oi, Oj siano, rispettivamente, **asse maggiore** e **asse minore**.*

Dando a t i valori [cfr. III]:

(17) $\qquad n\,\mathcal{T}/2$,   con $n = 0, 1, 2, \ldots$

*il punto M è in uno degli estremi dell'**asse maggiore**; mentre dando a t i valori:*

(17') $\qquad (2n+1)\,\mathcal{T}/4$,   con $n = 0, 1, 2, \ldots$

*il punto M viene a trovarsi in uno degli estremi dell'**asse minore**.*

Per i valori (17) *e* (17') *di t, le velocità di M sono, rispettivamente:*

$$\pm w_0 \boldsymbol{j}, \quad \pm r_0 \alpha \boldsymbol{i},$$

cioè [cfr. (16)] *hanno grandezza, rispettivamente, **minima** e **massima**.*

Se Q, Q_1 sono le posizioni di Q nei tempi t, $t + \mathcal{T}$, allora si ha:

(18) $\quad Q_1 - O = e^{-h_1 \mathcal{T}/2}(Q - O), \quad Q_1' = e^{-h_1 \mathcal{T}/2} Q'.$

In conseguenza:

*due successive intersezioni della linea descritta da Q, con una semi-retta qualunque uscente da O, hanno distanze da O il cui rapporto è $e^{-h_1 \mathcal{T}/2}$, e anche le grandezze delle velocità in tali punti hanno lo stesso rapporto; cioè tanto la traiettoria quanto la velocità di Q vanno **smorzandosi** col crescere di t;*

per i valori (17), (17') *di t la distanza OQ passa per dei **massimi e minimi**, mentre la velocità Q' di Q passa per dei **minimi e massimi**; però questi mas-*

simi e minimi vanno **diminuendo** *col crescere di t, cioè vanno* **smorzandosi**.

Basta derivare la (13) per vedere subito che assumendo come valori di t quelli dati dalle (17), (17'), si hanno le indicate posizioni di M e le relative velocità [cfr. (16)].

Dalla (10') si ha:

$$Q_1 - O = e^{-h_1(t+\tau)/2}(M - O),$$

che per la (10') stessa dà subito la prima (18); questa, derivata rispetto a t, dà la seconda.

Dalle (18) segue subito che il rapporto delle distanze OQ_1, OQ e delle grandezze delle velocità in Q_1 e Q è $e^{-h_1\tau/2}$. Da questo segue, senz'altro, quanto abbiamo affermato riguardo ai valori particolari (17), (17') di t.

Dunque, nel caso che M descriva un'ellisse, *l'effetto della resistenza del mezzo è quello di fare aumentare il periodo rivolutivo τ di M, e rendere decrescente le distanze di Q da O e le relative velocità.*

Tornando, sotto la stessa ipotesi, a considerare il moto pendolare di P, vediamo che l'asticella OP forma con la verticale Ok degli angoli che passano successivamente per dei valori massimi e minimi, valori che vanno *smorzandosi*, in guisa che OP tende alla verticale.

d) **Caso delle piccole oscillazioni.** Consideriamo il caso, notevole, che le oscillazioni di P siano molto piccole, e, precisamente, tali che: z si possa ritenere identica ad a a meno di infinitesimi, e che si possano trascurare le potenze di v superiori alla prima.

In tali ipotesi la (4) dà:

$$(19) \qquad\qquad h_2 a + h_3 = 0.$$

Nel caso di (m, P) punto *pesante* si ha $h_3 = g$ e quindi risulta dalla (19) che h_2 è costante.

Nelle piccole oscillazioni si può ritenere che la resistenza del mezzo sia proporzionale alla velocità, cioè h_1 sia costante.

Essendo h_1 costante, $h_3 = g$, $h_2 = - g/a$, siamo nel caso considerato in *c*) e il moto del pendolo, per le piccole oscillazioni, è così già studiato.

e) **La resistenza del mezzo è nulla.** Supponiamo $h_1 = 0$, cioè che il mezzo nel quale si muove P sia non resistente. Inoltre, per considerare il caso pratico, supponiamo (m, P) *pesante* é quindi, *k* verticale (dall'alto al basso) e $h_3 = g$.

In tali ipotesi le (5), (6) [cfr. *a*)] si integrano subito, e, insieme alla (4), che ripetiamo, si ha:

$$(20) \quad \begin{cases} v^2 = - h_2 a^2 - gz, \\ v^2 = h + 2gz, \\ (P - O) \wedge P' \times k = c \quad \text{con } h, c \text{ costanti arbitrarie.} \end{cases}$$

Intanto dalle prime due si ricava, eliminando v:

$$(21) \qquad h_2 = - (h + 3gz)/a^2,$$

e quindi: *l'intensità della resistenza dell'asticella OP è:*

$$(21') \qquad m(h + 3gz)/a \ *).$$

---

*) Essendo $h_1 = 0$, la (10) [cfr. *c*)] dà $M = Q$ e quindi basta considerare la proiezione Q di P sul piano equatoriale.

Le ultime due (20), *integrale della forza viva* ed *integrale delle aree rispetto all'asse Ok*, permettono la determinazione del moto mediante quadrature. Queste quadrature e la discussione del moto richiedono il sussidio delle funzioni ellittiche e noi non ci occupiamo di tale questione *).

f) **Pendolo circolare.** Supponiamo ancora k verticale e $h_3 = g$, cioè che il punto-massa (m, P) sia pesante. Inoltre le condizioni iniziali del moto siano tali che:

$$(P_0 - O) \wedge P_0' \times k = 0,$$

cioè, che la velocità iniziale sia diretta secondo la tangente ad un meridiano verticale della sfera.

---

*) Dalla (7) [cfr. b)] e dall'ultima delle (20) si ha subito:

$$(a) \qquad (Q - O) \wedge Q' \times k = c.$$

Fissato nel piano equatoriale il sistema polare O, a, r, θ si ha, come è noto:

$$Q = O + r e^{i\theta} a, \qquad Q' = r' e^{i\theta} a + r\theta' e^{i\theta} i a;$$

tenuto conto della (a) e delle (20), (7), (1) si hanno le formule:

$$r^2 \theta' = c, \qquad r'^2 + r^2 \theta'^2 + z'^2 = h + 2gz,$$
$$r^2 + z^2 = a^2, \qquad r r' + z z' = 0,$$

dalle quali si trae:

$$(b) \quad dt = \pm (a\,dz)/\sqrt{f(z)}, \quad d\theta = \pm (ac\,dz)/\left[(a^2 - z^2)\sqrt{f(z)}\right],$$

essendosi posto:

$$f(z) = (a^2 - z^2)(h + 2gz) - c^2.$$

Dalle (b), con due quadrature, si ha una relazione tra z e t; un'altra tra θ e z che dà una superficie sulla quale, e sulla sfera di centro O e raggio a, stà la traiettoria di P.

Sotto tali ipotesi è noto [cfr. n. 3, (α)] che il moto di P avviene nel piano verticale $OP_0 k$ e la traiettoria è un arco di circonferenza. Ne segue che: *il punto Q del piano equatoriale* [cfr. *b*)] *si muove in una retta passante per O*, ed inoltre che [cfr. *c*)]: *il punto M si muove sulla stessa retta*.

È interessante il caso [cfr. *d*)], delle *piccole oscillazioni* che ora esaminiamo.

Essendo [cfr. *d*)], z prossimo ad a, v^2 trascurabile, la seconda delle (20) dà:

$$(22) \qquad h = -2ag,$$

e quindi la (21), concorde con la (19), dà:

$$(23) \qquad h_2 = -g/a,$$

e così l'intensità della resistenza dell'asticella è costante e il suo valore è g/a.

La resistenza del mezzo è da ritenersi [cfr. *d*)] proporzionale alla velocità e quindi [cfr. *c*), II], per la traiettoria di M siamo nel caso ellittico; ma il moto di M dovendo avvenire su d'una retta, si avrà, come si vede facilmente [cfr. *c*), (13)], $w_0 = 0$ e quindi il moto di M è armonico [cfr. Cap. I, n. 5, *a*)]. In conseguenza il pendolo ha oscillazioni piccolissime, sempre smorzate, ma è *isocrono*.

La durata τ di un'intera oscillazione si ricava dalle formule (16), (23),

$$(24) \qquad \tau = 2\pi \sqrt{\frac{a}{g}},$$

che, naturalmente, è indipendente dall'ampiezza della piccola oscillazione *).

6. Pendolo di lunghezza variabile.

Si conservino le ipotesi e notazioni stabilite al principio del n. 1, eccettuata l'invariabilità della distanza di P da O; e si supponga, invece, che P possa avvicinàrsi ed allontanarsi da O, almeno di quantità infinitesime, pur essendo collegato ad O con filo, o asticella *elastica*, od in altro modo.

L'equazione differenziale del moto di P è ancora data da [cfr. n. 5, (2)]:

$$(1) \qquad P'' = -h_1 P' + h_2(P-O) + h_3 k.$$

Operando nei due membri con $(P-O)\wedge$ e ricordando, come si è notato più volte, che $(P-O)\wedge P''$ è la deri-

---

*) Supposto $h_1 = 0$, mezzo *non resistente*, ancora $h_3 = g$ con k verticale, e supposte le oscillazioni non piccolissime, la determinazione del moto si può fare con quadrature.

Se θ è l'angolo che $P-O$ fà con k, allora si ha:

$$v = a\theta', \quad x = a\cos\theta, \quad a^2\theta'^2 = h + 2ga\cos\theta,$$

da cui risulta:

$$t - t_0 = a\int_{\theta_0}^{\theta} \frac{d\theta}{\sqrt{h + 2ga\cos\theta}},$$

integrale che si sa fare sotto forma finita per $h = 2ga$, e che è ellittico di prima specie per gli altri valori di h. Si noti che dato v_0 la costante h si ricava dalla seconda (20).

Non diamo ulteriore sviluppo a questo argomento.

vata di $(P-O) \wedge P'$, si ha la formula:

$$(2) \quad \frac{d}{dt}[(P-O) \wedge P'] + h_1(P-O) \wedge P' = h_3(P-O) \wedge k.$$

Si facciano ora le seguenti ipotesi:

ρ è la distanza, variabile, di P da O;

θ è l'angolo che $P-O$ fà con k;

nei tempi t_0, t_1, ... gli elementi P, ρ, θ si indicano con le stesse lettere, alle quali si pongono gli indici $0, 1, ...$;

il tempo t_0 si dirà tempo iniziale.

Il punto P parta dalla posizione iniziale P_0 con velocità nulla. In tal caso è noto [cfr. n. 3, (α)] che: *il moto di P avviene in un piano il quale passa per la retta Ok.*

In questo piano del moto si ha:

$$P = O + \rho e^{i\theta} k,$$

e quindi è facilissimo dare alla (2) la forma:

$$(3) \quad \frac{d}{dt}\left(\rho^2 \frac{d\theta}{dt}\right) + h_1 \rho^2 \frac{d\theta}{dt} = h_3 \rho \operatorname{sen} \theta,$$

tenendo presente che la traiettoria sarà data da ρ funzione di θ.

Il punto P, partendo, nel tempo t_0, dal punto P_0 con velocità nulla, raggiungerà, nel tempo $t_1 > t_0$, la posizione P_1, pure con velocità nulla, dopo essere passato per un punto A situato sulla retta Ok. Per maggior chiarezza indichiamo con h_3^*, ρ^*, θ^* i valori di h_3, ρ, θ relativi all'arco di traiettoria compreso fra A e P_1.

Sotto queste ipotesi si ha la relazione :

$$(4) \qquad \int_0^{\theta_0} h_3\, \rho^3 \operatorname{sen}\theta\, d\theta \gtreqless \int_0^{\theta_1} h_3{}^*\, \rho^{*3} \operatorname{sen}\theta^*\, d\theta^*.$$

Infatti. Moltiplicando la (3) per $\rho^2\, d\theta$ si ha :

$$\frac{1}{2}\, d\left(\rho^2\, \frac{d\theta}{dt}\right)^2 + h_1\left(\rho^2\, \frac{d\theta}{dt}\right)^2 dt = h_3\, \rho^3 \operatorname{sen}\theta\, d\theta\,;$$

integrando fra t_0 e t_1, ai quali corrispondono evidentemente i valori $-\theta_0$, θ_1 di θ, e osservando che le velocità di P_0 e P_1 sono nulle, si ha subito :

$$\int_{t_0}^{t_1} h_1\left(\rho^2\, \frac{d\theta}{dt}\right)^2 dt = \int_{-\theta_0}^{\theta_1} h_3\, \rho^3 \operatorname{sen}\theta\, d\theta\,.$$

Ricordando che $h_1 \gtreqless 0$ e che $t_1 > t_0$ ne segue :

$$\int_{-\theta_0}^{\theta_1} h_3\, \rho^3 \operatorname{sen}\theta\, d\theta \gtreqless 0\,,$$

relazione alla quale si può dare la forma :

$$\int_0^{\theta_1} h_3{}^*\, \rho^{*3} \operatorname{sen}\theta^*\, d\theta^* \geqq \int_0^{\theta_0} h_3\, \rho^3 \operatorname{sen}\theta\, d\theta\,,$$

che è precisamente la (4).

Dalla (4) risulta il seguente teorema :

Se il pendolo P si muove, sotto l'azione del proprio peso, in un mezzo resistente e se le lunghezze del pendolo per i punti dell'arco $P_0 A$ di traiettoria, sono *maggiori di quelle corrispondenti, rispetto a* θ, *ai punti dell'arco* AP_1, *si ha necessariamente* $\theta_1 > \theta_0$.

Infatti. Nel caso attuale, h_3 ò la costante g e quindi se $\rho > \rho^*$, affinchè la (4) possa sussistere dev'essere $\theta_1 > \theta_0$.

Ne segue che: *per aumentare l'ampiezza dell'oscillazione di un pendolo pesante, si deve allungare il pendolo finchè, durante il moto, il valore assoluto dell'angolo* θ *che esso fà con la verticale diminuisce, e si deve accorciarlo quando tale angolo cresce.*

Questa proprietà trova, come è ben noto, la sua conferma sperimentale nel giuoco dell'altalena; l'allungamento, o l'accorciamento del pendolo, è ottenuto con l'abbassarsi od alzarsi dell'uomo che stà sull'altalena, cioè con l'allontanare od avvicinare il suo centro di gravità al punto di sospensione.

Essa è stata stabilita dal Prof. G. Peano per $h_1 = 0$, cioè nel caso del moto in assenza di resistenza; ed allora nella (4) vale il segno $=$ *).

7. Moto di rotazione d'un sistema rigido intorno ad un asse.

Il sistema *rigido* S, possa girare intorno ad un asse fisso, perfettamente liscio, OO_1, essendo O, O_1 punti fissi, e distinti, del sistema.

Indicheremo con a il vettore unitario, costante, diretto da O ad O_1, con h la distanza, costante, di O

---

*) G. Peano. *Sul pendolo di lunghezza variabile* (Rendiconti del Circolo Matematico di Palermo, Tomo X, a. 1896).

da O_1; dimodochè si avrà:

$$(0) \qquad\qquad O_1 = O + ha.$$

Sia S_0 la posizione del sistema nel tempo t_0, iniziale, e θ, funzione di t, l'angolo del quale deve ruotare S_0 per acquistare la posizione generica S nel tempo t. È chiaro che dato S_0 e θ, è determinata la posizione del sistema S nel tempo t, e che quindi, S ha *un sol grado di libertà* [cfr. Cap. VI, n. 4, *a*)].

Per il vettore $\boldsymbol{\Omega}$ d'istantanea rotazione si ha:

$$(0_1) \qquad\qquad \boldsymbol{\Omega} = \omega\,\boldsymbol{a},$$

la grandezza ω della velocità d'istantanea rotazione essendo, ovviamente, data da:

$$(0_2) \qquad\qquad \omega = d\theta / dt.$$

a) **Equazione del moto.** *Se il moto del sistema materiale $S \not\equiv (m_i, P_i)$ è dovuto all'azione del sistema di forze $F \equiv (P_i, f_i)$ applicate ad S, allora l'equazione differenziale del moto è:*

$$(1_1) \qquad\qquad d(\omega^2 \mathfrak{I}_{O\boldsymbol{a}}) = 2\,\boldsymbol{M}_O \times \boldsymbol{a} \,.\, d\theta,$$

ovvero, sotto altra forma:

$$(1) \qquad\qquad \mathfrak{I}_{O\boldsymbol{a}} \frac{d^2\theta}{dt^2} = \boldsymbol{M}_O \times \boldsymbol{a},$$

essendo, come è noto, $\boldsymbol{M}_O$ il momento del sistema F rispetto ad O [cfr. Cap. VIII, n. 1, a)] e $\mathfrak{I}_{O\boldsymbol{a}}$ il momento d'inerzia del sistema materiale S rispetto all'asse fisso $O\boldsymbol{a}$ [cfr. Cap. VII, n. 4, a)].

Infatti. Applichiamo l'equazione differenziale della forza viva [cfr. Cap. X, n. 1, c'), (9)], ed osserviamo che, trattandosi di moto rotatorio intorno ad Oa, la forza viva vale, sottintendendo l'indice Oa ad $\mathfrak{I}$ [cfr. Cap. X, n. 2, b), (6)]:

$$T = \omega^2 . \mathfrak{I} / 2 ;$$

avremo in tal caso:

(a) $d(\omega^2 \mathfrak{I})/2 = $ « lavoro elementare di F su S ».

D'altra parte, nel moto rotatorio intorno ad Oa si ha:

$$dP_i = dt . \omega a \wedge (P_i - O) ;$$

perciò il lavoro elementare considerato vale:

(a') $\Sigma f_i \times dP_i = dt . \Sigma \omega a \wedge (P_i - O) \times f_i =$
$= dt . \omega a \times \Sigma (P_i - O) \wedge f_i = dt . \omega a \times M_O ;$

ma per la (O_2) l'ultimo membro vale $d\theta . a \times M_O$.

Sostituendo nella (a) si ottiene appunto la (1_1).

Siccome $d\omega^2 = 2\omega \, d\omega = 2\omega \, (d\omega / dt) dt$, dalle (1_1) e (O_2) segue subito la formula (1).

Si osservi l'analogia della (1) coll'equazione differenziale del moto rettilineo d'un punto-massa; alla massa risulta qui sostituito il momento d'inerzia $\mathfrak{I}$ rispetto all'asse Oa; allo spazio rettilineo è sostituito l'angolo di rotazione θ (spazio curvilineo percorso da un punto a distanza 1 dall'asse); alla proiezione della forza applicata è sostituito il momento, rispetto all'asse di rotazione, delle forze agenti.

Il momento M_O è conosciuto, ed è una certa funzione di t, P_i, P_i' cioè di t, θ, $d\theta / dt$. La legge del moto s'otterrà determinando θ, in funzione del tempo, in modo che sodisfi alla (1) e si abbia, nel tempo t_0

iniziale, $\theta = 0$, $d\theta/dt = \omega_0$, essendo ω_0 la grandezza della velocità angolare iniziale data.

Risulta, ovviamente, dalla (1), che nel calcolare il secondo membro si possono omettere le forze di F le cui linee d'azione incontrano l'asse Oa; in particolare le *reazioni* dei punti fissi O, O_1.

È notevole il caso che il sistema S sia in equilibrio sotto l'azione del sistema di forze F. Precisamente si ha:

Se S è in equilibrio sotto l'azione di F, allora S o è in quiete, ovvero ruota uniformemente intorno ad Oa. Viceversa: *Se S è in quiete, o ruota uniformemente intorno ad Oa, allora S è in equilibrio sotto l'azione di F.*

Infatti. Si ha $\boldsymbol{M}_O \times a = 0$ nel solo caso che S sia in equilibrio sotto l'azione di F [cfr. Cap. VIII, n. 5, c)]; tale condizione equivale, per la (1), a $d\theta/dt = \text{cost.}$; ecc.

b) **Pressioni esercitate contro l'asse.** Indichiamo con r, r_1 i vettori delle forze [cfr. Cap. VIII, n.5, c)] *reazioni* dei punti fissi O, O_1. Se su S è applicato il sistema di forze F, possiamo ritenere S come *libero* sotto l'azione di F e delle reazioni vincolari (O, r), (O_1, r_1).

Stando queste ipotesi, F ed r, r_1 sono legati dalle relazioni:

$$(2) \quad \begin{cases} \boldsymbol{R} + r + r_1 = d\boldsymbol{R}^*/dt, \\ \boldsymbol{M}_O + h.a \wedge r_1 = d\boldsymbol{M}_O^*/dt; \end{cases}$$

alle quali si può dare la forma:

$$(3) \quad \begin{cases} r + r_1 = -\boldsymbol{R} - m\omega'.a \wedge (G - O) + m\omega^2 (a\wedge)^2 (G - O), \\ h.a \wedge r_1 = -\boldsymbol{M}_O + \omega'.\eta_O a + \omega^2.a \wedge \eta_O a. \end{cases}$$

Essendo S libero sotto l'azione simultanea (composizione) di F, $(O,\ r)$, $(O_1,\ r_1)$, le equazioni del moto sono appunto date dalle (2) [cfr. Cap. X, n. 3, *a*), (*a*); n. 2, *c*), (8)].

Trasformiamo ora le (2). Il moto essendo rotatorio intorno ad Oa si ha [cfr. Cap. X, n. 2, *b*), (6)]:

$$\boldsymbol{R}^* = m\omega \cdot a \wedge (G - O), \quad \boldsymbol{M}o^* = \omega \cdot \eta_O a\,;$$

in conseguenza si ha:

$$(a) \quad \begin{cases} d\boldsymbol{R}^*/dt = m\omega' \cdot a \wedge (G - O) + m\omega \cdot a \wedge G', \\ d\boldsymbol{M}o^*/dt = \omega' \cdot \eta_O a + \omega \cdot d(\eta_O a)/dt\,; \end{cases}$$

ma è chiaro che:

$$G' = \omega \cdot a \wedge (G - O), \quad d(\eta_O a)/dt = \omega \cdot a \wedge \eta_O a,$$

perciò sostituendo nelle (*a*), poi nelle (2), si hanno le (3).

Si noti che: nelle (3) al posto di ω', che vale $d^2\theta/dt^2$, si può porre il valore dato dalla (1); la stessa (1) si ricava dall'ultima (3) moltiplicando ($\times$) i suoi due membri per il vettore a.

Le (3), ovvero le (2), non bastano, come è ben noto [cfr. Cap. VIII, n. 5, *c*), (*a*)], per determinare le forze $(O,\ r)$, $(O_1,\ r_1)$ reazioni dei punti fissi, potendosi sempre unire (composizione) le reazioni opposte, d'intensità arbitraria, $(O,\ ka)$, $(O_1,\ -ka)$, ed aventi come linea d'azione l'asse fisso.

Se il sistema S è in equilibrio sotto l'azione del sistema di forze F, allora le (3) divengono:

$$(4) \quad \begin{cases} r + r_1 = m\omega^2 (a \wedge)^2 (G - O), \\ h \cdot a \wedge r_1 = \omega^2 \cdot a \wedge \eta_O a. \end{cases}$$

Infatti per l'equilibrio si ha [cfr. Cap. VIII, n. 2, *b*), Teor. I] che $R = 0$ e $M = 0$. Inoltre [cfr. *a*)] $\omega' = 0$ e quindi dalle formule (3) risultano le (4).

Se il sistema S è in equilibrio sotto l'azione del sistema di forze F, allora: affinchè le reazioni dei punti O, O_1 siano nulle, ovvero siano opposte avendo l'asse Oa come linea d'azione, è **necessario e sufficiente** *che siano sodisfatte queste due condizioni:*

    1ª *Il baricentro G di S stà sull'asse di rotazione;*

    2ª *L'asse di rotazione è asse principale d'inerzia rispetto al punto O.*

In virtù dell'ipotesi valgono le (4). Se i loro primi membri sono nulli allora:

$$ a \wedge (G - O) = 0 \quad e \quad a \wedge \eta_O a = 0, $$

il che prova che le due condizioni sono *necessarie*.

Viceversa: se le due condizioni sono sodisfatte i secondi membri delle (4) sono nulli e in conseguenza:

$$ r + r_1 = 0 \quad e \quad a \wedge r_1 = 0, $$

il che prova che le due condizioni sono *sufficienti*.

Da ciò segue subito il notevole teorema:

Se un corpo rigido libero, che non è sotto l'azione di forze direttamente applicate, ruota inizialmente intorno ad uno dei suoi assi principali d'inerzia, il quale contenga il baricentro del corpo, esso **continuerà a ruotare** *intorno a tale asse con* **moto uniforme.**

Le sole rette intorno alle quali il corpo può ruotare

*spontaneamente sono, dunque, **gli assi dell'ellissoide d'inerzia rispetto al baricentro.***

Per questa ragione, tali assi si chiamano *assi permanenti di rotazione*, ovvero anche *assi di spontanea rotazione* del corpo.

c) **Forze posizionali.** Si supponga che i vettori f_i delle forze del sistema $F \equiv (P_i, f_i)$ siano funzioni soltanto, rispettivamente, dei punti P_i, e non delle velocità P_i' di questi punti e non *esplicitamente* del tempo t. Diremo, in tali ipotesi, che F è *sistema posizionale.*

Se il sistema F di forze che pone in moto il sistema S è posizionale, allora esiste il potenziale U delle forze e si ha la formula:

$$(5) \qquad U = \int \boldsymbol{M}_O \times \boldsymbol{a} \, d\theta .$$

Dalla (a') di $a)$ e dalla (O_2) si ha:

$$\Sigma f_i \times dP_i = \boldsymbol{M}_O \times \boldsymbol{a} . d\theta ;$$

ma il primo membro è, insieme ad $\boldsymbol{M}_O \times \boldsymbol{a}$, e per le ipotesi fatte, funzione soltanto di θ e quindi esiste U per il quale vale la formula (5).

Stando le ipotesi precedenti, il problema del moto di S [cfr. $a)$] si riduce ad una quadratura e si ha:

$$(6) \qquad t = \int_0^\theta d\theta \Big/ \sqrt{\omega_0^2 + (2/\Im_{O_a}) \int_0^\theta \boldsymbol{M}_O \times \boldsymbol{a} . d\theta } .$$

Infatti. Nell'ipotesi fatta, $\boldsymbol{M}_O \times \boldsymbol{a}$ è funzione soltanto di θ

e perciò la (1_1) con una prima integrazione porge:

$$(\omega^2 - \omega_0^2)\, \mathfrak{I} = 2\int_0^\theta \boldsymbol{M} \times \boldsymbol{a} \,.\, d\theta,$$

da cui, in virtù della (0_2):

$$(d\theta/dt)^2 = \omega_0^2 + (2/\mathfrak{I})\int_0^\theta \boldsymbol{M} \times \boldsymbol{a} \,.\, d\theta,$$

che dimostra la (6).

Introdotto il potenziale U, dato dalla (5), la (6) assume la forma più semplice:

$$(6') \qquad t = \int_0^\theta d\theta \,/\, \sqrt{\omega_0^2 + 2U/\mathfrak{I}_{0\boldsymbol{a}}}\,.$$

d) **Piccole oscillazioni.** Stabiliamo le seguenti ipotesi:

F è sistema posizionale [cfr. *c*)];

S ammette una posizione che è d'*equilibrio stabile* [cfr. Cap. X, n. 1, *f*], e che corrisponde al valore 0 di θ, e ciò senza toglier nulla alla generalità;

si considerano le *piccole oscillazioni* di S nelle vicinanze della posizione d'equilibrio stabile, cioè si considerano valori così piccoli di θ che possano esser *trascurate* le potenze di θ superiori alla prima.

Intanto [cfr. Cap. X, n. 1, *f*)], si ha che: *per la posizione d'equilibrio stabile* [cfr. *c*), (5)], *il potenziale U dev'essere* **massimo**, *cioè si deve avere:*

$$(7) \qquad dU/d\theta = 0, \quad d^2U/d\theta^2 < 0 \quad (per\ \theta = 0).$$

Stando le ipotesi ora fatte, si ha:

Per i valori di θ *prossimi a zero, sono determinate le costanti positive* α, β *tali che:*

$$(8) \qquad dU/d\theta = -\alpha\theta, \quad con \quad \alpha > 0,$$

$$(9) \qquad d^2\theta/dt^2 = -\beta^2\theta, \quad con \quad \beta^2 = \alpha/\Im_{O_a},$$

ed in conseguenza:

$$(10) \qquad \theta = c\cos(\beta t + \gamma),$$

ove c, γ *sono costanti, e cioè le costanti d'integrazione della* (9), *le quali si determinano in guisa che siano sodisfatte le condizioni iniziali.*

Infatti. Sviluppando $dU/d\theta$ secondo le potenze di θ, si ha la forma (8) poichè si possono trascurare le potenze θ^2, θ^3, ... di θ, e vale la prima delle (7) per $\theta = 0$. Derivando la prima (8) rispetto a θ e tenendo conto della seconda (7), per $\theta = 0$, risulta $\alpha > 0$.

Da questo e dalle (1), (5), risultano subito le (9).

La prima (9) è equazione differenziale del secondo ordine il cui integrale generale [cfr. Cap. I, n. 5, *a*)] è appunto dato dalla (10).

Il moto di S nei dintorni della posizione d'equilibrio stabile, è un moto **oscillatorio***; il* **periodo d'oscillazione** *è:*

$$(11) \qquad \mathcal{T} = 2\pi/\beta = 2\pi\sqrt{\Im_{O_a}/\alpha},$$

indipendente dalle condizioni iniziali, e quindi le oscillazioni sono **isocrone***.*

Ciò risulta subito dalle (10), (9) [cfr. Cap. I, n. 5, *a*)].

Il *massimo* valore di θ [cfr. (10)] è c che può chiamarsi *ampiezza angolare* dell'oscillazione; essa dipende dalle condizioni iniziali.

Si osservi che dalla (11) risulta:

$$(11') \qquad \alpha = 4\pi^2 \mathfrak{I}_{Oa} / \mathcal{T}^2,$$

la quale può servire a determinare *sperimentalmente* α. Una volta ottenuta α, ed osservando che per le (5), (8), si ha, ovviamente:

$$M_O \times a = - \alpha\theta,$$

risulta, pure sperimentalmente, il momento del sistema F di forze rispetto all'asse d'oscillazione Oa.

e) **Pendolo composto.** Chiamasi, genericamente, *pendolo composto* il sistema rigido S formato da un solido *pesante* girevole intorno ad un *asse orizzontale*, Oa, che si chiama *asse di sospensione*.

Sappiamo già [cfr. Cap. X, n. 1, *f*)] che un tale sistema, pendolo composto, ammette una posizione di *equilibrio stabile*; precisamente quella nella quale il baricentro G di S stà nel piano verticale passante per l'asse di rotazione Oa ed al disotto dell'asse stesso.

Ciò posto facciamo le convenzioni seguenti:

l'angolo θ si conta dalla posizione d'equilibrio stabile e quindi in tale posizione $\theta = 0$;

sia $\mathfrak{R}$ il *raggio d'inerzia* [cfr. Cap. VII, n. 4, *a*)] del sistema S rispetto all'asse Ga, cioè rispetto alla retta che passa per il baricentro G di S ed è parallela all'asse di sospensione;

sia l la distanza del baricentro G dall'asse Oa di sospensione;

si definisca la lunghezza a ponendo:

$$(11) \qquad a = l + \Re^2/l;$$

si indichi con A un punto del piano verticale uscente da Oa, distante di a da tale asse e situato al disotto dell'asse stesso;

sia, come al solito, m la massa totale del sistema S.

Giova osservare subito che: *Il sistema di forze, pesi, applicato ad S, ammette il potenziale:*

$$(12) \qquad U = m g l \cos\theta$$

e che la relazione tra $\Im_{Oa}$, m, $\Re$, l *è data da:*

$$(13) \qquad \Im_{Oa} = m(\Re^2 + l^2) = m a l.$$

La (12) risulta dal Cap. X, n. 1, *b*), es. 3°, e la (13) dalle formule (8), (13') del Cap. VII, n. 4 e dalla (11).

Ciò stabilito, si ha il teorema notevole:

Il punto-massa (m, A), *rigidamente collegato con S, e che nella posizione d'equilibrio stabile di S stà verticalmente al disotto del baricentro G alla distanza* $\Re^2/l$, *oscilla come un* **pendolo semplice** [cfr. n. 5, *f*)] *di lunghezza a*. Ovvero, sotto forma generica: *Il pendolo composto S oscilla intorno ad Oa, come un pendolo semplice di lunghezza a*.

Il sistema S ha un sol grado di libertà e quindi l'equazione del moto si ricaverà [cfr. Cap. X, n. 4, *h*)] dall'integrale della forza viva. Tale integrale, tenendo presente una nota espressione di $2T$ [cfr. Cap. X, n. 1, *c*), (8'')],

$$2T = \omega^2 \mathfrak{J}_{Oa} = \omega^2 m (\mathfrak{R}^2 + l^2),$$

ci darà subito:

$$(\omega^2 - \omega_0{}^2)(\mathfrak{R}^2 + l^2) = 2gl(\cos\theta - \cos\theta_0),$$

ove ω_0 è la velocità angolare iniziale e θ_0 la deviazione angolare iniziale di S dalla posizione d'equilibrio stabile. Per la definizione di a, la formula precedente diviene:

$$\omega^2 = \omega_0{}^2 + \frac{2g}{a}(\cos\theta - \cos\theta_0).$$

Quest'equazione vale, in particolare, anche per il punto-massa (m, A), poichè per questo l'$\mathfrak{R}$ è nullo, punto-massa che è un pendolo semplice [cfr. n. 5, *f*)] di lunghezza a.

Si noti ancora, a conferma di ciò che precede, che, per θ piccolissimo, dalla (12), si ha:

$$dU/d\theta = -mgl\theta;$$

in conseguenza la (8) dà $\alpha = mgl$ e quindi dalle precedenti formule (11), (13), si trae:

$$\tau = 2\pi\sqrt{a/g},$$

che è appunto [cfr. n. 5, *f*), (24)] la formula che dà il periodo d'oscillazione, e per piccole oscillazioni, del pendolo semplice di lunghezza a.

La proprietà sopra esposta per il punto-massa (m, A) vale, evidentemente, per tutti i punti della retta Aa condotta da A parallelamente all'asse Oa di sospensione.

La retta Aa, ora considerata, chiamasi, di solito, *asse d'oscillazione*.

Si noti che la lunghezza a, definita dalla (11) varia col variare di l; il suo *minimo* si ha per $l = \Re^2 / l$, cioè per $l = \Re$; il massimo non esiste. Per $l = \Re$ il baricentro G risulta equidistante dall'asse di *sospensione* e dall'asse d'*oscillazione* ed a questa posizione corrisponde un'*oscillazione di durata minima*.

Mediante il teorema precedente, lo studio del moto rotatorio d'un corpo rigido pesante intorno ad un asse orizzontale, viene ridotto a quello [cfr. n. 5, *f*)] del pendolo semplice.

Si chiama **lunghezza** *del pendolo composto* la quantità a, cioè la lunghezza del pendolo semplice che compie oscillazioni *sincrone* con le sue.

　　f) **Reversibilità del pendolo composto.** Stando le ipotesi *e*) si ha il teorema:

Se, nel pendolo composto, si assume come asse di sospensione l'asse d'oscillazione, allora il nuovo asse d'oscillazione è il primitivo asse di sospensione.

Supponiamo di far ruotare S intorno alla retta Aa che era prima *asse d'oscillazione*, e indichiamo con l_1 la sua distanza da G. Sia $O_0 a$ il nuovo asse d'oscillazione ed a_1 la lunghezza del nuovo pendolo. Avremo:

$$a_1 = l_1 + \Re^2 / l_1 \, ;$$

ma si ha, ovviamente:

$$l_1 = a - l = \Re^2 / l, \quad \text{cioè} \quad \Re^2 / l_1 = l\, ;$$

quindi sostituendo:

$$a_1 = \Re^2 / l + l = a\, ;$$

vale a dire il nuovo asse d'oscillazinoe è la retta Oa, il che dimostra il teorema.

8. Moto d'un punto-massa ritenuto, con attrito, da una linea.

Il punto-massa (m, P) si muova in virtù dell'azione della forza (P, f), essendo obbligato a percorrere una linea (traiettoria) data, *vincolo* del sistema.

Nel punto generico P della linea (traiettoria) data, si considerino i soliti elementi s, ρ, τ, t, n, b legati dalle formule di Frenet [cfr. Intr. I, n. 6], e ricordiamo che per la velocità P' ed accelerazione P'' di P si ha [cfr. Cap. I, n. 1, f), (9)]:

$$(0) \qquad \begin{cases} P' = vt \\ P'' = v't + \dfrac{v^2}{\rho}\,n \end{cases} \qquad \text{con} \quad v = \operatorname{mod} P',$$

notando che le (0) valgono quando il moto avviene nel verso degli archi crescenti e che nel caso contrario bisogna, nelle (0), cambiare t in $-t$.

Il sistema (m, P) si può considerare come *libero* sotto l'azione, oltre che della forza (P, f), anche della forza (P, r) *resistenza del vincolo*. Il lavoro elementare effettivo, $r \times dP$, della resistenza vincolare, deve essere, o nullo, o negativo (altrimenti il vincolo produrrebbe forza viva), vale a dire deve essere $r \times P' \gtreqless 0$.

Si scomponga, ora, il vettore r in due: uno parallelo alla tangente in P, che indicheremo con $-uP'$, essendo, per l'osservazione precedente, $u \gtreqless 0$; l'altro r_n normale alla linea in P.

La forza (P, r) resta così scomposta in due:

una, la $(P, -uP')$ che è la *resistenza d'attrito*, che è, o nulla, per $u = 0$, *vincolo liscio*, ovvero di verso opposto a quello della velocità;

l'altra (P, r_n), normale alla linea, che si chiamerà, brevemente, *resistenza del vincolo*, l'attrito essendo già considerato a parte.

È noto che tra la resistenza d'attrito e la componente normale di r ha luogo la relazione:

$$(1) \quad \mathrm{mod}\,(uP') = h\,\mathrm{mod}\,r_n, \quad \text{cioè} \quad uv = h\,\mathrm{mod}\,r_n,$$

essendo h un numero reale *dato*, che si chiama *coefficiente d'attrito* [cfr. Cap. VIII, n. 6, *a*)].

Ciò posto, e in virtù del principio di D'ALEMBERT, l'equazione differenziale del moto è:

$$(2) \quad mP'' = -uP' + f + r_n.$$

a) **Equazione del moto sulla linea.** *Stando le ipotesi e notazioni precedenti, per il vettore r_n della resistenza del vincolo, si ha:*

$$(3) \quad r_n = m\frac{v^2}{\rho}\,n - f + f \times t \cdot t$$

e l'equazione del moto lungo la traiettoria data è:

$$(4) \quad m\frac{dv}{dt} = f \times t - h\sqrt{\left(m\frac{v^2}{\rho}\right)^2 - 2m\frac{v^2}{\rho}\cdot f \times n + (f \wedge t)^2}.$$

Infatti. Moltiplicando $(\times)$ la seconda delle (0) per mt e tenendo conto della (2) si ha, poichè $t \times r_n = 0$:

$$(a) \quad mv' = -uv + f \times t,$$

vale a dire, per la seconda delle (1):

(*b*) $$mv' = f \times t - h \bmod r_n.$$

Ora dalla seconda (0) e dalle (2), (*a*) si ha:

$$(mv^2/\rho)\,n = -mv't - uv\,t + f + r_n =$$
$$= -(-uv\,t + f \times t \,.\, t) - uv\,t + f + r_n =$$
$$= -f \times t \,.\, t + f + r_n,$$

che dimostra la (3). Quadrando la (3) e facendo semplici riduzioni si ha:

$$r_n^2 = (mv^2/\rho)^2 - (2mv^2/\rho)\,.\,f \times n + (f \wedge t)^2,$$

che, sostituita nella (*b*), dà la (4).

La (4) vale quando il moto di P avviene nel senso crescente dell'arco s della linea (P' e t di egual verso); nel caso contrario vale l'equazione che si ottiene dalla (4) cambiando t in $-t$.

Se si assume come verso degli archi crescenti quello della velocità iniziale, si determina v, e quindi s, in funzione di t, integrando la (4). La soluzione trovata sarà valida fino a che la velocità v non si annulla. Se v si annulla in un dato istante, e se in tale posizione P è in equilibrio, allora il moto cessa. Se, invece, non ha luogo l'equilibrio, il moto ulteriore, che avverrà nel verso della componente tangenziale di f, sarà ancora determinato dalla (4), o da quella che da essa si ottiene cambiando t in $-t$.

b) **Forza centripeta e centrifuga; pressione contro la linea.** Le forze seguenti, applicabili in P,

$$(5) \quad \left(P,\, m\,\frac{v^2}{\rho}\,n\right), \quad \left(P,\, -m\,\frac{v^2}{\rho}\,n\right), \quad (P,\, -r_n),$$

diconsi rispettivamente : *forza centripeta, forza centri-*
fuga, pressione contro la linea, del punto-massa (m, P)
il cui moto è dato dalla (2), ovvero dalla (4).

Le forze ora considerate sono determinate una volta
integrata la (4), cioè trovata la legge del moto.

Il vettore della forza centripeta [cfr. (0)] *è la pro-*
iezione, sulla normale principale della curva, del
vettore mP'' *della forza d'inerzia;* ovvero [cfr. (2)]
è la proiezione del vettore della risultante di tutte le
forze che agiscono sul punto-massa.

Si hanno i teoremi :

La pressione $(P, -r_n)$ *è la risultante della forza*
centrifuga e della componente normale (alla linea)
della forza (P, f) *direttamente applicata.*

Se la linea d'azione della forza (P, f) *stà nel*
piano osculatore in P alla linea, allora la pressione ha
per linea d'azione la normale principale; e viceversa.

Se la forza direttamente applicata è in ogni istante
nulla, o parallela alla tangente alla linea nel punto
d'applicazione, allora la pressione è eguale alla forza
centrifuga; e viceversa.

Se la linea che ritiene il punto è una retta $(1/\rho = 0)$,
allora la forza centrifuga e la centripeta sono nulle,
e la pressione è la componente normale (alla linea)
della forza applicata (P, f).

Se nella (3) si cambiano di segno i due membri, si ha :

$$-r_n = -(mv^2/\rho)n + (f - f \times t \cdot t);$$

tenendo presenti le (5), e osservando che $f - f \times t \cdot t$ è la componente normale di f, risultano subito i teoremi precedenti.

Sono notevoli le seguenti conseguenze pratiche del primo dei teoremi ora enunciati.

Il punto-massa sia *pesante*, descriva una *linea piana orizzontale* e il vettore b della *binormale*, certo *verticale*, sia diretto dall'alto al basso. In tal caso $f = mg\,b$ e la sua componente normale rispetto alla linea è ancora f. Ne segue che se α è l'angolo che il vettore r_n fà col vettore $-b$, si ha:

$$\tan \alpha = (m\,v^2/\rho)/(m\,g) = v^2/(g\,\rho).$$

Un cavallerizzo, ritto sul dorso d'un cavallo, che corre in una pista curva, deve inchinarsi, rispetto alla verticale e verso l'*interno* della pista, dell'angolo α, altrimenti sarebbe sbalzato fuori dalla pista.

Lo stesso dicasi per l'angolo d'inclinazione del piano d'una bicicletta e del ciclista, nel percorso d'una curva.

Nelle curve delle linee ferroviarie, allo scopo di evitare deragliamenti, la rotaia esterna è sopraelevata, rispetto a quella interna, in modo tale che, l'angolo del triangolo rettangolo, opposto al cateto sopraelevazione sia, appunto, l'angolo α sopra determinato, che dicesi, in tal caso, *angolo di sopraelevazione*.

Tale angolo di sopraelevazione si applica anche per l'inclinazione del suolo delle piste curve, ecc.

c) **Applicazione al moto d'un punto pesante lungo una retta inclinata.** Sia k vettore unitario verticale, diretto dall'alto al basso, e α l'angolo non nullo che la retta inclinata fà con la verticale. Si ha:

$$(6) \quad f = mg\,k, \quad f \times t = \varepsilon\,m g \cos \alpha, \quad (f \wedge t)^2 = m^2 g^2 \operatorname{sen}^2 \alpha$$

ove, per il moto in *salita* si ha $\varepsilon = -1$ e per il moto in *discesa* si ha $\varepsilon = 1$.

Il moto in salita è uniformemente ritardato e le relazioni tra la velocità v, lo spazio s percorso nel tempo t, e il tempo t sono:

$$(7) \quad \begin{cases} v = v_0 - g(\cos\alpha + h\,\mathrm{sen}\,\alpha)\,t, \\ s = v_0 t - g(\cos\alpha + h\,\mathrm{sen}\,\alpha)\,t^2/2, \\ v^2 = v_0^2 - 2g(\cos\alpha + h\,\mathrm{sen}\,\alpha)\,s\,; \end{cases}$$

essendo v_0 il valore di v per $t = 0$ (tempo iniziale).

Essendo $1/\rho = 0$, dalle (4), (6) si ha:

$$(a) \quad dv/dt = -g(\cos\alpha + h\,\mathrm{sen}\,\alpha),$$

che, integrata due volte, dà le prime due delle (7) perchè, come è ben noto, si ha $v = ds/dt$.

L'ultima delle (7) si può ottenere eliminando t fra le prime due; oppure dall'integrale della forza viva; oppure, più semplicemente, osservando che:

$$(b) \quad \frac{dv}{dt} = \frac{dv}{ds}\,v = \frac{1}{2}\frac{dv^2}{ds},$$

e allora la (a) dà subito, integrando, la terza delle (7).

*Il moto in **discesa** è, o **uniforme**, o **uniformemente accelerato**, o **uniformemente ritardato**, secondochè l'**angolo** φ **d'attrito** [cfr. Cap. VIII, n. 6, a)] è, o **eguale**, o **minore**, o **maggiore** del complemento di α, cioè dell'angolo che la retta fà con l'orizzonte.*

Le relazioni tra v, s, t sono:

$$(8) \quad \begin{cases} v = v_0 + g(\cos\alpha - h\,\mathrm{sen}\,\alpha)\,t, \\ s = v_0 t + g(\cos\alpha - h\,\mathrm{sen}\,\alpha)\,t^2/2, \\ v^2 = v_0{}^2 + 2g(\cos\alpha - h\,\mathrm{sen}\,\alpha)\,s\,. \end{cases}$$

Nel caso del moto **uniformemente ritardato,** *il mobile si ferma, e resta in quiete, dopo trascorso, dall'inizio* $t = 0$, *il tempo:*

$$(9) \qquad t_1 = v_0 / [g(h\,\mathrm{sen}\,\alpha - \cos\alpha)],$$

cioè dopo aver percorso, dall'inizio lo spazio:

$$(10) \qquad s_1 = v_0{}^2 / [2g(h\,\mathrm{sen}\,\alpha - \cos\alpha)].$$

Dalle (4), (6), essendo $1/\rho = 0$, si ha:

$$dv/dt = g(\cos\alpha - h\,\mathrm{sen}\,\alpha),$$

da cui, come per il teorema precedente, si ottengono le (8).

Se φ è l'angolo d'attrito, allora [cfr. Cap. VIII, n. 6, *a*) (*b*)], per esso vale la relazione $\mathrm{tang}\,\varphi = h$; ma si ha:

$$\cos\alpha - h\,\mathrm{sen}\,\alpha = \mathrm{sen}\,\alpha\,[\mathrm{tang}(\pi/2 - \alpha) - \mathrm{tang}\,\varphi],$$

e quindi:

$$\cos\alpha - h\,\mathrm{sen}\,\alpha \gtreqless 0 \quad \text{solo quando} \quad \pi/2 - \alpha \gtreqless \varphi,$$

il che dimostra la prima parte del teorema, in virtù della prima delle (8).

Le (9), (10) si ottengono dalle (8) per $v = 0$.

d) **Applicazione al moto d'un punto-massa lanciato lungo una linea.** *Se sul punto-massa, che è in moto*

*sulla linea e con velocità di grandezza v_0 nel tempo,
iniziale, $t = 0$, cui corrisponda $s = 0$, non agisce forza
direttamente applicata, cioè $f = 0$, allora: la grandezza v della velocità e il tempo t sono dati da:*

$$(11) \qquad v = v_0\, e^{-h\int_0^s ds/\varrho}, \qquad v_0\, t = \int_0^s e^{h\int_0^s ds/\varrho}\, ds,$$

in funzione dell'arco s della linea.

Infatti. Essendo $f = 0$, l'equazione (4) dà:

$$dv\,/\,dt = -\,hv^2\,/\,\rho,$$

dalla quale si ottiene subito [cfr. *c*), (*b*)]:

$$\frac{dv^2}{v^2} = -\,\frac{2h}{\rho}\, ds,$$

il cui integrale generale è appunto la prima delle (11), dovendo essere v_0 il valore di v per $t = 0$, cioè per $s = 0$.

Ricordando che $ds = v\,dt$, dalla prima delle (11), ora dimostrata, risulta subito la seconda.

Se la linea è una circonferenza di raggio a, allora $\rho = a$
e le formule (11) dànno:

$$v = v_0\, e^{-hs/a}, \qquad v_0\, t = a\,(e^{hs/a} - 1)\,/\,h,$$

dalle quali risulta:

$$s = \frac{a}{h}\, \log \frac{a + h\,v_0\,t}{a}.$$

e) **Caso della linea perfettamente liscia.** Se il moto
sulla linea avviene senza attrito, cioè $h = 0$, allora

la (4) assume le seguenti forme, tra loro equivalenti:

$$(12) \quad m\frac{dv}{dt}=f\times t\,, \quad \frac{m}{2}\frac{dv^2}{ds}=f\times t\,, \quad \frac{m}{2}dv^2=f\times dP,$$

che equivalgono, come risulta in modo ovvio, all'equazione della forza viva [cfr. Cap. X, n. 1, *c'*)].

Se la forza (P, f) è conservativa, cioè:

$$f=\operatorname{grad} U,$$

allora si ha dall'ultima (12) [cfr. Cap. X, n. 1, *d*)]:

$$(12') \qquad m\,(v^2-v_0{}^2)=2\,(U-U_0),$$

che ha la stessa forma d'una nota relazione nel caso del punto libero [cfr. Cap. XI, n. 1, *a*), (8)], come del resto era prevedibile [cfr. Cap. X, n. 4, *h*)]. Ne segue che : *se il punto si muove, dalla posizione iniziale P_0, con una velocità iniziale di data grandezza, su varie linee che lo ritengono senza attrito, la velocità con la quale esso raggiungerà una stessa superficie di livello, sarà sempre la medesima.*

Il punto mobile P sulla linea data si può considerare funzione d'una variabile numerica x; in particolare s, ovvero t. Supponiamo che f sia funzione soltanto di P (forza posizionale) e quindi di x. Allora indicando con P_x' la derivata di P rispetto ad x, l'ultima delle (12) dà subito:

$$(13) \qquad v^2=v_0{}^2+2\int_{x_0}^{x} f\times P_x'.\,dx\,;$$

e poichè $v^2 = P_x'^2 (dx/dt)^2$ si avrà pure:

$$(14) \qquad t = \pm \int_{x_0}^{x} \sqrt{\frac{P_x'^2}{v_0^2 + 2\int_{x_0}^{x} f \times P_x' \, . \, dx}} \; dx \, ,$$

prendendosi il segno $+$, ovvero $-$, secondochè x cresce, o pur no, insieme a t.

9. Moto d'un punto-massa ritenuto, con attrito, da una superficie.

Il punto-massa (m, P) si muova in virtù della azione della forza (P, f), essendo obbligato a rimanere su di una superficie Σ data e fissa, *vincolo* del sistema.

Il punto P, muovendosi, descriverà una linea di Σ per la quale vale tutto quanto abbiamo stabilito ed esposto nel n. 8.

Anche per il moto sulla superficie, si può considerare P come *libero*, sotto l'azione delle forze, (P, f) *direttamente applicata*, $(P, -uP')$ *con $u \geqq 0$, resistenza d'attrito*, (P, r_n) *resistenza del vincolo*, essendo r_n *normale alla superficie Σ in P* [cfr. n. 8].

La relazione tra uP' e r_n, essendo *dato* il *coefficiente d'attrito* h, è ancora [cfr. n. 8, (1)]:

$$(1) \qquad \mathrm{mod}(uP') = h \, \mathrm{mod} \, r_n, \quad \text{cioè} \quad uv = h \, \mathrm{mod} \, r_n$$

e l'equazione del moto è [cfr. n. 8, (2)]:

$$(2) \qquad mP'' = -uP' + f + r_n,$$

ovvero, sotto altra forma:

$$(2') \qquad m\,P'' = -\,h \bmod r_n \,.\, t + f + r_n .$$

Ci sarà spesso utile di considerare un vettore *unitario N normale alla superficie nel punto P*. Il verso di N può essere determinato come meglio ci conviene.

Osservando che r_n e N sono sempre paralleli, intendiamo fissato il verso di N in modo che:

$$(3) \qquad r_n = (\bmod r_n)\, N .$$

Dovremo pure considerare l'*omografia vettoriale*, che chiameremo *derivata di N rispetto a P*, e indicheremo con dN/dP, come quella omografia tale che, applicata ad un qualsiasi spostamento δP di P produce lo spostamento corrispondente δN di N; cioè tale che:

$$(4) \qquad \frac{dN}{dP}\, \delta P = \delta N .$$

    a) **Equazione del moto.** *L'equazione del moto sulla superficie è:*

$$(5) \qquad m\,P'' = f + \bmod r_n \,.\, [\,N - (h/v)\,P'\,],$$

ove per il $\bmod r_n$ *si ha:*

$$(6) \qquad \bmod r_n = -\,f \times N - m\,P' \times \frac{dN}{dP}\,P' .$$

Infatti. Si ha $N \times P' = 0$, e derivando rispetto a t:

$$(a) \qquad P' \times \frac{dN}{dP}\,P' + N \times P'' = 0 .$$

Moltiplicando ($\times$) la (2') per N, osservando che $N \times t = 0$ e tenendo conto della (3), si ha:

$$m P'' \times N = f \times N + \operatorname{mod} r_n;$$

da questa e dalla (a) si ha la (6); dalle (6), (3), (2) si ha la formula (5).

L'equazione della superficie Σ si può sempre considerare data sotto la forma:

$$(7) \qquad\qquad \psi(P) = 0;$$

allora se $\operatorname{grad}\psi \neq 0$ e si determina il segno di ψ in modo che:

$$N = \operatorname{grad}\psi / (\operatorname{mod}\operatorname{grad}\psi),$$

perchè $\operatorname{grad}\psi$ è sempre normale a Σ, si può nelle precedenti (5), (6) sostituire ad N tale valore. Allora la formula (5), col valore (6) di $\operatorname{mod} r_n$ e la (7), permettono di determinare la legge del moto.

Osserviamo che, essendo data, *posizione* e *velocità iniziale* P_0, P_0', del mobile, si può calcolare l'espressione che figura nel secondo membro della (6), che dovrà essere positivo.

b) **Pressione contro la superficie.** La forza $(P, -r_n)$ si chiama *pressione del punto contro la superficie*.

Tale pressione è nota in virtù delle (3), (6).

Il punto in moto descrive una linea e, come si è già fatto [cfr. n. 8, b)], si può considerare la *forza centripeta* e *centrifuga*.

Si ha il teorema: *La pressione del punto contro la superficie è la risultante delle componenti normali, rispetto alla superficie, della forza applicata e della forza centrifuga.*

È noto [cfr. n. 8, *a*), (3)] che, anche avendo r_n il nuovo significato:

(*a*) $$r_n = (mv^2/\rho)n - f + f \times t \cdot t;$$

moltiplicando ($\times$) per $- N$ si ha:

(*b*) $$- r_n \times N = f \times N - (mv^2/\rho) \cdot n \times N,$$

che dimostra il teorema [cfr. n. 8, *b*)] *).

Se il punto P si muove sulla superficie, senza che su di esso sia applicata direttamente una forza, allora la traiettoria è una **geodetica** *della superficie.*

Infatti, per $f = 0$, si ha, dalla (*a*), r_n parallelo ad n e quindi, per la (3), N parallelo ad n il che caratterizza le geodetiche di Σ **).

Se la superficie Σ è un piano allora la pressione è la componente normale al piano della forza applicata.

Risulta dalla (*b*), poichè si ha $n \times N = 0$.

---

*) Dalla (*b*) e dalle (3), (6) si ha subito, per essere $P' = vt$:

$$\frac{1}{\rho} n \times N = t \times \frac{dN}{dP} t,$$

che è relazione puramente geometrica. Essa è fondamentale per lo studio delle curvature delle linee tracciate sulla superficie [cfr. C. Burali-Forti. *Fondamenti per la Geometria differenziale*, Rend. Circ. Mat. di Palermo, Tomo XXXIII, a. 1911]. Da essa si ricava subito il teorema di Meusnier; però non è qui il posto di occuparci di tali questioni.

**) Cfr. *Elementi di Calcolo vettoriale*, o *Geometria Analitico-Proiettiva*, l. c.

c) **Superficie perfettamente liscia.** In assenza d'attrito, cioè per $h=0$, la (2') dà $mP''=f+r_n$ e quindi sussistono le (12) del n. 8, *e*); come pure se esiste la funzione potenziale U sussiste la formula (12') dello stesso n. 8, *e*),

In particolare: *Se la forza applicata* (P, f) *è nulla, allora il punto, o è in quiete, ovvero percorre una geodetica della superficie e la percorre con* **moto uniforme**.

Che il punto, se in moto, percorra una *geodetica* della superficie ci è già noto [cfr. *b*)]. Dall'ultima (12), per $f=0$, si ha:

$$v^2=v_0^2+c, \quad \text{con} \quad c=\text{cost.},$$

e quindi v è costante, cioè il punto P è in *moto uniforme*, ovvero è in *quiete* per $v_0^2 \neq c=0$.

d) **Caso del punto-massa pesante, mobile senza attrito su d'una superficie di rotazione ad asse verticale.** L'asse della superficie sia Ok, con O punto fisso e k vettore unitario verticale diretto dall'alto al basso.

Si indichi con r la distanza di P da Ok e con z la distanza, con segno, di P dal piano σ uscente da O e normale a k; precisamente si ponga:

$$(8) \qquad z=(P-O)\times k.$$

All'equazione della superficie di rotazione considerata si può dare la forma:

$$(9) \qquad r=f(z),$$

essendo $f(z)$ una data funzione di z.

Si indichi con Q la proiezione ortogonale di P sul piano σ, cioè si ponga:

$$(10) \qquad Q = P - z\boldsymbol{k},$$

e siano r, θ le coordinate polari di Q, nel piano σ, essendone O il polo.

Nelle ipotesi ora fatte, si ha:

$$(11) \qquad \boldsymbol{f} = mg\boldsymbol{k};$$

esiste quindi la funzione potenziale U, per la quale si ha:

$$(12) \qquad U = mgz.$$

L'equazione (2), ovvero (2'), poichè $u = h = 0$, dà:

$$(13) \qquad m\,P'' = mg\boldsymbol{k} + \boldsymbol{r}_n.$$

Da quest'equazione direttamente, ovvero dal noto integrale della forza viva e delle aree, si ha:

$$(14) \qquad v^2 = v_0{}^2 + 2g(z - z_0),$$

$$(15) \qquad P' \wedge (P - O) \times \boldsymbol{k} = c, \quad \text{con} \quad c = \text{cost.}$$

È chiaro che il moto di P sulla superficie sarà determinato quando si conosca il moto di Q sul piano σ. Ora, per il moto di Q e di P, si ha dalle (14), (15):

$$(14') \qquad r'^2 + r^2\theta'^2 + z'^2 = v_0{}^2 + 2g(z - z_0),$$

$$(15') \qquad r^2\theta' = c.$$

Ne risulta che: *il moto di P è riduttibile alle*

quadrature e precisamente si ha *):

$$(16) \quad t = \int_{z_0}^{z} \sqrt{[(df/dz)^2+1]/[v_0^2+2g(z-z_0)-c^2/f(z)^2]}\, dz,$$

$$(17) \qquad\qquad \theta = \theta_0 +$$

$$+ c \int_{z_0}^{z} \sqrt{[(df/dz)^2+1]/[v_0^2+2g(z-z_0)-c^2/f(z)^2]}\cdot dz/r^2.$$

Eliminando θ' fra le (14'), (15') e tenendo conto della (9) si ottiene la (16), come il lettore può fare per esercizio. Dalla (16) e dalla (15') risulta la (17).

Si noti che alla (15) si può dare la forma:

$$(18) \qquad\qquad vr\,\mathrm{sen}\,\alpha = c \ \text{**}),$$

ove α è l'angolo che la tangente alla traiettoria in P fà col meridiano della superficie passante per P, angolo che chiamasi *azimut* del meridiano.

------

*) Se la superficie è una sfera si ritrova il pendolo sferico.

Per $g=0$, le (16), (17), e quando dal punto Q si risalga al punto P, dànno le *geodetiche* della superficie di rotazione, che risultano così determinate mediante quadrature.

**) Supposto $f=0$, il punto P percorre una geodetica e v è costante; quindi la (18) dà il teorema di CLAIRAUT:

Per tutti i punti d'una geodetica d'una superficie di rotazione, è costante il prodotto della loro distanza dall'asse per il seno dell'angolo che la geodetica fà col meridiano che passa per quel punto.

COMINCIATO A COMPORRE IL 3 GENNAIO 1921
FINITO DI STAMPARE IL 15 MARZO 1921
NELLA TIPOGRAFIA L. RATTERO
TORINO

Casa Editrice S. LATTES & C.
TORINO - GENOVA

BIBLIOTECA TECNICO-INDUSTRIALE

Bonini Ing. L. **La navigazione interna in Italia.**
Un vol. in-8°, con 2 carte .. .. L. **20.**—

Calcagni Dott. L. G. **Trattato di chimica generale
e inorganica.** Un vol. in-8°, con 108 figure nel
testo e 7 tavole fuori testo.. .. .. .. L. **50.**—

Consonno Prof. Dott. F. **Coloranti del Trifenilme-
tano.** Un volume in-8° .. .. L. **10.**—

De Mitri A. **La fabbricazione delle materie coloranti derivanti dal catrame di carbon fossile.**
Un vol. in 8°, con 69 figure nel testo .. L. **30.**—

Figari Ing. F. **Prova dei metalli col metodo del-
l'impronta,** in relazione agli altri normali metodi
diretti. Un vol. in-8°, con 50 figure nel testo L. **15.**—

Rinoldi Prof. Dott. L. **Tintura generale delle fibre
tessili e sostanze affini.** Un vol. in-8°, con 2 tavole e 30 figure .. .. L. **45.**—

Vivanti Prof. G. **Lezioni di analisi infinitesimale.**
Seconda edizione riveduta ed ampliata. Un volume in-8° .. .. L. **50.**—

— **Esercizi di analisi infinitesimale.** 2ª edizione
rifatta. Un vol. in-8° .. .. L. **50.**—

— **Nuovi esercizi di analisi infinitesimale tratti
dalle matematiche applicate.** — Un volume
in-8° .. .. L. **30.**—

Avenati P. **La Contabilità di officina.** Note di ragioneria industriale. Quarta edizione. Un volume in-18° .. .. **L. 12.—**

Canfori A. **Il Meccanico pratico.** 4ª ediz. riveduta ed ampliata. Un vol. in-18°, con 79 fig. **L. 14.—**

Costa G. **Metallurgia.** Fabbricazione al forno comune e al forno elettrico; lavorazione e trattamenti termici del *ferro, ghisa, acciaio, acciai speciali* (al nichel, manganese, sicilio, cromo, tungsteno, molibdeno, vanadio, ecc.), *alluminio, zinco, rame, piombo, stagno,* ecc. Un vol. in-18°, con 255 illustrazioni e micrografie .. .. **L. 18.—**

Del Regno W. **L'Accensione con magneti** nei motori a scoppio. Un vol. in-18°, con 70 inc. **L. 7.—**

Ferraro C. **Il Manovratore di tramvie elettriche.** Manuale teorico-pratico. Un volume in-18°, con 46 figure .. .. **L. 9.—**
Brochure " **6.50**

Harley di San Giorgio O. **Formulario dell'ingegnere.** Un vol. in-18° .. .. **L. 6.50**

Jervis T. **Manuale pratico di elettrotecnica.** Trattazione elementare ad uso degli industriali, capitecnici ed operai. 4ª ediz. completamente rifatta. Un vol. in-18°, con 241 figure nel testo **L. 18.—**

— **Termotecnica.** Elementi di tecnica industriale del calore. Termotecnica dei gas e del vapore, con speciale riguardo alla macchina a vapore ed ai motori a scoppio. Efflusso dei gas, con speciale riguardo alle turbine a vapore. Produzione industriale del calore. Un vol. in-18°, con figure nel testo **L. 14.—**

La Polla E. **La Bussola magnetica nell'aviazione.** Appunti di nautica aerea. Un vol. in-18°, con molte incisioni e tavole .. .. L. **2.50**

Masini R. **Altimetria barometrica.** La teoria e la pratica nella misura delle altezze coi barometri a mercurio e metallici. Ad uso degli ingegneri, geometri, aviatori ed alpinisti. Un vol. in-18°, con figure .. .. L. **6.—**

Narducci L. **Prontuario pel calcolo e l'esecuzione del cemento armato nelle costruzioni civili.** Un vol. in-18°, con 50 figure .. .. .. L. **12.—**

Peri G. **L'illuminazione elettrica moderna. Scienza e tecnica dell'illuminazione. Fotometria.** Un volume in-18°, con 208 figure .. ., .. L. **26.—**

Pignato L. **Memoriale del costruttore meccanico.** Un vol. in-18°, con 300 figure .. .. .. L. **18.—**

Ravalico D. **Radiotelefonia.** Un volume in-18°, con 83 figure .. .. L. **14.—**

Romani A. **Manuale del guardiafili.** Guida pratica indicante come va trattato dal guardiafili il filo, la mensola, il cavo e come vanno usati i suoi attrezzi da lavoro. Un vol. in-18°, con molte figure L. **6.—**
Brochure " **5.—**

Strobino G. **Manualetto di tessitura** ad uso dei fabbricanti di stoffe, direttori e disegnatori di tessitura ed allievi delle Scuole professionali tessili. 2ª edizione completamente riveduta e rifatta. Un volume in-18°, con 802 figure .. .. .. L. **16.—**

— **Tessuti a garza.** Trattato originale teorico-pratico ad uso degli industriali, direttori di tessitura, disegnatori di stoffe, ecc. Un vol. in-18°, con 547 figure .. .. L. **15.—**